In den Höhlen der Welt

Jean-Claude Lalou   Rémy Wenger

In den Höhlen der Welt

Mondo-Verlag

Mit zunehmender Freizeit hat die Höhlenforschung seit der Jahrhundertmitte einen beachtlichen Aufschwung genommen. Da Höhlen in den verschiedensten Regionen vorkommen, können sich Speläologen aus aller Welt an der Eroberung dieser *terra incognita* beteiligen, die zu den letzten weißen Flecken auf der Landkarte gehört. Der Beweggrund, den Bauch der Erde zu erforschen, ist mit jenem vergleichbar, der andere in die Tiefen der Meere oder in den Weltraum treibt. Doch der Höhlenforscher, der neue unterirdische Hallen, Gänge und zarte Kristallbildungen entdeckt, ist auch für ihren Schutz verantwortlich.

Seite 2: Die Salle des Treize, 500 m unter dem Eingang des Gouffre Berger* (Isère, Frankreich). Diese Schachthöhle wurde 1956 als erste bis in über 1000 m Tiefe erforscht; heute sind 37 Höhlensysteme bekannt, die diese magische Marke überbieten.

Seiten 4–5: Gäsihöhle (Kanton Glarus). Die Fortsetzung zu finden ist das Hauptmotiv der meisten Höhlenforscher, was nicht immer einfach ist. Niemand kann wirklich sicher sein, das Ende einer Höhle ausfindig gemacht zu haben.

Rechts: Aragonitnadeln in der Grotte d'En-Gorner (Pyrénées-Orientales, Frankreich). Kristalle entstehen äußerst langsam; ein Augenblick der Unachtsamkeit kann genügen, um sie zu zerstören.

---

*Höhlen mit diesem Zeichen sind auf der Weltkarte der Seiten 20/21 eingezeichnet.

Eine Höhle zu erforschen ist kein Spaziergang, sondern erfordert Ausdauer, Zähigkeit, technisches Können, aber auch Vorsicht und Kenntnis der eigenen Grenzen. Als Sportler versucht der Speläologe die Schwierigkeiten häufig im Alleingang zu meistern, doch er weiß sich auch in ein Team einzufügen, auf das er sich im Ernstfall verlassen kann.

Doch Speläologie ist selbstverständlich nicht nur ein Sport, sondern eine Wissenschaft, die Erschließung und Schutz von Wasservorkommen ebenso dient wie dem vertieften Verständnis geologischer oder biologischer Erscheinungen. Genaugenommen ist Höhlenforschung ein Sport im Dienst der Wissenschaft.

Seiten 8–9: Die Temperatur in Höhlen ist meist frisch, doch kann sie in heißen Gegenden wie hier in Arabien auch 37 Grad betragen.

Rechts: Als das aktive Element der unterirdischen Welt ist Wasser zugleich Baumeister der Höhlen und gefürchtetster Widersacher des Speläologen.

Das Lexikon definiert den Kontinent als zusammenhängende, übermeerische Landmasse, als Erdteil. Wie können wir da behaupten, die Höhlen dieser Welt bildeten den sechsten Erdteil? Obwohl man heute über hunderttausend nicht zusammenhängende Systeme kennt, auf welche die Bezeichnung übermeerische Landmasse nur schlecht zutrifft. Ja gibt es die Höhle überhaupt? Sie ist ja nichts Eigenständiges, da sie im Grunde nur aus der Leere, dem Nichts besteht. Wir kennen sie einzig dank der Wände, die zum Umgebungsgestein gehören.

Doch trotz der unglaublichen geographischen, entstehungsgeschichtlichen und morphologischen Vielfalt der Höhlen dieser Welt halten wir an dem Begriff des sechsten Kontinents fest... auch wenn wir ein ganzes Buch brauchen, um die Existenz dieses Erdteils zu beweisen. Wir werden gemeinsam diese Welt des Dunkels entdecken, deren Erforschung kaum richtig begonnen hat und die im ausgehenden 20. Jahrhundert einer der letzten weißen Flecken auf der Landkarte unseres Planeten geblieben ist.

Überfliegt man die Listen der größten Höhlensysteme dieser Welt, die jedes Jahr von den speläologischen Gesellschaften der einzelnen Länder erstellt werden, wird einem bewußt, daß die Entdeckung dieser unterirdischen Welt, die im 19. Jahrhundert einsetzte und im 20. aufblühte, eigentlich erst die Industriestaaten Europas und Nordamerikas erfaßt hat, während die andern Kontinente in dieser Beziehung noch weitgehend brachliegen.

Einige Zahlen beweisen, was in dieser verborgenen, fremdartigen Welt noch zu entdecken ist. 1956 ist eine einzige Schachthöhle von über 1000 m Tiefe bekannt: Sie befindet sich in Frankreich. 1979 sind deren sechs in Frankreich, Österreich und Spanien erforscht. Elf Jahre später kennen wir nicht weniger als siebenunddreißig, davon einunddreißig in Europa, vier in Mexiko, eine in Algerien und eine in Zentralasien.

Bei der Rangliste der längsten Systeme, deren Erforschung explorationstechnisch einfacher ist und deshalb früher einsetzte, macht man dieselbe Feststellung: 1979 befanden sich die fünfundzwanzig längsten Höhlensysteme je zur Hälfte in Europa und den Vereinigten Staaten. 1990 enthält dieselbe Liste zwei Höhlen in Mexiko, eine in Papua-Neuguinea und eine auf Borneo (Malaiischer Archipel). Dabei zeigt der Blick auf eine topographisch-geologische Weltkarte, daß die Verteilung der für Höhlenbildung günstigen Gebiete viel gleichmäßiger ist, als diese Verzeichnisse vorspiegeln. Der Grund liegt darin, daß die Höhlenforschung im wesentlichen als Hobby betrieben wird und sich deshalb in den wirtschaftlich bessergestellten Ländern zuerst entwickelte. Sie wirkt wie eine ansteckende Krankheit: Von Staaten mit wohlstrukturierten speläologischen Vereinigungen werden immer mehr nationale Expeditionen in die paradiesischen unterirdischen Gefilde Ozeaniens, Asiens, Südamerikas und Afrikas entsandt. Die nachfolgende Rundreise durch den auf fünf Erdteile verteilten sechsten Kontinent vermittelt einen ersten Überblick über die heute bekannten Höhlensysteme und die Menschen, die sie erforschen.

1. KAPITEL

DIE ENTDECKUNG EINES SECHSTEN KONTINENTS

DER SCHWARZE ERDTEIL

Afrika ist unbestreitbar der höhlenärmste Kontinent. Dies zum Teil wegen der ungenügenden Erforschung, aber auch wegen der Beschaffenheit der dortigen Kalkmassive. Tatsächlich finden sich abgesehen vom Rif- und vom Atlasgebirge als Ast der alpinen Gebirgsbildung nur geringmächtige verkarstungsfähige Gesteinsschichten.

Die Erforschung der afrikanischen Höhlensysteme setzte in der Kolonialzeit ein; nachher wurde sie häufig von Entwicklungshelfern, vor allem Franzosen und Belgiern, fortgesetzt.

An der Westküste der Insel Madagaskar sind vielversprechende geologische Voraussetzungen für Höhlenbildung vereinigt: Kalkplateaus erstrecken sich über mehr als 30 000 km^2. Mehrere Höhlen sind über 10 km lang, insbesondere Ambatoharanana, die vom unterirdischen Fluß Mananjeba gebildet wurde und in der man nicht nur Speläologen, sondern manchmal auch Krokodilen begegnet.

Das hauptsächlich aus vulkanischen Gesteinen aufgebaute Äthiopien weist in der Nordostprovinz Tigre ebenfalls Kalkgebirge auf. Dort ist seit langem das labyrinthische Höhlensystem von Sof Omar Holuca über 15 km Länge bekannt.

Die großen Schachthöhlen dieses Erdteils finden sich in Nordafrika. Im marokkanischen Rifgebirge kann man im Kef Toghobeït vom 1700 m hoch gelegenen Eingang 773 m tief absteigen. Die Erforschung dieses Systems dauerte über zwanzig Jahre und wurde von marokkanischen, belgischen und französischen Teams durchgeführt. Im Djurdjuramassiv in Nordalgerien befindet sich die einzige über tausend Meter tiefe Höhle des Schwarzen Erdteils, eine von sechs außerhalb Europas. Im Anou Ifflis*, dem Leopardenschacht, kann man bis in 1159 m Tiefe vorstoßen.

Diese Rekordtiefe wurde in nur vier Jahren von französischen und spanischen Höhlenforschern erreicht. Es besteht übrigens keine Gefahr, hier der gefleckten Raubkatze zu begegnen, der Name kommt von den lehmigen Ablagerungen an den Wänden zwischen 200 und 500 m Tiefe, die an deren Fell erinnern. Der Anou Boussouil hingegen ist seit langem bekannt: Die ersten Begehungen durch französische Bergsteiger gehen auf die dreißiger Jahre zurück. Doch erst 1980 erreichte das Team eines einheimischen speläologischen Vereins den Schachtgrund in 805 m Tiefe.

*Höhlen mit diesem Zeichen sind auf der Weltkarte der Seiten 20/21 eingezeichnet.

Von nord- nach südamerika

Die Neue Welt bietet die größte Vielfalt an Höhlensystemen wegen ihrer außergewöhnlichen Längserstreckung und der Verschiedenartigkeit der Landschaften. Sie ist auch ein extremes Beispiel für den unterschiedlichen Forschungsstand der Speläologie: auf hohem Niveau im Norden, in den Kinderschuhen steckend auf dem südlichen Halbkontinent. Die ersten Höhlenforscher waren die nordamerikanischen Indianer vor über vier Jahrtausenden und die Maya in Mittelamerika zwischen 600 v. Chr. und dem 11. Jahrhundert. In den Vereinigten Staaten und Kanada werden die Höhlen seit Beginn des 19. Jahrhunderts systematisch erforscht. Diejenigen Brasiliens, Perus und Venezuelas wurden um dieselbe Zeit erstmals von Wissenschaftlern besucht. Ebenfalls noch im 19. Jahrhundert sind Archäologen auf den Spuren der Maya in Guatemala und Mexiko in den Untergrund vorgedrungen. Im 20. Jahrhundert wird die Forschung im Norden regelmäßig, in einigen lateinamerikanischen Staaten punktuell betrieben, häufig auf Veranlassung europäischer Einwanderer.

In Kanada sind zwei Höhlensysteme besonders bekannt: Die Arctomys Cave in Britisch-Kolumbien, lange Zeit die tiefste Höhle des englischsprachigen Amerika, wurde zu Beginn des 20. Jahrhunderts erforscht. Dann dauerte es sechzig Jahre, bis eine neue Expedition zustande kam: Innerhalb von zwei Jahren war der Grund erreicht. Die andere Berühmtheit, Castleguard Cave, hält den nationalen Längenrekord mit 22 km... unter Eis! Der Wasserlauf, der die Höhle ausgewaschen hat, wird nämlich vom Schmelzwasser des Columbia-Gletschers gespeist und ist im Sommer nicht begehbar. Im Oktober 1970 wagte sich Mike Boon allein in die Höhle und erreichte den abschließenden Eispfropfen nach einem unterirdischen Parcours von 10 km Länge und 375 m Aufstieg!

Ungeachtet einiger über 300 m tiefer Schachthöhlen sind die Vereinigten Staaten eher für ihre unendlichen Labyrinthe (in die sich ja schon Tom Sawyer mit seiner Becky verirrte) als für vertikale Höhlen bekannt. In Kentucky befindet sich das längste Höhlensystem der Welt: Mammoth Cave* hat Gänge von insgesamt 560 km Länge unter einem Gebiet von 13 km^2, mit 21

Unterirdische Gletscher gehören zu den ungewöhnlicheren Erscheinungen, und man findet sie vor allem in den österreichischen Alpen. Die berühmteste Höhle dieses Typs ist zweifellos die Eisriesenwelt mit rund einem Kilometer vergletscherter Gänge, doch gibt es auch andere, ebenso interessante Systeme.

Oben: In der 900 m tiefen Platteneckeishöhle (Tennengebirge) steht der Speläologe, der aus einem Gang herauskommt, plötzlich dieser Eiswand gegenüber.

Unten: Heftiger Luftzug kann Wasser durch Verdunstung derart abkühlen, daß es sich in einen Eissee verwandelt. Dann genügt das Tröpfeln von der Höhlendecke, daß sich in gleicher Weise Eissäulen aufbauen (hier in der Schneekogel-Eishöhle im Toten Gebirge bei Salzburg).

Rechte Seite: Wie alle Gletscher haben auch unterirdische Vereisungen ein Einzugsgebiet aus einem oder mehreren Firnschneefeldern. Dieser beeindruckende Eiskegel hat sich am Grund eines Schneeschachts beim Eingang der Schwarzmooskogel-Eishöhle gebildet (Totes Gebirge bei Salzburg). Jeden Winter verwandelt sich der Schnee, der sich in dieser Grube sammelt, nach und nach in Eis.

Eingängen bei einem maximalen Höhenunterschied von lediglich 90 m. Jewel Cave* in South Dakota liegt weit abgeschlagen zurück... mit immer noch beinahe 124 km. Insgesamt sind in den Vereinigten Staaten 74 Höhlen mit über 10 km Länge bekannt. Die letzte auf dieser Liste ist mit 10 222 m erforschten Gängen beinahe so berühmt wie die erste: Diese zehn Kilometer liegen nämlich völlig unter Wasser. Die außergewöhnlichen Tauchgänge in Florida haben Sheck Exley nicht genügt, er hat sich auch in die Blue Holes auf den Bahamas vorgewagt, ein Höhlensystem, das durch das Ansteigen des Meeresspiegels in den Jahrtausenden seit der letzten Eiszeit geflutet wurde.

Zwei Höhlen in den Guadalupe Mountains in New Mexiko verdienen besondere Erwähnung: Carlsbad Cavern, seit Jahrzehnten für den Tourismus hergerichtet, ist zweifellos die am häufigsten besuchte Höhle der Neuen Welt. Ihre Nachbarin, Lechuguilla Cave*, ist später erforscht worden; mit 530 m hält sie seit 1988 den US-Tiefenrekord. Beide bestehen aus gewaltigen Gängen – die Amerikaner sprechen von *Swiss cheese* – und sind mit Sinterformationen von außergewöhnlichen Ausmaßen und Formen geschmückt. Insbesondere Lechuguilla Cave enthält Akkumulationen von Gips – ein in Höhlen seltenes Mineral – in unvorstellbaren Mengen und Ausmaßen.

Da im eigenen Land extrem tiefe Schachthöhlen fehlen, haben sich die amerikanischen Speläologen in den sechziger Jahren an die Eroberung des unterirdischen Mexiko gemacht. Dank der freundschaftlichen Konkurrenz zwischen den Texanern und Mexikanern, zu denen bald einmal französische, belgische und Schweizer Teams stießen, kam Mexiko zu den vier ersten Höhlensystemen von über 1000 m Tiefe außerhalb Europas. Das Sistema Huautla* mit seinen drei Zugängen befindet sich unweit der Höhle von Cuicateca* mit ihren acht Eingängen: Es könnte durchaus sein, daß diese beiden Schachthöhlen zusammenhängen. 1989 erforschte eine belgische Mannschaft in Mexiko zwei neue «Tausender», das Sistema Ocotempa sowie Axemati. Rund zwanzig andere mexikanische Schachthöhlen sind tiefer als 500 m und machen dieses Land besonders reich an Vertikalen. Wer das Gefühl des Schwebens im freien Raum schätzt, hat die Wahl zwischen Sótano de las Golondrinas und El Sótano: Frei am Seil hängend geht es hier 376 beziehungsweise 364 m in die Tiefe, weit weg von jeder Wand, aber umflattert von Tausenden von Schwalben *(golondrinas)* und farbigen Papageien.

Weniger tief, aber um so aufregender sind die berühmten *cenotes* auf der Halbinsel Yukatan. Der bekannteste befindet sich mitten in der großen Maya-Ruinenstadt Chichén Itzá. Diese Schächte, die sich nach unten flaschenförmig erweitern und deren Grund jeweils einen See bildet, hatten für die Maja rituelle Bedeutung; Taucher haben denn auch wertvollste archäologische Fundstücke, offensichtlich Opfergaben, geborgen.

Belize, das ehemalige Britisch-Honduras, ist der kleinste Staat Mittelamerikas und nur gerade halb so groß wie die Schweiz. Abgesehen von zahlreichen unterirdischen Zeugnissen der Mayakultur findet sich hier auch eine der größten unterirdischen Hallen mit 50 000 m^2 Grundfläche.

Die Sociedad Espeológica de Cuba erforscht die größte Karibikinsel systematisch seit 1940; bekannt sind heute drei Höhlensysteme von über 20 km Länge sowie drei Schachthöhlen von über 200 m Tiefe. Eine weitere Karibikinsel, Puerto Rico, verfügt über mehrere bedeutende Höhlen, zum Beispiel das Sistema del Rio Encantado, dessen Gangnetz sich über 17 km erstreckt und bis in 250 m Tiefe reicht. Der Eingang liegt auf nur 175 m ü. M.; es versteht sich also von selbst, daß Taucher mit von der Partie sind.

In Venezuela formierte sich die Speläologie – nachdem im 17. und 19. Jahrhundert berühmte Naturforscher das Land bereist hatten – im 20. Jahrhundert dank Eugenio de Bellard-Pietri. Das Land ist vor allem für seine gewaltigen Schächte bekannt, die wie mit dem Locheisen in die Quarzite der Meseta de Sarisariñama gestanzt wirken. Der Zugang zu diesen gewaltigen Löchern mitten im Dschungel, mit Durchmessern bis zu 400 m und einer Tiefe von 300 m, ist schwierig; entdeckt und erforscht wurden sie nur dank dem Einsatz von Helikoptern. In derselben, «verlorene Welten» genannten wilden Gegend befindet sich auch der höchste Wasserfall der Erde: Die Fluten des Salto del Angel stürzen sich 900 m in die Tiefe.

Das bedeutendste Höhlensystem Brasiliens ist der Conjunto São Mateus-Imbria; das 20 km lange Gangnetz wird durch den unterirdischen Zusammenfluß zweier Höhlenflüsse gebildet.

Schülerschacht
Gemeinde Muotathal

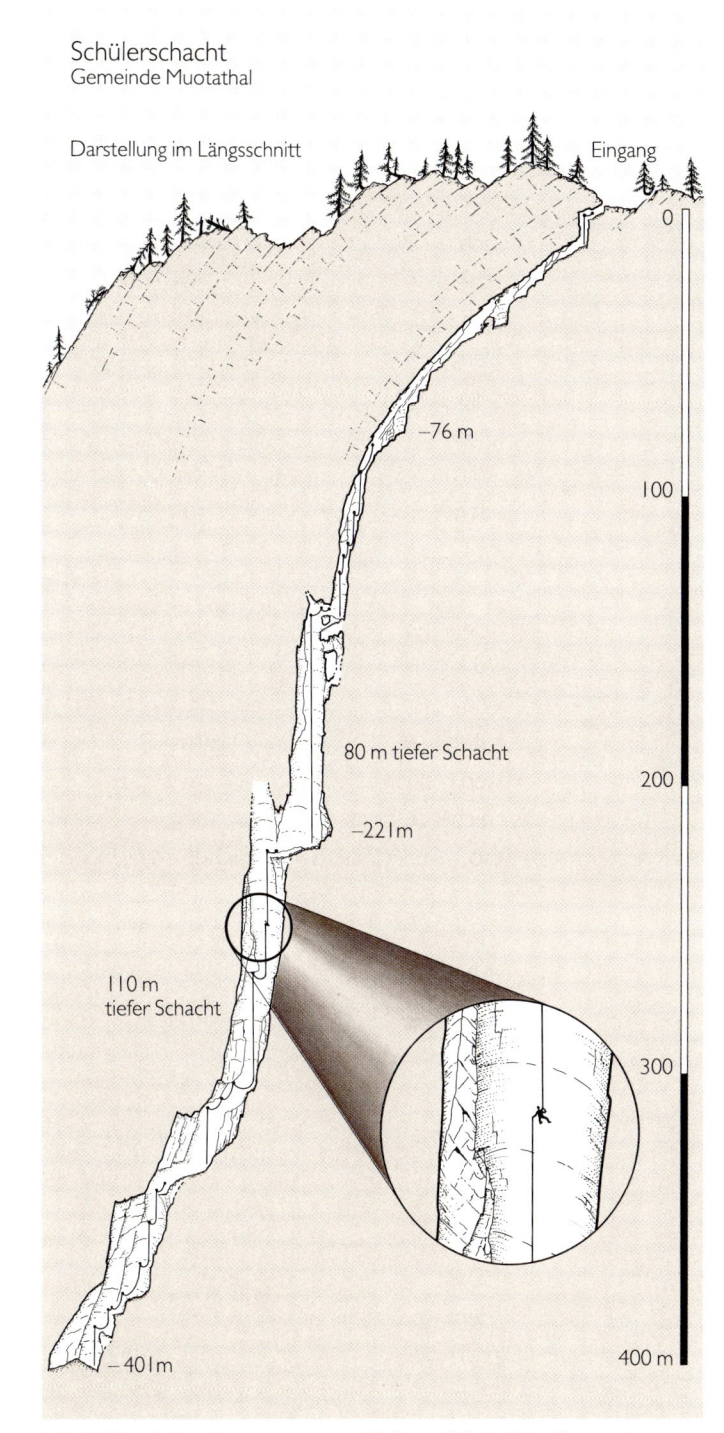

Darstellung im Längsschnitt   Eingang

−76 m

80 m tiefer Schacht

−221 m

110 m tiefer Schacht

−401 m

Jede Höhle wird exakt vermessen, um Tiefe und Verlauf des Gangsystems kennenzulernen.

In Kolumbien ließ sich 1851 Pater Romualdo Cuervo in einem Korb auf den Grund des 115 m tiefen Eingangsschachts des Hoyo del Aire abseilen. Das Ende der Schachthöhle in 270 m Tiefe wurde erst 1975 erreicht.

ASIEN: EIN KONTINENT ZUM ENTDECKEN

Asien ist noch «arm» an großen Höhlen, doch fehlt es hier eher an der Exploration als an geeigneten Karstgebieten. Einige Länder sind besonders vielversprechend, und mit der sprunghaften Zunahme ausländischer Expeditionen treten jedes Jahr neue Erkenntnisse zutage.

Japan bildet eine Ausnahme: Hier ist die Exploration, die um die Jahrhundertmitte einsetzte, fast ausschließlich das Verdienst einheimischer Höhlenforscher. Die bisher erkundeten Systeme sind allerdings nicht außergewöhnlich: Byakuren-Dó endet in 422 m Tiefe, und Akka-Dó ist nicht länger als 8 km.

China ist möglicherweise das höhlenreichste Land der Welt, jedoch in dieser Beziehung noch wenig erforscht. Die leicht zugänglichen Höhlen sind der einheimischen Bevölkerung oft bekannt, und manche sind vor mehreren hundert Jahren erkundet worden. Dennoch steckt die systematische Exploration in den Kinderschuhen und beschränkt sich auf die südlichen Provinzen. Das Gebihe-Höhlensystem ist bei einer Länge von 12 km über 400 m tief und enthält die zweitgrößte bekannte Halle der Erde; das Höhlensystem des unterirdischen Flusses Teng Long ist auf eine Länge von über 40 km bekannt. Die riesigen unerforschten Kalkgebiete lassen zweifellos noch zahlreiche Höhlen erwarten. Wenn man die Intensität der Verkarstung in den Tropen kennt, dürften dabei gewaltige Systeme zum Vorschein kommen: Die Region von Kwai Lin (Guilin) mit ihren bizarren Kalktürmen ist der weltbekannte Ausdruck dieses Prozesses an der Oberfläche.

Der Untergrund des heutigen Malaysia erhielt erstmals um die Mitte des 19. Jahrhunderts Besuch. Die britischen Höhlenforscher entdeckten dabei den außerordentlichen Reichtum an Karstformen in der Provinz Sarawak. Hier befinden sich insbesondere die Höhlensysteme Lubang Nasib Bagus – mit der

Papua-Neuguinea ist neben einigen andern Ländern ein Eldorado für Höhlenforscher: Die Mächtigkeit der Kalkformationen, die hohen Niederschläge und die reiche Vegetationsdecke schaffen hier Karstgebilde von beeindruckenden Ausmaßen. Seit einigen Jahren erforschen amerikanische, französische und schweizerische Höhlenforscher-Teams diesen tropischen Karst.

Die internationale Expedition von 1982 galt der Erforschung der auf 3500 m kulminierenden Mount-Kaijende-Region. Die Suche nach interessanten Formationen im dichten Dschungel erwies sich als schwierig, ja es war schon eine Herausforderung, sich überhaupt zurechtzufinden. War ein Schacht entdeckt, mußte zuerst der Zugangsweg gerodet werden, doch die erforschten Höhlen entschädigten für die vorangegangenen Strapazen. Hier wird der Begriff der Engstelle oder des Schlufes hinfällig: Die Einsturzschächte sind derart gewaltig, daß man für sie den neuen Begriff der Mega-Doline geprägt hat. Auf dem Grund der mächtigen Fenster fließen Flüsse mit der zehnfachen Schüttung unserer europäischen Höhlenbäche, so daß die Explorationsmethoden diesen außergewöhnlichen Bedingungen angepaßt werden mußten.

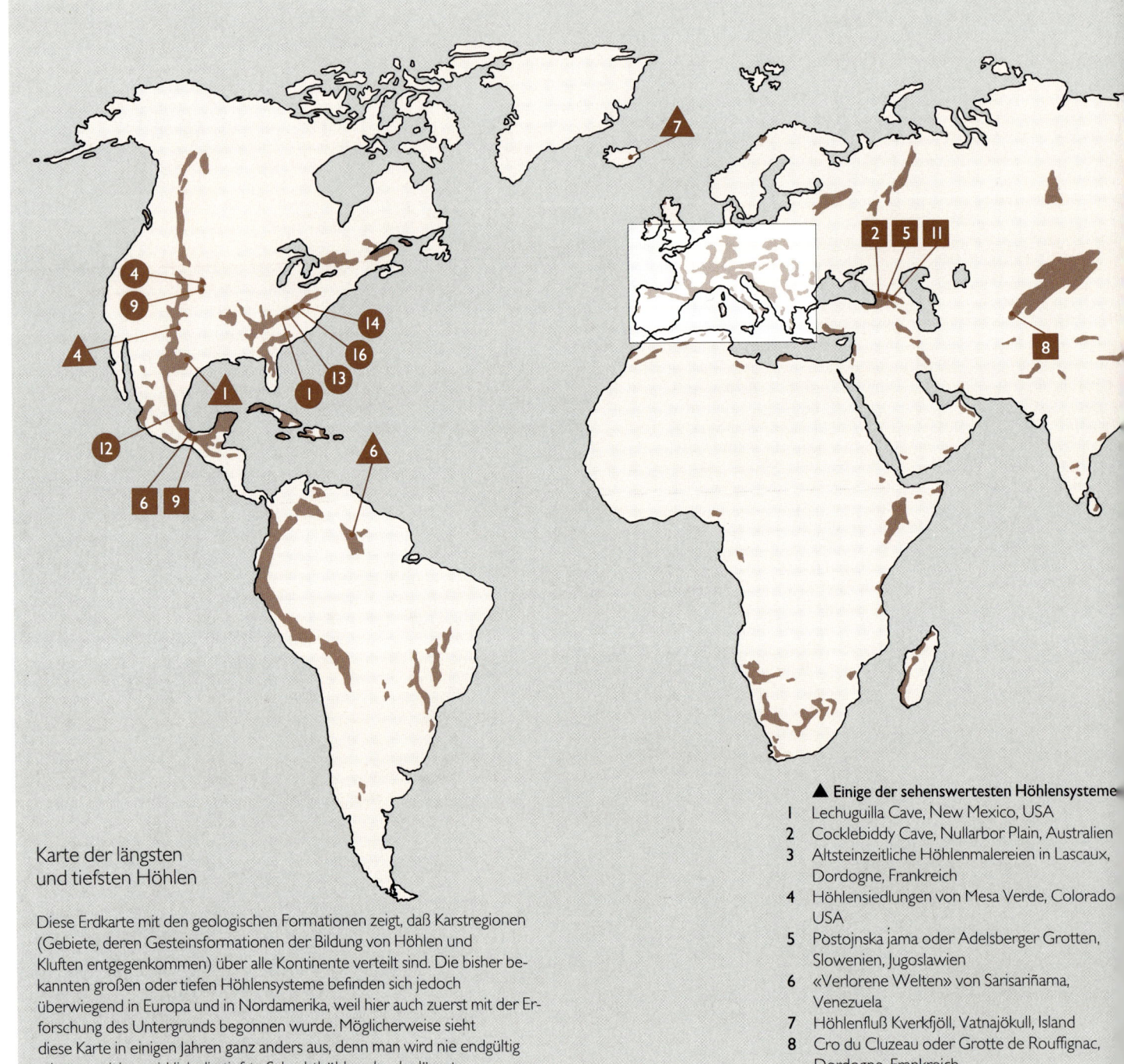

Karte der längsten und tiefsten Höhlen

Diese Erdkarte mit den geologischen Formationen zeigt, daß Karstregionen (Gebiete, deren Gesteinsformationen der Bildung von Höhlen und Klüften entgegenkommen) über alle Kontinente verteilt sind. Die bisher bekannten großen oder tiefen Höhlensysteme befinden sich jedoch überwiegend in Europa und in Nordamerika, weil hier auch zuerst mit der Erforschung des Untergrunds begonnen wurde. Möglicherweise sieht diese Karte in einigen Jahren ganz anders aus, denn man wird nie endgültig wissen, welches wirklich die tiefste Schachthöhle oder das längste Höhlensystem unseres Planeten ist… Die folgenden Verzeichnisse entsprechen dem Stand von Mai 1990.

▲ Einige der sehenswertesten Höhlensysteme
1 Lechuguilla Cave, New Mexico, USA
2 Cocklebiddy Cave, Nullarbor Plain, Australien
3 Altsteinzeitliche Höhlenmalereien in Lascaux, Dordogne, Frankreich
4 Höhlensiedlungen von Mesa Verde, Colorado USA
5 Postojnska jama oder Adelsberger Grotten, Slowenien, Jugoslawien
6 «Verlorene Welten» von Sarisariñama, Venezuela
7 Höhlenfluß Kverkfjöll, Vatnajökull, Island
8 Cro du Cluzeau oder Grotte de Rouffignac, Dordogne, Frankreich
9 Skocjanske jama oder Sankt-Kanzian-Grotten, Slowenien, Jugoslawien

■ **Die tiefsten Schachthöhlen der Welt**
1 Gouffre oder Réseau Jean-Bernard, Haute-Savoie, Frankreich 1602 m
2 Vjaceslav Pantjukhina, Bzybskij, UdSSR 1508 m
3 Sistema del Trave, Asturias, Spanien 1441 m
4 Laminako Ateak, Navarra, Spanien 1408 m
5 Sneznaja, Abchasien, UdSSR 1370 m
6 Sistema Huautla, Oaxaca, Mexiko 1353 m
7 Réseau de la Pierre Saint-Martin, Frankreich/Spanien 1342 m
8 Bojbulok, Zentralasien, UdSSR 1310 m
9 Sistema Cuicateca, Oaxaca, Mexiko 1242 m
10 Réseau Rhododendrons-Berger, Isère, Frankreich 1241 m
11 V. V. Iljukhina, Arabika, UdSSR 1240 m
12 Schwersystem, Salzburg, Österreich 1219 m
13 Complesso Corchia-Fighiera, Toscana, Italien 1215 m
14 Gouffre Mirolda, Haute-Savoie, Frankreich 1211 m
15 Sistema Arañonera, Huesca, Spanien 1185 m
16 Dachstein-Mammuthöhle, Oberösterreich, Österreich 1180 m
17 Sistema Soaso, Huesca, Spanien 1180 m
18 Jubiläumsschacht, Salzburg, Österreich 1173 m
19 Sima 56 de Andara, Cantabria, Spanien 1169 m
20 Anou Ifflis, Djurdjura, Algerien 1159 m

● **Die längsten Höhlensysteme der Welt**
1 Mammoth Cave System, Kentucky, USA 560 000 m
2 Optimisticeskaja, Ukraine, UdSSR 165 000 m
3 Hölloch, Schwyz, Schweiz 133 050 m
4 Jewel Cave, South Dakota, USA 123 771 m
5 Sieben-Hengste-Hohgant-Höhlensystem, Bern, Schweiz 120 000 m
6 Ozemaja, Ukraine, UdSSR 107 000 m
7 Système de la Coume d'Hyouernède, Haute-Garonne, Frankreich 90 496 m
8 Sistema de Ojo Guareña, Burgos, Spanien 89 071 m
9 Wind Cave, South Dakota, USA 82 074 m
10 Zoluska, Ukraine, UdSSR 82 000 m
11 Gua Air Jernih, Sarawak, Malaysia 75 000 m
12 Sistema Purificación, Tamaulipas, Mexiko 71 583 m
13 Fisher Ridge Cave System, Kentucky, USA 71 500 m
14 Friars Hole Cave System, West Virginia, USA 68 824 m
15 Easegill Cave System, Cumbria, Lancashire, Großbritannien 63 600 m
16 Organ Cave System, West Virginia, USA 60 510 m
17 Hirlatzhöhle, Oberösterreich, Österreich 57 000 m
18 Mamo Kananda, Papua-Neuguinea 54 800 m
19 Système de la Dent-de-Crolles, Isère, Frankreich 54 094 m
20 Red del Silencio, Cantabria, Spanien 53 000 m

Unter dem mächtigen Eispanzer des Vatnajökull oder Vatnagletschers in Island, der ungefähr die Fläche des Kantons Waadt bedeckt, befinden sich erstaunliche Welten, die der stürmischen Vermählung von Feuer und Eis entspringen. So ist zwar der Kverkfjöll* kein tätiger Vulkan im eigentlichen Sinn, jedoch geothermisch aktiv, indem Solfatare mehr oder weniger ätzende Gase und kochendes Wasser ausstoßen. Dadurch ist in der Eisdecke eine riesige Höhle mit außergewöhnlichen Formen entstanden: Der warme Fluß unter dem Gletscher konnte über mehr als 2 km Länge und bis in über 500 m Tiefe erforscht werden. Der düstere Dekor entsteht durch den Gegensatz zwischen dem ockerfarbenen Vulkantuff und den bläulichen, ausgeschmolzenen Eisdecken. Trotz der Nähe der Schwefelsolfatare läßt sich die Höhlenluft atmen, und die Kopfschmerzen werden durch den Zauber des Orts wettgemacht.

größten unterirdischen Halle der Welt (12 Millionen m³) – und Gua Air Jernih*, ein mehrstöckiges Labyrinth mit über 75 km erforschten Gängen.

Indonesien, dessen 13 677 Inseln sich über 5000 km hinziehen, ist ebenfalls ein vielversprechendes Land für die Höhlenforschung. Die ersten ernsthaften Erkundungen unternahmen ungarische Speläologen in den sechziger Jahren. 1982 wurde die Indonesische Vereinigung für Speläologie gegründet, die aktiv mit zahlreichen ausländischen Expeditionen zusammenarbeitet. Die längste Höhle des Archipels befindet sich auf der Insel Sulawesi, etwas kleiner als Borneo und östlich davon gelegen: Gua Sallukan Kallang ist bisher auf eine Länge von über 17 km erforscht.

Der Iran tut sich mit einer einzigen großen Schachthöhle hervor, die vor zwanzig Jahren erforscht wurde und von der sich manche den Weltrekord erhofften. Tatsächlich befindet sich der Eingang zur Ghar-Parau-Höhle auf über 3000 m Höhe, ihr Wasser tritt rund 1700 m tiefer wieder aus. Leider konnten die britischen Höhlenforscher nur bis in eine Tiefe von 751 m vordringen.

Im Libanon mit seinen ausgedehnten Kalkmassiven war die Erforschung des Untergrunds auf guten Wegen, bis der nun fünfzehn Jahre dauernde Bürgerkrieg die speläologische Tätigkeit ins Stocken geraten ließ. Frühere Forschungen erlaubten es, Houet Faour Dara bis in eine Tiefe von 622 m zu begehen. Die Exploration der Jeita-Grotte wiederum, der bekanntesten touristischen Höhle des Nahen Ostens, setzte bereits 1837 ein; heute ist das System auf rund 8 km Länge bekannt. Hier finden jeweils sehr beliebte klassische Konzerte statt.

Die Türkei bildet den Übergang von Asien zu Europa. Die Karstgebiete haben hier im kleinasiatischen Teil des Landes monumentale Ausmaße, und die wichtigsten Höhlensysteme befinden sich im Taurusgebirge. Wasserfärbungen mit sogenannten Tracern ergaben, daß unterirdische Verbindungen über mehrere Dutzend Kilometer bestehen. Die Quellen, in denen die unterirdischen Gewässer wieder austreten, sind oft unglaublich ergiebig. Doch trotz der unermüdlichen Arbeit der einheimischen Speläologen, seit 1964 angeführt von Temuçin Aygen, sind die Ergebnisse bisher relativ bescheiden geblieben.

Der reiche alte Kontinent

Europa ist die Wiege der Höhlenforschung, ganz besonders die Alpenländer. Die vielen hier entdeckten Höhlen werden uns häufig als Beispiele dienen, weshalb wir uns hier weniger mit den einzelnen Systemen als mit den Menschen beschäftigen wollen, die sie erforschten.

In Deutschland begann die Höhlenforschung im 18. Jahrhundert in Form archäologischer Untersuchungen; die Entdeckung der großen Höhlen Bayerns folgte später. Da der Schwäbische Höhlenverein 1889 gegründet wurde, ist die deutsche Speläologie heute hundertjährig.

Österreich gehört zu den ersten Ländern, in denen Höhlen gezielt erforscht wurden. In Wien wurde 1879 die erste speläologische Gesellschaft der Welt gegründet. Im österreichisch-ungarischen Kaiserreich interessierten sich die Höhlenforscher für die Triestiner und slowenischen Karstgebiete, auf die wir später zu sprechen kommen, für den Moravischen Karst in der heutigen Tschechoslowakei, aber auch für Gebiete in den österreichi-

Die Expedition von 1956 im Gouffre Berger* (Isère, Frankreich), «Operation minus Tausend» getauft, erforderte zwei Tonnen Material: Hier werden die ersten Säcke im Eingangsschacht abgeseilt.

schen Stammlanden: Dachstein, Tennengebirge und Steiermark. Österreich zählt heute sieben Schachthöhlen von über 1000 m Tiefe und fünf Höhlensysteme mit mehr als 30 km Länge.

Nahezu die Hälfte des französischen Territoriums besteht aus Karbonatgesteinen, welche die Höhlenbildung begünstigen. Dies erklärt den sagenhaften Höhlenreichtum unseres westlichen Nachbarlandes. Nach ersten wissenschaftlichen Arbeiten über unterirdische Wässer im 16. und 17. Jahrhundert wurde die Erforschung des französischen Untergrunds vom Ende des 19. Jahrhunderts an durch den Vater der Speläologie, Edouard-Alfred Martel, geprägt. Dieser Mann widmete sein ganzes Leben dem Studium der Höhlen, setzte es dabei oft aufs Spiel, gewann viele Anhänger und veröffentlichte eine beeindruckende Zahl von Werken und Artikeln. Wir werden später auf die Entwicklung der französischen Höhlenforschung im 20. Jahrhundert und ihren Einfluß auf die andern europäischen Länder zu sprechen kommen. Die Fédération française de spéléologie ist besonders bekannt durch ihre Pionierarbeit für die Schulung der Höhlenforscher sowie für die Rettungsorganisation. Bis heute hält Frankreich den Weltrekord der tiefsten Schachthöhle, dem Gouffre Jean-Bernard in der Haute-Savoie, in dem man 1600 m tief ins Erdinnere absteigen kann.

In Italien sind gegenwärtig 21 000 Höhlen erfaßt, vor allem Schachthöhlen, deren Erforschung im 20. Jahrhundert oft zu Unfällen führte. Die italienischen Höhlenforscher sind zahlreich und gut organisiert, unter anderem unter dem Patronat des Alpenklubs; von der regen wissenschaftlichen Tätigkeit zeugen mehrere Kongresse und Kolloquien. Dabei darf Eugenio Boegan nicht unerwähnt bleiben, einer der Gründer der italienischen Speläologie, der durch seine Arbeiten über unterirdische Vermessung bekannt wurde. Die Halbinsel besitzt vierzig über 500 m tiefe Schachthöhlen; eine davon, der Complesso Corchia-Fighiera* in der Toskana, führt 1215 m in die Tiefe und ist über 45 km lang.

Griechenland besteht zum großen Teil aus Kalkgebieten; die vielen Höhlen ziehen Neugierige seit dem 17. Jahrhundert an: gegenwärtig sind über siebentausend bekannt. Den Weltruf des unterirdischen Griechenland machen vor allem einige phantastische Schächte aus, deren absolute Vertikalen bis zu 400 m betragen: Sportliches Vergnügen ist garantiert!

Spanien, wo die Höhlenforschung später einsetzte als in den übrigen europäischen Ländern, macht seit zwanzig Jahren eine spektakuläre Entwicklung durch, wobei ausländische Speläologen entscheidend dazu beigetragen haben. So sind heute rund fünfzig über 500 m tiefe Schachthöhlen bekannt, von denen neun die 1000-m-Marke überschreiten. Unter anderem gestattet das Sistema Badalona die Durchquerung eines ganzen Berges, mit einem Rekordhöhenunterschied von 1149 m zwischen den beiden Eingängen. Dieser Parcours, den man übrigens von oben nach unten durchsteigt, ist für sportliche Besucher der unterirdischen Welt besonders attraktiv.

Obwohl fern der Alpenkette gelegen, verfügt Großbritannien über eine beachtliche speläologische Tradition. Die ersten Erforschungen im 16. Jahrhundert unternahmen namenlos gebliebene Bergleute. Die Höhlen Englands sind schwierig, eng und wegen plötzlich steigendem Wasserspiegel häufig gefährlich. Der den Briten eigene Mut und ihre Hartnäckigkeit gilt besonders auch für die Höhlenforscher, die als erste merkten, welch faszinierende Entdeckungen in der Ferne zu machen waren; daran sind die

Die Höhlenforscher Perrone und Koby stiegen mit einer Leiter in die Schächte ab, die allein schon über zwanzig Kilo wog: Der Bugatti für den Materialtransport war da kein Luxus!

In den Höhlen des Alpenbogens und des Jura ist die Fortbewegung häufig eine Frage der Technik: Ab- und Aufstieg in den Schächten, die Begehung enger Mäander und die Passage von Schlüfen, die kaum weiter sind als der Körperumfang des Höhlenforschers, erfordern einwandfreie Beherrschung des Materials und vor allem der eigenen Fähigkeiten.

Rechts: Schächte sind übrigens nicht die schwierigsten Hindernisse: Beherrscht man die Steigtechnik am Seil, ist die Anstrengung gleichmäßig und eher eine Frage der Ausdauer als der Kraft. Im Bild der Einstiegsschacht des Kleinen Höllochs (Kanton Nidwalden): Die Öffnung befindet sich 100 m über dem am Seil hängenden Höhlenforscher.

Mitte: Die meisten Mäander sind zu eng, als daß man auf ihrem Grund gehen könnte; die Begehung geschieht deshalb in der Höhe, wo der Gang breiter ist. Die Wände sind jedoch häufig glitschig, was schnell ermüdet. Gouffre de Pertuis (Kanton Neuenburg): Fortbewegung «en opposition», rund zehn Meter über dem Höhlenbach.

Ganz rechts: In Schlüfen beweist sich das Können des Speläologen: Geduld und Ruhe sind geboten, Selbstbeherrschung unerläßlich. Gouffre du Cernil-Ladame (Kanton Neuenburg). Diese Engstelle ist manchenorts weniger als 20 cm breit: Da setzt der Körperumfang Grenzen.

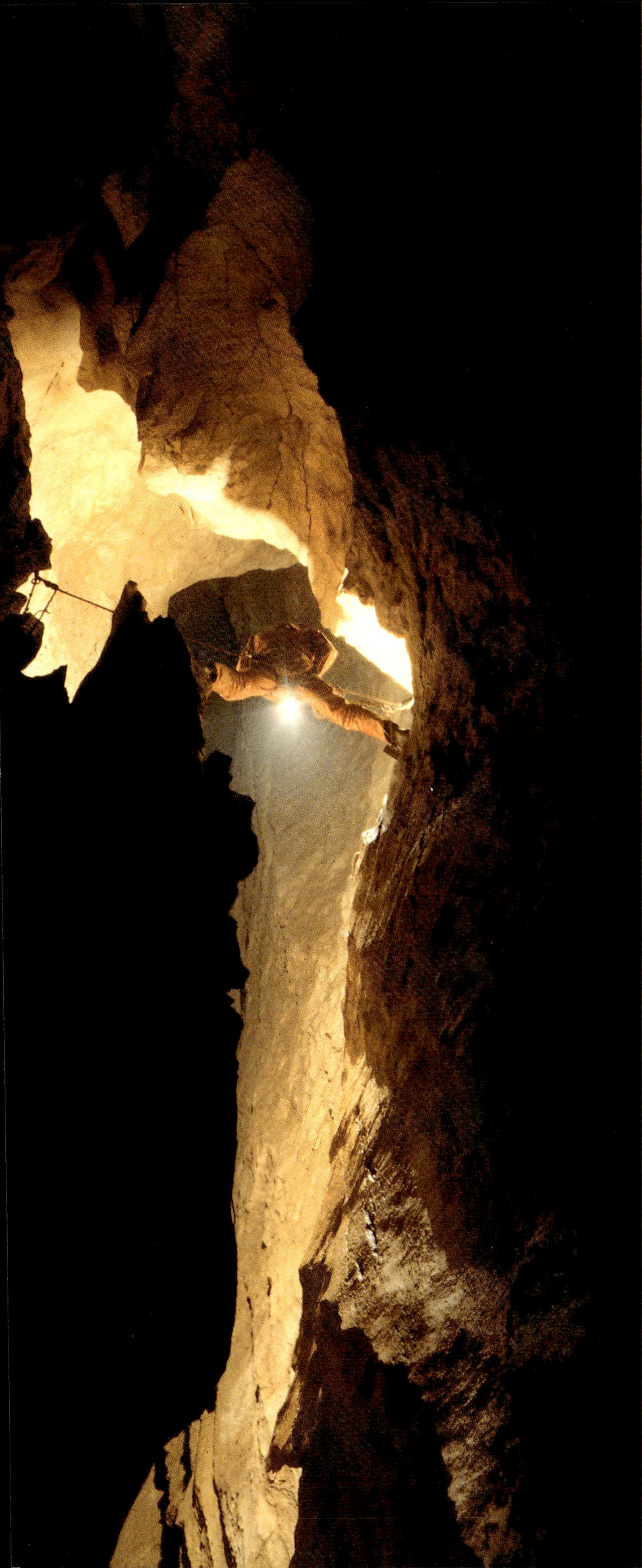
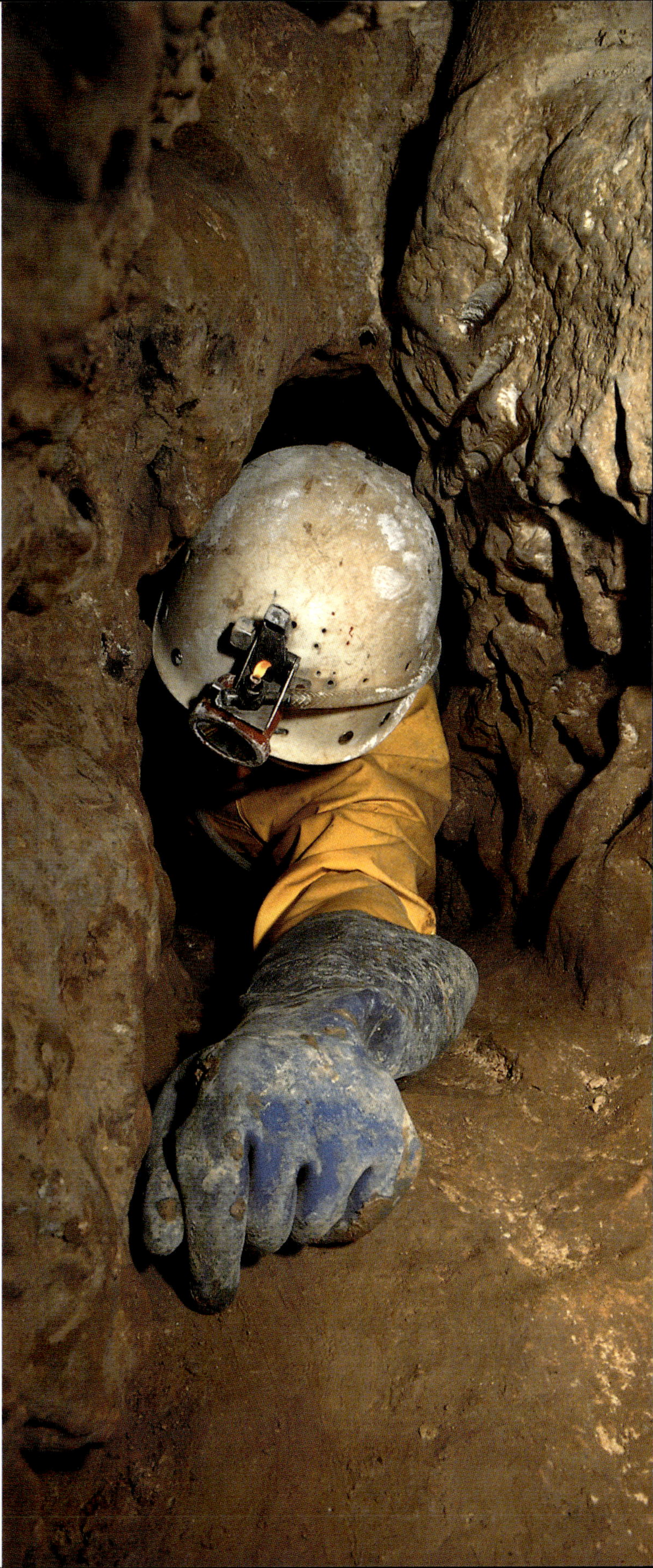

lange Geschichte des britischen Kolonialreichs und der früh entstandene englische Alpinismus zweifellos nicht unschuldig.

Auf Island, dieser abgelegenen, teilweise vergletscherten Vulkaninsel, hat das gegensätzliche Wirken von Feuer und Eis außergewöhnlich schöne, wenn auch eher wenige Höhlen geschaffen.

In Norwegen gibt es nicht viele Höhlen, eine ist jedoch besonders erwähnenswert. Råggejavre-Raige nördlich des Polarkreises ist eine Schachthöhle mit zwei Eingängen, die sich vollständig in weiß geädertem schwarzem Marmor gebildet hat. Der obere Eingang befindet sich auf 620 m Höhe: Da der Abstieg 620 m tief hinabführt, steht man nach dieser einzigartigen Durchquerung auf Meereshöhe!

Unter den osteuropäischen Staaten ist Rumänien das Land der reißenden unterirdischen Flüsse, denen Nichtschwimmer besser fernbleiben. Es ist aber auch die Heimat der Biospeläologie, der Wissenschaft von der Höhlenfauna und -flora, und zwar dank Emil Racovitza, der 1921 in Cluj das erste Institut für Höhlenbiologie der Welt gründete.

Die Sowjetunion besitzt allein schon wegen ihrer Ausdehnung zahlreiche Karstmassive, von denen der Kaukasus und das Pamirgebirge am meisten Höhlen aufweisen. Die speläologische Erforschung ist jüngeren Datums, doch sind neben der 1508 m tiefen Vjaceslav-Pantjukhina-Höhle* bereits rund zwanzig über 500 m tiefe Schächte entdeckt worden. Längenmäßig besonders beeindruckend ist das Optimisticeskaja*-Höhlensystem in der Ukraine: Mit 165 km ist es gleichzeitig die längste Höhle Europas und die weltlängste im Gipsgestein.

Jugoslawien ist gewissermaßen – davon wird später die Rede sein – der Geburtsort der Speläologie: Tatsächlich hat man in den ausgedehnten Kalkgebieten rund um die Bucht von Triest zum erstenmal die Grundregeln der Höhlenbildung und der unterirdischen Wasserläufe erkannt und erklärt. Dieses Gebiet, der Karst, dessen Erforschung im 16. Jahrhundert einsetzte und sich im 17. verstärkte, wurde für solche Phänomene namengebend. Die berühmte Postojnska jama* wurde bereits 1818 für Besucher geöffnet, und hier fand 1889 die Gründungsversammlung der ersten slawischen Höhlenforschungsgesellschaft statt. In dieser Höhle, von der 20 km erforscht sind, findet sich der älteste Vermerk eines Höhlenbesuchers aus historischer Zeit: 1213!

Die Schweiz schließlich genießt ungeachtet ihrer bescheidenen Fläche einen soliden speläologischen Ruf. Nach einigen berühmten Vorläufern, wie Jean-Jacques Rousseau und Horace-Bénédict de Saussure, setzt die ernsthafte Höhlenforschung im 19. Jahrhundert ein, vorwiegend im Jura. 1909 ist das Nidelloch zwischen dem Vordern und Hinteren Weißenstein im Solothurner Jura mit 376 m die tiefste Höhle der Welt, und das Hölloch* im schwyzerischen Muotatal hält mit über 100 km bis in die fünfziger Jahre hinein den Längenweltrekord. 1989 feierte die Schweizerische Gesellschaft für Höhlenforschung (SGH) in Genf, wo sie von Georges Amoudruz ins Leben gerufen worden war, ihren fünfzigsten Geburtstag. Ihren guten Ruf verdankt sie vor allem der Organisation von wissenschaftlichen Kongressen und ihrer bibliographischen Tätigkeit: Ein nationaler Kongreß von hohem Niveau wird alle vier Jahre durchgeführt, und ein kleines Schweizer Team gibt seit zwanzig Jahren das *Bulletin bibliographique spéléologique* heraus, in dem alljährlich sämtliche in der Welt erscheinenden Veröffentlichungen über Speläologie erfaßt und besprochen sind.

Der SGH gehören gegenwärtig rund tausend Höhlenforscher an, die in sechsunddreißig Vereinen zusammengeschlossen sind; Vereinsorgan ist die Halbjahreszeitschrift *Stalaktit*. Was die Höhlen anbelangt, sei hier nur ein System erwähnt, das jedes Jahr «wächst»: das Sieben-Hengste-Hohgant-Höhlensystem* mit einem Höhenunterschied von über 1000 m und einer Länge von 120 km. Es zieht sich vom Thunersee nach Nordosten hin.

IM HERZEN OZEANIENS

Der Südkontinent Australien ist das einzige Land Ozeaniens, dessen Höhlen schon seit langer Zeit besucht werden; abgesehen von jenen der Ureinwohner gehen die ersten Vorstöße in die Höhlenwelt auf den Anfang des 19. Jahrhunderts zurück. Doch erst in den vierziger Jahren wurden große Entdeckungen gemacht. Sie betreffen besonders zwei Gebiete: die Südinsel Tasmanien in bezug auf Schachthöhlen und die Nullarbor-Ebene Südaustraliens für große, mit Wasser erfüllte Höhlen. Unter dieser wasserlosen Wüste erstreckt sich nämlich das 6 km lange, geflutete Gangsystem der Cocklebiddy Cave*.

Neuseeland besteht aus gebirgigen Inseln, die man auch Australische Alpen nennt. Höhlenforschung wird hier erst seit rund dreißig Jahren betrieben, und man hofft auf große Entdeckungen. Der größte Höhenunterschied findet sich in der Nettlebed Cave, in der ein Neuseeländer Team annähernd 700 m aufsteigen konnte.

Papua-Neuguinea gilt seit einem Dutzend Jahren als Eldorado der Höhlenforschung. Obwohl die Höhlen bereits vor einigen zehntausend Jahren von Eingeborenen benutzt wurden, ist die eigentliche speläologische Exploration ausschließlich das Verdienst ausländischer Expeditionen, zuerst der Australier, dann der Briten, Japaner, Schweizer und Franzosen. Die bisher erforschten Höhlen erinnern an Dantes *Hölle,* sowohl was die Ausmaße wie die durchströmenden Wassermassen betrifft. Auf der Insel New Britain beispielsweise führt der Zugang zu den Flüssen Nare und Minye durch monströse, 300 bis 400 m tiefe, senkrechte Einsturzdolinen. Und in der tiefsten Höhle des Landes, Muruk, wird die Niederwasser-Schüttung des Höhlenflusses auf 50 m³/s geschätzt, was der mittleren Wasserführung der Aare bei Interlaken entspricht! Obwohl die bisherigen Ergebnisse die vielleicht allzu optimistischen Erwartungen noch nicht erfüllt haben, bleibt in diesem Land noch fast alles zu tun. Der Zugang zu den Höhlen, ja allein schon, sie ausfindig zu machen, wird in der üppigen Vegetation zum Problem; um den unterirdischen Flüssen zu trotzen, müssen besondere Techniken der Fortbewegung entwickelt werden: Neben einigen andern Ländern bleibt Papua-Neuguinea ein Reich der Hoffnung, der Träume...

Dieser Höhlenplan einer von der amerikanisch-schweizerischen Papua-Neuguinea-Expedition von 1982 entdeckten Höhle zeigt den unterirdischen Verlauf eines Flusses deutlich, der in einem Schluckloch verschwindet.

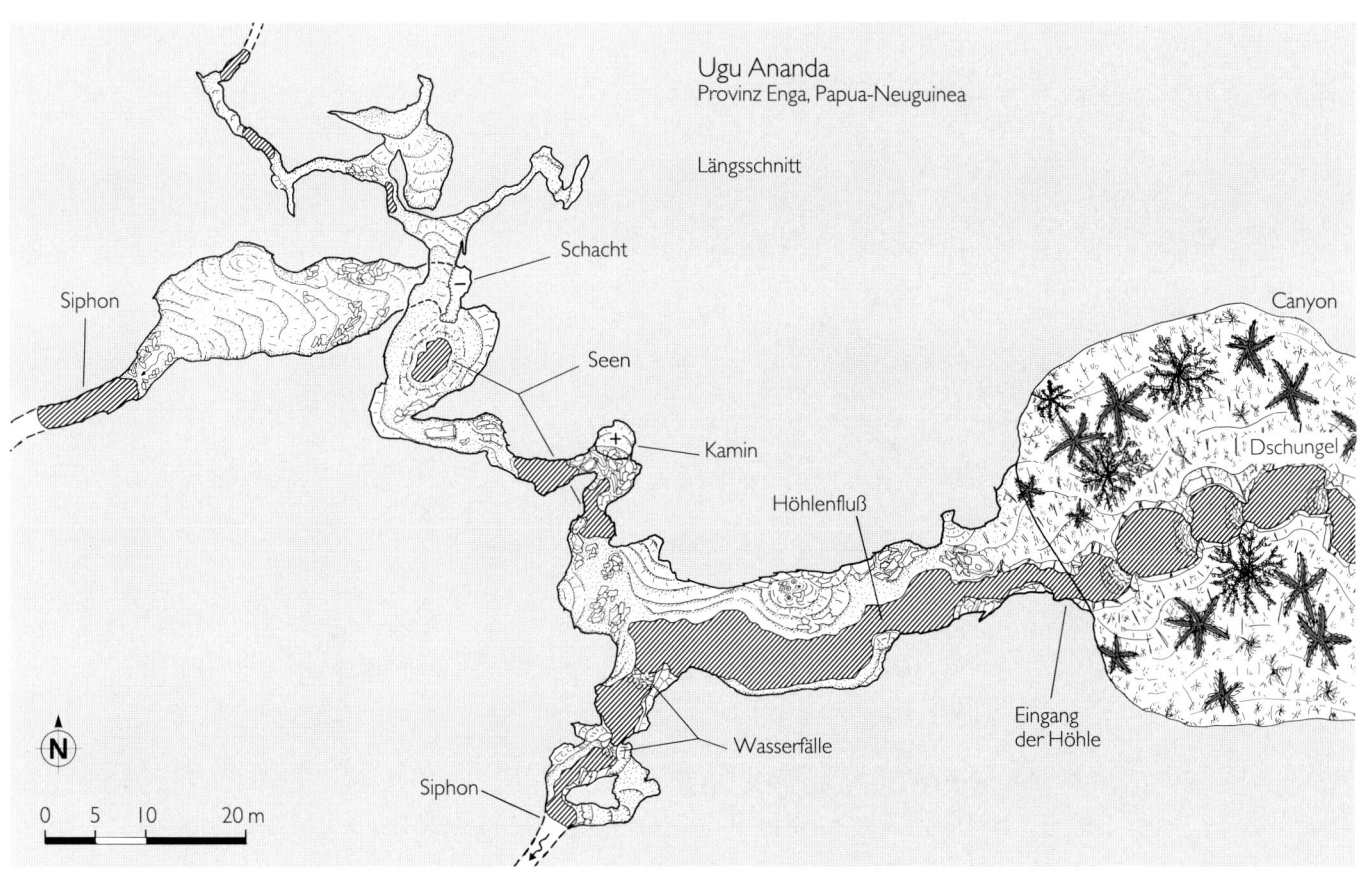

Ugu Ananda
Provinz Enga, Papua-Neuguinea

Längsschnitt

Auf Vancouver Island in Britisch-Kolumbien, Kanada, wird der Huston River von einem weit offenen Höhleneingang geschluckt... Derart große hydrologische Phänomene sind trotz der Durchlässigkeit der Kalkmassive eher selten. Meist versickert das Wasser auf diffuse und kaum merkliche Weise in unzähligen Felsspalten und Haarrissen. In Kanada gibt es wenig Höhlen. Die Karstformationen sind bescheiden, und die Höhlenforschung steckt noch in ihren Anfängen.

Die Höhle ist ein Milieu mit konservierenden Eigenschaften, und manche verborgene Gangwinkel sind eigentliche Zeitmaschinen für eine Reise in die Vergangenheit. Tatsächlich bilden die bescheidenen Temperatur- und Luftfeuchtigkeitsschwankungen, die wenig aggressive Atmosphäre und das spärliche Vorhandensein lebender Organismen ideale Bedingungen für die Erhaltung von Sedimenten und Bachanschwemmungen oder von Tieren, die in eine Spalte oder Höhle gefallen sind. So hat man 1878 im belgischen Bernissart den größten Dinosaurierfriedhof gefunden: neunundzwanzig Skelette von Iguanodons – bis 10 m lange, känguruhartig aufgerichtete Pflanzenfresser, die vor rund 120 Millionen Jahren lebten – wurden freigelegt.

Die Höhle bildete aber auch einen Raum, in dem so imposante Raubtiere wie Höhlenbär und Höhlenlöwe vor mindestens hunderttausend bis frühestens einer Million Jahren – während den Eiszeiten des Quartärs – Schutz vor der Unbill der Witterung suchten. Ein anderes «Tier», ein zweibeiniges, mußte sich mit denjenigen Unterständen begnügen, welche nicht von den beiden bedrohlichen Räubern besetzt waren: der altsteinzeitliche Mensch, auch Höhlenmensch genannt. Welche Bedeutung hatten Höhlen für unsere Vorfahren? Man weiß das noch nicht genau, doch jedenfalls hat die Art Homo seit langem entdeckt, daß sich die Höhle als Wohnung nutzen ließ.

Hätte man vor 100 Millionen Jahren einen unparteiischen Beobachter gefragt, welche Tiere wohl dereinst die Erde beherrschten, hätte er vermutlich auf die Dinosaurier gesetzt... und sich geirrt! Es waren die damals noch kleinen, unauffälligen Säuger, die einige Dutzend Millionen Jahre später die großen Saurier ablösten. Eine ihrer vordergründigen Schwächen machte ihre Stärke aus: Als Jungtiere länger als andere Arten von ihren Erzeugern abhängig, nutzen sie diese Zeit, um zu lernen. Damit beginnt in gewisser Weise der Fortschritt!

2. Kapitel

Vom Schutzraum zur Kunstgalerie

Und hätte man vor 5 Millionen Jahren einen ebenso fiktiven Beobachter gefragt, welches dieser Säugetiere eines Tages die Herrschaft über diesen Planeten ergreifen würde, hätte er wohl kaum viel auf einen Zweibeiner gegeben, der für die kommenden Eiszeiten schlecht gerüstet schien. Dabei muß irgendwann in dieser Zeit die Trennung zwischen den Hominiden oder Menschenartigen und den Anthropoiden oder Menschenaffen erfolgt sein. Die Vielzahl von Nervenverbindungen im menschlichen Gehirn mit seinem damals noch bescheidenen Volumen ermöglichte den ersten Schritt: Gegenstände als Werkzeuge zu benutzen (was übrigens auch Schimpansen in Ansätzen beherrschen) und dann für bestimmte Zwecke ganz gezielt Werkzeuge anzufertigen. Das Planen... und die Arbeit sind erfunden!

Dem Menschen kam zugut, daß der «Geburtsfehler» aller Säuger sich bei ihm immer mehr verstärkte: Da seine Entwicklung nach der Geburt noch lange nicht abgeschlossen war und er längere Zeit auf seine Eltern angewiesen blieb, nahm er das von seinen Artgenossen erworbene Wissen und Können um so besser auf. Seine Intelligenz entwickelte sich dank der wohltuenden Eigenschaften von Schlaf und Traum: In bestimmten aktiven Phasen trägt der Traum zum Bau des menschlichen Gehirns bei. Und um in Ruhe schlafen zu können, braucht man Sicherheit: Dafür sorgten Feuer und Höhle. Die erstmalige Nutzung dieser beiden Mittel läßt sich allerdings nicht sauber auseinanderhalten. Man nimmt an, daß der Mensch das Feuer vor 700 000 bis 400 000 Jahren zu beherrschen begann, während die ältesten bekannten Höhlenbewohner der Escale-Mensch (800 000 Jahre) und der Tautavel-Mensch (450 000 Jahre) sind. Doch vor ihnen, vor rund 1,7 Millionen Jahren, hatte bereits der zu den Frühmenschen gehörende Sinanthropus oder Pekingmensch Höhlen benutzt. Abgesehen von dieser Ausnahme dürfte die Benutzung von Höhlen und Feuer ungefähr gleich alt, aber jünger als das Behauen von Faustkeilen sein.

Vor rund 100 000 Jahren bewohnten die Neandertaler, eine ausgestorbene Menschengruppe, Grotten und Lager unter überhängenden Felswänden (sogenannte Balmen oder Abris) in der ganzen südlichen Hälfte Europas und bis nach Israel. Ihre wachsende «Menschlichkeit» zeigt sich in ihrem Totenkult: Gräber sind zahlreich und oft in Höhlen angelegt. Der Bewußtwerdungsprozeß über den Einschnitt des Todes, wie er der Bestattung zwangsläufig vorausgeht, gehört zu den ersten grundsätzlichen Unterschieden zwischen dem noch so hoch entwickelten Tier und dem Menschen. Die Höhle – sowohl jene, die dem Menschen Schutz vor der Witterung und vor natürlichen Feinden bietet, wie jene, in denen er seine Ahnen verehrt – wurde möglicherweise zur Wiege der bewußten Menschheit, so unvollkommen diese auch heute noch ist.

Geburt der kunst

A m Donnerstag, 12. September 1940, kriechen vier Jugendliche aus Montignac in der französischen Dordogne in ein Loch, das sich unter einem entwurzelten Baum aufgetan hat. In einem Meter Tiefe räumen sie einige Steine zur Seite, damit der älteste, Marcel Ravidat, kopfvoran weiter hineinkriechen kann. Sie erforschen die Höhle in zwei kurzen Ausflügen, ohne jedoch den legendären Gang zu entdecken, von dem die Alten im Dorf erzählen und der bis zum Schloß Lascaux führen soll. Kein Gang also, dafür auf allen Wänden ein unglaublicher Reigen tierischer Figuren. Sofort von der Bedeutung ihres Fundes überzeugt, nehmen die Buben ihre Verantwortung in musterhafter Weise wahr: Sie kampieren Tag und Nacht vor dem Eingang der Höhle und lassen niemanden unbegleitet hinein. Später, als die Grotte für Besucher geöffnet wird, sind sie die offiziellen Führer; einer von

ihnen, Jacques Marsal, versah diesen Posten bis 1989, wenige Wochen vor seinem Tod.

Doch zurück ins Jahr 1940: Nachdem sie mehreren Erwachsenen im Vertrauen von ihrem Fund erzählt haben, die ihnen aber nicht so richtig Glauben schenken, benachrichtigen sie am 17. September Abbé Breuil, einen unbestrittenen Kenner der Felsmalerei. Am 21. des Monats trifft er ein und bestätigt die außergewöhnliche Bedeutung der Höhle von Lascaux*. Nur neun Tage sind seit der ersten Erforschung und der Expertise verstrichen; das allein dürfte die Gerüchte über Fälschung wider-

Die vorgeschichtlichen Jäger wechselten auf der Spur wandernder Pflanzenfresser-Herden häufig ihre Behausung. Dabei schätzten sie der Sonne zugewandte und über den Routen ihrer Beute gelegene Höhlen und Überhänge (Balmen oder Abris) besonders.

legen, die anfänglich die Runde machten. Die Frage über Echtheit und Alter von Felsmalereien ist alt. Als ob der Mensch Angst hätte, seine Ursprünge zu entdecken! Wissenschaftlich gesehen besteht das Problem allerdings darin, daß sie im allgemeinen nicht von Erdschichten bedeckt sind, deren Alter sich bestimmen ließe. Bereits 1879 hatte der Amateurarchäologe Don Marcelino de Sautuola den Boden der Höhle von Altamira in Nordwestspanien durchsucht. Seine fünfjährige Tochter Maria lag gelangweilt daneben und schaute in die Höhe. Plötzlich wies sie mit dem Finger zur Decke und rief: «Toros! Toros!». Das Gewölbe der Höhle war mit prachtvollen Malereien von Auerochsen und

Für den vorgeschichtlichen Menschen war die Höhle keineswegs der angsterregende Ort, als den wir sie gelegentlich empfinden, sondern ein gastlicher Raum, der Schutz vor Kälte, Nässe und Feinden bot; gleichzeitig konnte er von hochliegenden Balmen nach Beutetieren Ausschau halten.

Rechts oben: Das Tal der Vézère im Périgord noir (Dordogne, Frankreich) ist eine der «Wiegen» der europäischen Vorgeschichte: Die Vielzahl von Höhlen und Überhängen – Abris oder Balmen genannt –, die Nähe des fischreichen Flüßchens und ein milderes Klima als in andern europäischen Landstrichen schufen günstige Bedingungen für die Besiedlung durch altsteinzeitliche «Höhlenmenschen».

Rechts Mitte: Der Abri de Cro-Magnon gehört zu den berühmten Fundstellen im Vézèretal, die vom *Homo sapiens* besiedelt waren. Auf die hier gefundenen Knochenreste von fünf Menschen, zusammen mit Steingeräten der Aurignacien-Epoche im ausgehenden Eiszeitalter, war man zufällig beim Bau der Bahnlinie Périgueux–Bergerac gestoßen.

Rechts unten: Die archäologisch-paläontologische Ausgrabung in der Grotte de Cotencher im Neuenburger Jura von 1867 förderte Knochen und Zähne einer eiszeitlichen Tierwelt zutage, deren Alter auf etwa 50 000 Jahre bestimmt werden konnte, sowie den ältesten Überrest eines Menschen in der Schweiz: den Oberkieferknochen einer rund vierzigjährigen Frau, die vor 42 000 Jahren gelebt hatte.

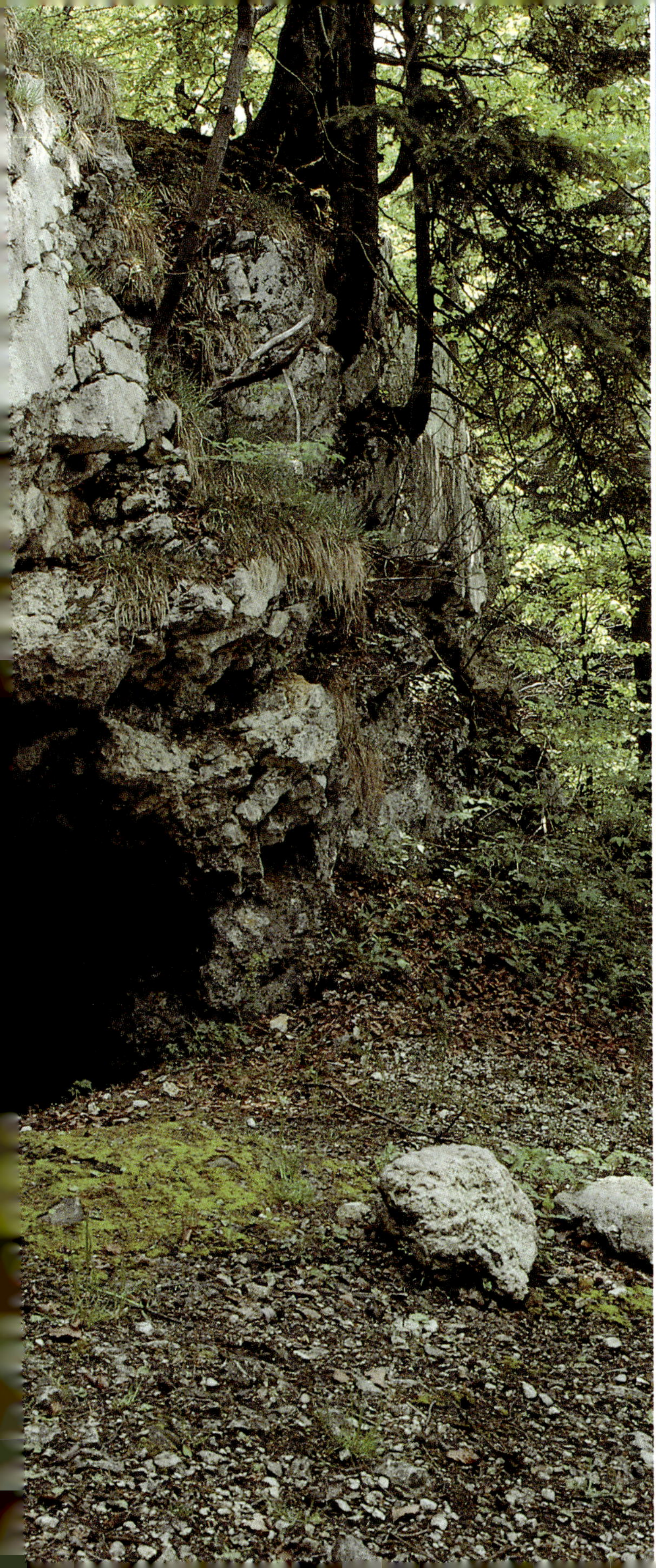

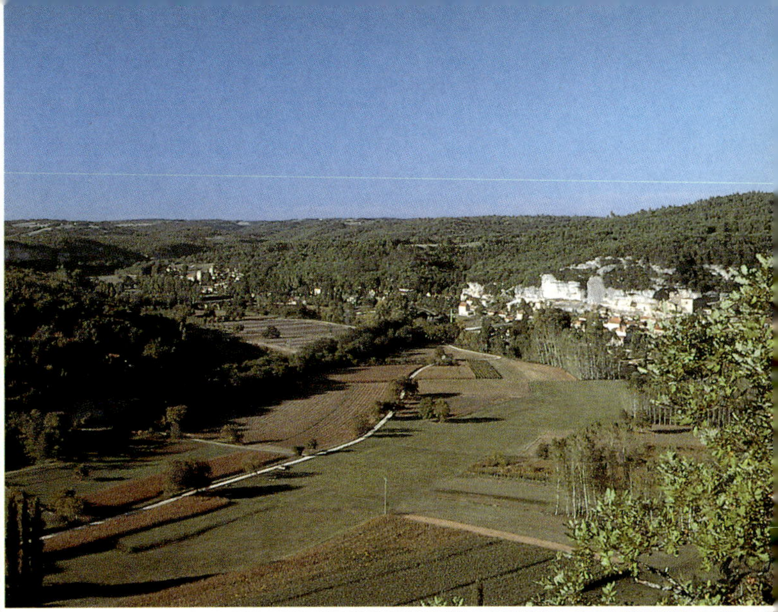

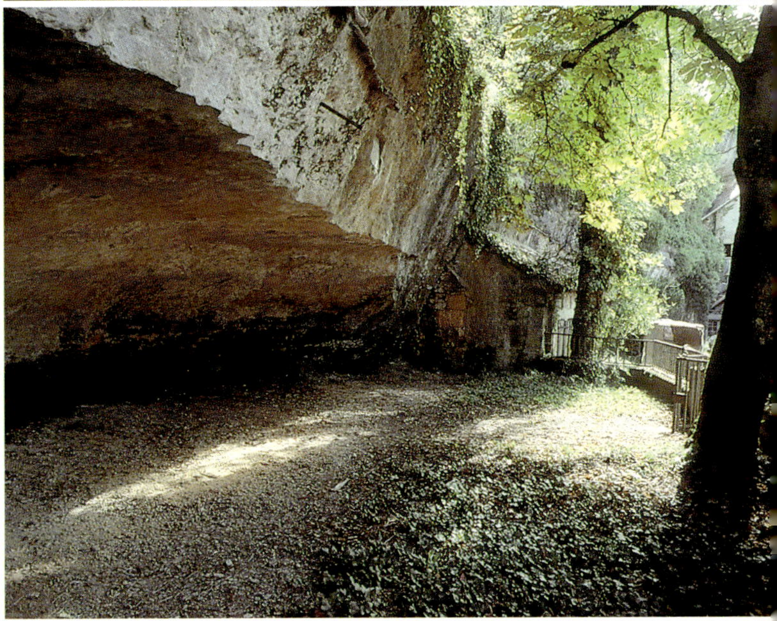

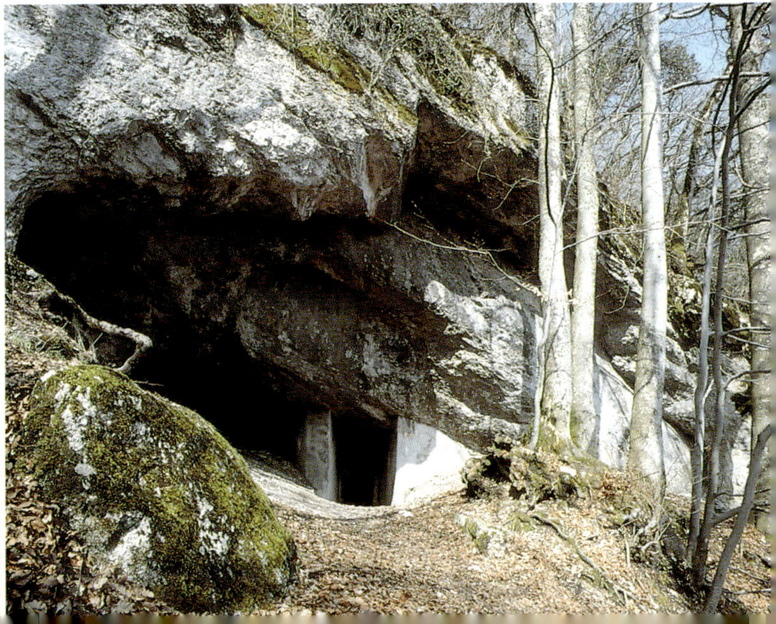

andern eiszeitlichen Tieren bedeckt. Eine gewisse Skepsis über ihre Echtheit, durch Streitereien zwischen Geistlichen und Laien angefeuert, führt dazu, daß man während zwanzig Jahren das wichtigste vergißt: den Schutz dieses prähistorischen Denkmals. Als man daran denkt, ist es bereits zu spät: Die Felsmalereien von Altamira sind zum großen Teil verblichen.

In Lascaux verlief die Sache glücklicherweise anders: Als man feststellte, daß die eindringende Luftfeuchtigkeit den Malereien zu schaden begann, wurde die Höhle für Besucher geschlossen und eine originalgetreue Kopie angefertigt. Heute lernen täglich zweitausend Besucher in der Höhle Lascaux-bis, einer perfekten Replik eines Teils der prähistorischen Kaverne, die 17 000 Jahre alten künstlerischen Zeugnisse unserer Vorfahren kennen. Fotografie, Bauwesen, Malerei und Archäologie machen es gemeinsam möglich, daß der Mensch des 20. Jahrhunderts seinem altsteinzeitlichen Vorfahren begegnen kann, der allzuhäufig als seltsamer, fellbekleideter, kaum der Sprache mächtiger Wilder dargestellt wurde und der ihn hier durch eine Kunst anspricht und berührt, die weit beredter ist als alle Worte.

Was ist denn nun in Lascaux und den vergleichbaren Fundstätten geschehen, daß vor diesen Malereien und Zeichnungen von Auerochsen, Wisenten, Wildpferden, Hirschen, Wildkatzen und Maskentänzern 17 000 Jahre wie weggewischt erscheinen? Es braucht nicht viel, vielleicht genügen das Dämmerlicht und ein gewisses Einfühlungsvermögen, um den großen Bruder aus dunkler Vergangenheit neben uns zu fühlen, seine Hand zu ergreifen und ihm durch das Labyrinth seines Höhlenheiligtums zu folgen. Zwei Gründe können meiner Meinung nach dieses Einsgefühl der Menschheit erklären. Auf der einen Seite hat der Mensch – beziehungsweise die verschiedenen Künstler, die sich hier im Lauf der Jahrhunderte folgten –, der dieses Bestiarium so packend abbildete, mehr als nur einen kulturellen Fortschritt vollzogen: Er hat den modernen Menschen erfunden und uns in gewisser Weise erschaffen. Auf der andern Seite erscheint mir seine gefühlsmäßige Beziehung zum wiedergegebenen Tier unendlich enger als jene, die wir zu ihm haben können: Er beneidet und bewundert das Tier um seine Stärke, doch ist auch der Wille zur Distanz, das Streben nach Vollkommenheit da.

Man hat den Neandertaler mit seinem vermutlich grobschlächtigen Äußeren auch *Homo faber,* «geschickter Mensch» genannt, denn was ihn vor allem vom Tier unterscheidet, ist seine Fähigkeit, Werkzeuge zu schaffen und zu benutzen: Dieses Wesen ist zum Menschen geworden, indem es die Arbeit entdeckte. Vor 40 000 bis 30 000 Jahren hat der *Homo sapiens,* der «vernunftbegabte Mensch», ein Vetter, nicht ein Sohn des ersteren, die Fahne des Fortschritts übernommen. Was ihn vor allem vom Neandertaler unterscheidet, sind nicht die weniger stark vorspringenden Augenbrauenwülste oder der aufrechtere Gang, sondern die Fähigkeit, aus dem Geleise der Arbeit herauszukommen, das Spiel zu entdecken, Vorstellungsgabe und schöpferischen Geist zu entwickeln. Wir erfinden hier nichts, sondern übernehmen bereitwillig die Begriffe des niederländischen Kulturphilosophen Johan Huizinga, der lieber vom *Homo ludens,* dem «spielenden Menschen» sprach. Hier ist die entscheidende Wende, die tiefe Verwandtschaft dieses Menschen mit jenem des 20. Jahrhunderts. Doch mit dieser Behauptung allein ist es nicht getan. Wir wollen sie beweisen oder zu beweisen versuchen, indem wir einige Malereien oder Gravuren unserer Vorfahren aus den altsteinzeitlichen Epochen des Aurignacien oder dem Magdalénien beschreiben.

Über die Frage, ob die prähistorische Kunst zweckbestimmt oder reine Kunst im heutigen Sinn war, ist viel gerätselt worden. Diente die Darstellung eines Tiers als Jagdzauber, als Beschwörung vor der Jagd, oder war sie ein schöpferisches Spiel? War sie Zeugnis der Tradition oder Ausdruck einer Erfindung? Mit Sicherheit läßt sich dies nicht beantworten, und vielleicht sind beide Bezüge miteinander verwoben. Wurfspieße und Pfeile, die in der Flanke eines Auerochsen stecken, ein stürzendes Pferd, das wirkt, als sei es von Treibern über eine Klippe gehetzt worden, deuten darauf hin, daß diese Höhlenheiligtümer für Zeremonien benutzt wurden, um das Jagdglück des Stammes zu beschwören. Auf der andern Seite kann die Kreidezeichnung einer Reihe von Hirschköpfen – deren Haltung beinahe zur Gewißheit werden läßt, daß die Tiere beim Durchschwimmen einer Furt wiedergegeben sind – nichts anderes sein als der Ausdruck einer intensiven künstlerischen Freude. Am einen Ort beweist die Überlagerung einer Zeichnung durch eine andere, daß

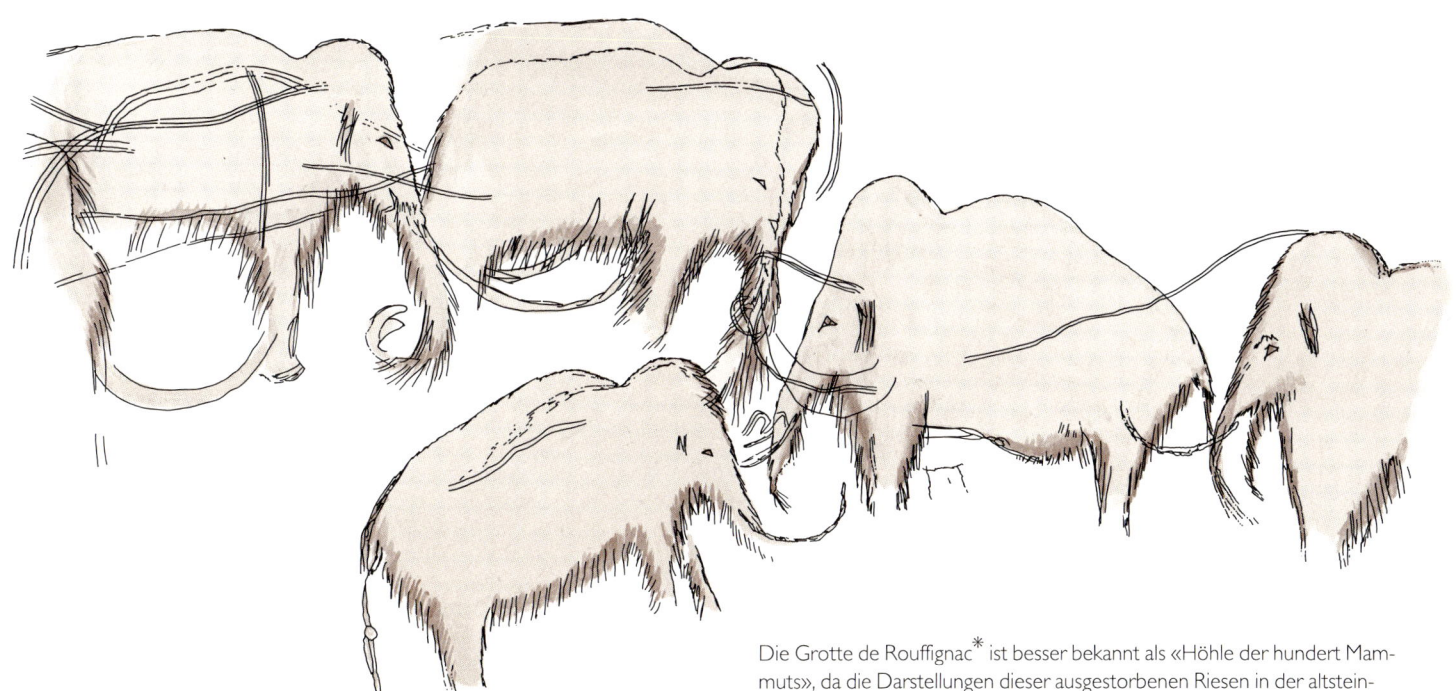

Die Grotte de Rouffignac* ist besser bekannt als «Höhle der hundert Mammuts», da die Darstellungen dieser ausgestorbenen Riesen in der altsteinzeitlichen Gemäldegalerie mit Pferden, Steinböcken und Nashörnern bei weitem überwiegen. Die Höhle ist seit langem bekannt – im 16. Jahrhundert ereignete sich hier das in Kapitel 4 geschilderte Drama –, und die meisten Besucher waren sich gar nicht bewußt, daß sie mit ihrem Souvenir-Gekritzel eingravierte und gemalte vorgeschichtliche Kunstwerke zerstörten. Erst 1956 entdeckte man die Echtheit und den Wert von Zeugnissen wie der abgebildeten sieben Meter langen Felsgravur an einer Höhlendecke, wo der Künstler kauernd arbeiten mußte.

die zeremonielle Geste des Malens eine unmittelbare Bedeutung gehabt haben und in Gegenwart aufmerksamer Zuschauer vollzogen worden sein muß. Andernorts deutet der Umstand, daß ältere Figuren respektiert und die Einfügung jüngerer Darstellungen in ein gegebenes Umfeld akzeptiert wurde, daß die Kunst wichtiger war als der Ritus, genauso wie das Vorhandensein einer stilistischen Einheit, die man Jahrtausende später als «künstlerische Schule» bezeichnen würde.

Der Mensch von Lascaux beziehungsweise der Cro-Magnon-Mensch, wie er nach einem unmittelbar benachbarten Fundort genannt wird, jagt zwar, weil er sich ernähren muß. Er ist aber auch ein begeisterter, ja fast neidischer Bewunderer des Tierhaften, dem er entronnen ist und dem er nachzutrauern scheint. Das wird beim Vergleich der tierischen und menschlichen Darstellungen deutlich. Die Tiere strahlen eine beeindruckende Kraft und realistische Beobachtungsgabe aus, sie sind in gekonnter Perspektive und Bewegung gezeichnet. Die Menschen hingegen sind geradezu lächerlich steif und unbeholfen wiedergegeben: Der Penis der Männer und der gewölbte Bauch der Frauen sind oft die einzigen typisch menschlichen Merkmale und wirken geradezu karikaturistisch. Wenn der Mensch sich an eine kraftvolle menschliche Darstellung wagt, verdeckt er sie schnell mit andern Bildelementen.

Der Mensch existiert also, und die Höhle hat dazu beigetragen, doch ihre Schutzrolle in der Frühgeschichte der Menschheit erschöpft sich nicht darin.

Ein Milieu, wie gemacht für den Menschen

Als es kalt war – grimmig kalt –, wußte der Mensch die Beständigkeit der Temperatur unter dem Boden zu nutzen, um sich zu schützen und die harten klimatischen Schwankungen während der vier großen Eiszeiten im Quartär zu überleben, zu

Das Departement Dordogne in Südwestfrankreich ist besonders reich an altsteinzeitlichen Felsmalereien und -gravuren, deren Bedeutung nicht einfach zu interpretieren ist.

1–2: Der «Zauberer» in der Grotte de Saint-Cirq ist eine der seltenen Darstellungen von Menschen vor 15 000 Jahren, welche im Vergleich zu den meisterhaften Tierporträts seltsam unbeholfen wirken.

3–4: In der Bara-Bahau-Höhle hat der Künstler die vorgegebene Struktur der Felswand genutzt, um einen Höhlenbären darzustellen: Körper und Beine treten halbreliefartig hervor, das Auge besteht aus einem Feuersteinknollen.

5: Vor 12 000 Jahren «sah» ein Mensch der Magdalénien-Zeit das Abbild eines Höhlenbären auf dieser Wand in der Grotte de Bernifal: Einige Retuschen für den Verlauf der Rückenlinie, zwei Einschnitte, um die Halsschlagader anzudeuten – einen verletzlichen Punkt, der den altsteinzeitlichen Jägern zweifellos bekannt war – genügten ihm, um das Flachrelief zu vervollkommnen.

6: Diese Gravur zweier Hände, die sich ebenfalls in der Bernifal-Höhle befindet, ist nur zu sehen, wenn sie aus einem spitzen Winkel beleuchtet wird.

7: Eine bearbeitete Wand des Abri de Cap-Blanc zeigt diese meisterlichen Ritzzeichnungen von Pferden und Auerochsen. Das hier abgebildete Pferd ist 2,20 m lang und trägt noch Spuren der Farben, mit denen es vor über zehntausend Jahren ausgemalt worden war.

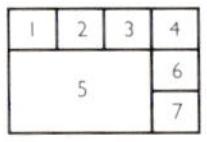

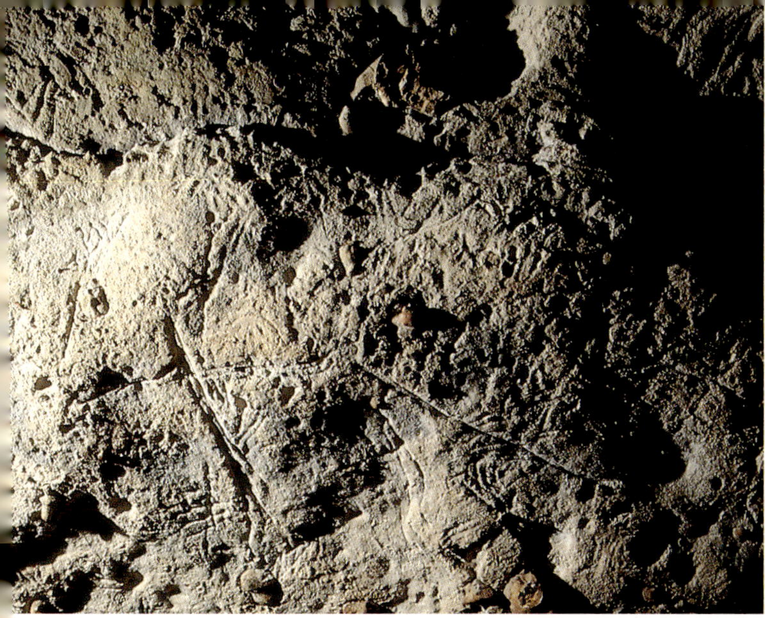
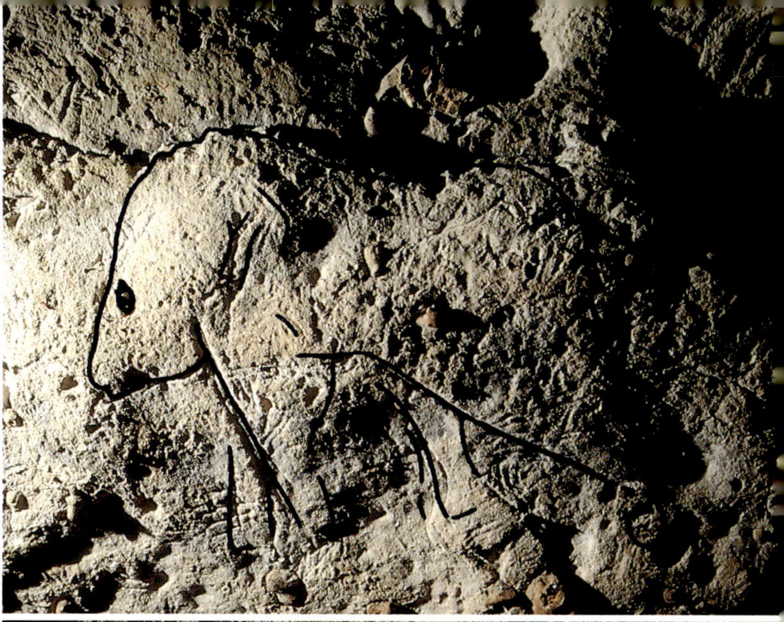
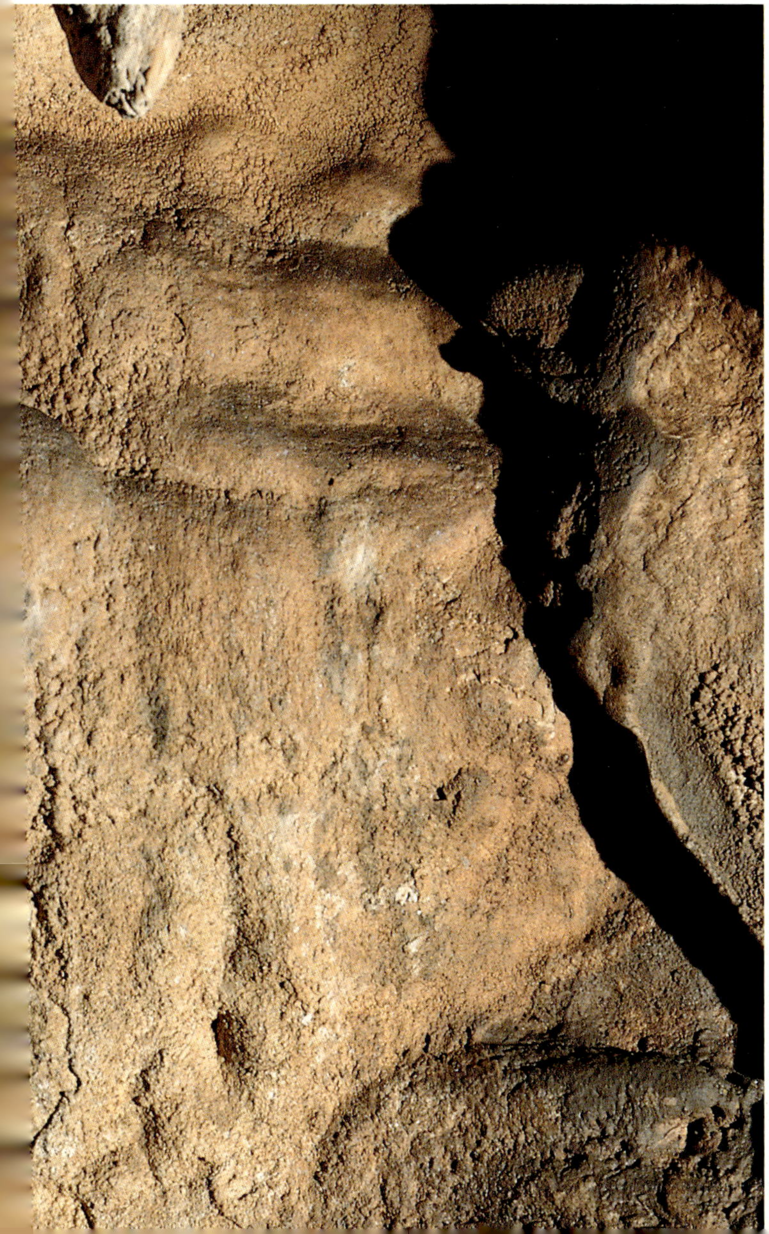
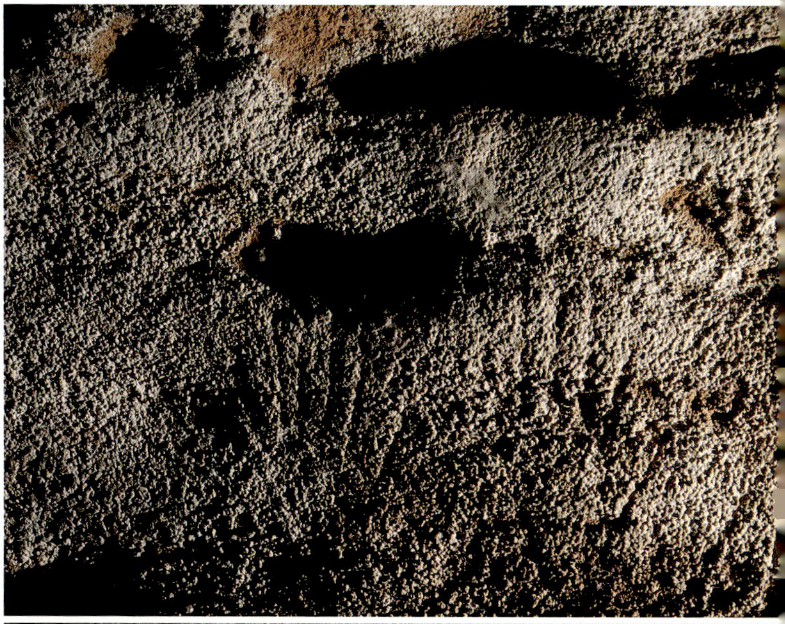
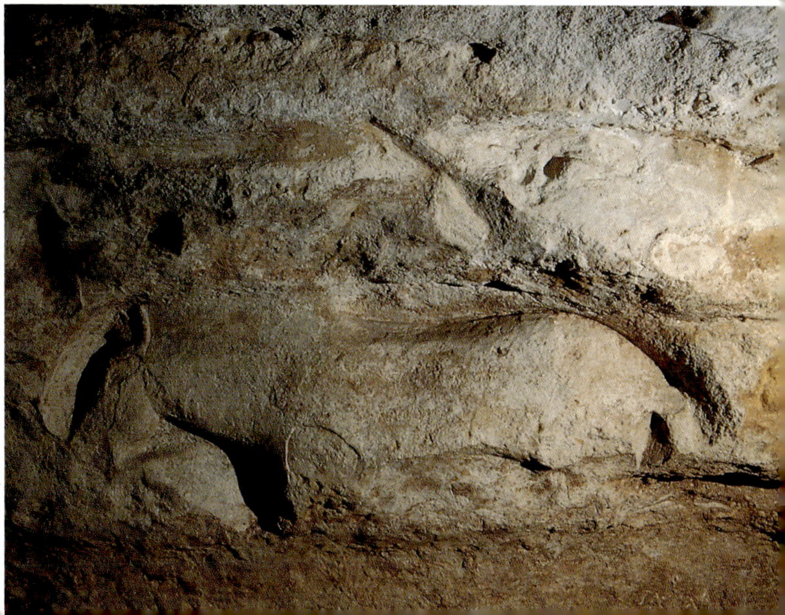

denen noch einige bedeutende lokale Kaltzeiten kamen. Unter einem weit weniger kühlen, dafür um so trockeneren Klima kam es zu einer ebenso klugen Nutzung von Höhlen, um harten Umweltbedingungen zu trotzen: in Mesa Verde* im Südwesten des US-Bundesstaats Colorado.

Mesa Verde, heute als Nationalpark geschützt, ist eines der bedeutendsten Zeugnisse der nordamerikanischen Vorgeschichte. Diese ist bedeutend jünger als in Europa, Afrika oder Asien und beginnt vor rund 25 000 Jahren, zu einer Zeit, da die Behringstraße zwischen Sibirien und Alaska noch mehr oder weniger trockenen Fußes überquert werden konnte. Von asiatisch-sibirischen Jägervölkern wurde denn auch der amerikanische Kontinent in mehreren Wellen besiedelt. Vor 10 000 Jahren durchstreiften nordamerikanische Nomaden weite Gebiete und folgten den jahreszeitlichen Wanderungen der Karibus und vor allem der Bisons, mit denen sie weiter nach Süden vordrangen. Hier wurden sie in den ersten Jahrhunderten unserer Zeitrechnung seßhaft und entwickelten dabei die einzigartige Höhlenarchitektur der Pueblokultur der Anasazi.

In den Hochebenen von Colorado, die auf über 2000 m ü. M. liegen, herrscht das Klima der Trockensteppe, mit nur 350 mm Niederschlag pro Jahr, hauptsächlich in Form von Schnee zwischen Januar und März. Die Behausungen der Pueblokultur bestehen aus dem Ausbau langer Balmen unter überhängenden Felsen, die nur wenig tief und nicht breiter als einige Dutzend Meter sind. Mesa Verde* ist ein von zahlreichen tief eingeschnittenen Canyons zerfurchtes Kalkplateau. Die Puebloindianer hatten sich im oberen Teil der Felswände eingerichtet, welche diese Schluchten säumen, vor allem an den nach Süden und Südwesten gerichteten Partien. Im Sommer erreicht die hochstehende Sonne kaum den Fuß der Lehmziegelbauten, die durch ihre natürlichen Vordächer beschattet werden; frische Brisen wehen in den Tälern, in denen die Temperatur in der heißen Jahreszeit im allgemeinen 10 Grad unter derjenigen des Hochplateaus liegt, wo die Maisfelder vom spärlichen Regen profitieren. Im Winter bescheint die niedrigstehende Sonne die Behausungen mit ganzer Kraft und wärmt die Räume. Der kalte Nordwind pfeift über die Plateaus mit ihren Schneeverwehungen hinweg, während die Täler im Windschatten liegen. Die perfekte Anpassung dieser Anasazi-Zivilisation an die Umwelt spiegelt sich in der Entwicklung ihrer Bauten. Ausgehend von zum Teil vertieften, zum Teil erhöhten Konstruktionen zwischen Erde und Himmel, bildeten sich zwei deutlich unterscheidbare Bauformen heraus. Der Pueblo ist ein kubischer Bau mit Flachdach, auf dem sich einer der Eingänge befindet; er fängt die Sonnenstrahlung besser auf und kann als Haus mit Aktivheizung bezeichnet werden. Anderseits bildet sich aus dem halbeingegrabenen, mit Ästen bedeckten Raum die Kiva heraus, eine Art Grube mit Deckel, durch den ein Loch ins Innere führt. Hier nutzt man die thermische Trägheit des Untergrundes: die Heizung ist passiv.

Später wurden unter den längsten der überhängenden Felswände regelrechte Städte gebaut: So hatte Chapin Mesa über zweihundert, Wetherill Mesa etwa hundertfünfzig Zimmer. Sie beherbergten eine Bevölkerung von rund fünfhundert Personen. Offenbar ist die Mesa-Verde-Kultur an ihrem eigenen Erfolg zugrunde gegangen: Die Bevölkerung wuchs, ohne daß sich die bebaubare Fläche erweitern ließ. Zudem fiel hier in den Jahren 1273 bis 1285 praktisch kein Regen: Die Anasazi verschwanden fast von einem Tag auf den andern, ohne daß sie angegriffen worden wären. Man glaubt zwar, einige Spuren ihrer Nachkommen in Arizona und in Neumexiko gefunden zu haben. Die dauernde Besiedlung der halb unterirdischen Anlage wurde nach sieben Jahrhunderten abrupt aufgegeben: Das Klima hatte eine Kultur besiegt, die uns jedoch einige der größten und schönsten Beispiele von Höhlensiedlungen hinterlassen hat.

VERSTECKEN, UM ZU ÜBERLEBEN

W ie höhlenbewohnende Tiere, die sich auf der Flucht vor Feinden in ihre Erdbauten verkriechen, hat sich der Mensch häufig vorübergehend in die Erde zurückgezogen. Diese Formen passiven Widerstands hatten verschiedene Beweggründe. Man wollte einem blutrünstigen Eroberer entkommen, von der herrschenden Religion oder Moral verbotene Riten ausüben und anderes mehr. Dabei benutzte man häufiger künstliche als natürliche Refugien. So ermöglichten es beispielsweise die römischen Katakomben den Frühchristen, ihre Gottesdienste zu feiern und die Toten zu begraben; es handelte sich um ehemalige Steinbrüche, die während der Christenverfolgungen des 3. Jahrhunderts zu ihrer Schutzfunktion kamen. Nach ihrer Wiederentdeckung im 16. Jahrhundert wurde der Begriff Katakombe auf alle unterirdischen frühchristlichen Friedhöfe ausgeweitet, manchmal allerdings ohne vernünftigen Grund: So soll es sich bei einem Teil der sechs Millionen Toten, die in den Katakomben von Paris liegen, um Guillotineopfer der Französischen Revolution handeln.

Andere unterirdische Zufluchtsstätten wurden in unglaublich hoher Zahl überall in Europa, ja von Persien bis Portugal entdeckt. Manche von ihnen dienten im Mittelalter heidnischen Kulten, in denen sich Katholizismus und alter Volksglaube vermischten. Ein Beispiel sind die Höhlen von La Roche-Clermault in der Touraine, wo der Reichtum ihrer Ausschmückung eher mit der Art des Gesteins als mit außergewöhnlichen Praktiken zu tun hat: Kreide läßt sich leichter bearbeiten als Granit oder Kalkstein. Die unglaubliche Vielschichtigkeit der Anlage läßt an «Negativkonstruktionen» denken. Obwohl der Begriff Labyrinth und der Name seines Erbauers, Dädalus, untrennbar mit dem Palast von Knossos auf Kreta verbunden bleiben, ist dessen Anlage im Vergleich zum Ganggewirr von La Roche-Clermault von kindlicher Einfalt. Ihr Ausbau zeugt von der Bedeutung des Schlosses, zu dem sie gehörten und das heute spurlos verschwunden ist. Abgesehen vielleicht von dem literarischen Denkmal, das ihm Rabelais in *Gargantua* gesetzt hat, wo es die Residenz des trinkfesten Königs Picrochole ist. Wie in den meisten unterirdischen Zufluchtsräumen gelangt man durch enge Zickzackgänge hinein, in denen ein allfälliger Angreifer zurückgeworfen werden konnte.

Besonders sehenswert an diesen unterirdischen Räumen sind die Felszeichnungen des 11. und 12. Jahrhunderts. Zuerst einmal zwei Raubkatzen, die man heute als Leoparden deutet, von vorn dargestellt, mit langem Schwanz und Mähne, dann eine 1,2 m hohe Gestalt mit einer Sonnenscheibe in der einen, einer Sanduhr in der andern Hand. Die Rundungen der Sanduhr könnten die Mondphasen darstellen. Diese Orant genannte Figur war Ziel von Verhexungsriten: Kopf und Herz sind nur noch tiefe Einkerbungen, als hätte man ihn immer wieder zu erstechen versucht.

Dieses von der mittelalterlichen Kirche als heidnisch verdammte Gemisch bildhafter Darstellungen erinnert uns an die zahlreichen Sekten und von der offiziellen Linie abweichenden Orden jener Epoche, darunter die Tempelritter, denen die Anbetung der Katze und des Leoparden als Verkörperungen des Teufels vorgeworfen wurde. Der Orant schließlich könnte Christus darstellen: die gegen Haupt und Herz geführten Hiebe wären ebenso viele symbolische Gotteslästerungen. Die Anordnung seiner Füße, die in kleinen, in den Boden eingelassenen Sarkophagen stecken, sowie der winzige Gang hinter der Gestalt lassen an Einweihungsriten denken, die beträchtlich vom offiziellen Glaubensbekenntnis abweichen. Das Studium anderer unterirdischer Refugien zeigt, daß damals fast ausschließlich Ketzer ihre Kulte in der Düsternis feierten. Die Rechtgläubigen konnten dies am hellichten Tag in Kirchen und Kapellen tun. Da lag der offizielle, einfache und unzweideutige Schluß nahe: die Guten auf der einen Seite, im Licht, die Schlechten auf der andern, im Dunkel, in der Erde. Doch vielleicht ist die Sache etwas vielschichtiger. Das mittelalterliche Christentum, das sich einem von uralten, mehr oder minder barbarischen Überlieferungen geprägten Volksgut gegenübersah, vereinnahmte die heidnischen Riten, um neue Anhänger zu gewinnen. Ein Beispiel: Die Symbole für Sonne und Mond, in allen alten manichäischen oder heidnischen Kulten zu finden und als typisch ungläubige Formen betrachtet, finden sich in gotischer Zeit mit dem Kreuz vereinigt wieder. Wenn

Der Orant im unterirdischen System von La Roche-Clermault: diese ungewöhnliche Christusdarstellung hält die Symbole Sonne und Mond als Erbe heidnischer Riten.

Während viele altsteinzeitliche Felsbilder sich ohne die Hilfe von Spezialisten nur schwer deuten lassen, sind andere auf den ersten Blick erkennbar und berühren einen zutiefst. Da manche dieser Malereien bei ihrer Entdeckung außerordentlich gut erhalten waren, bezweifelte man manchmal ihre Echtheit beziehungsweise ihr hohes Alter. (Die einwandfreie Datierung ist selten möglich, da die meisten Felsmalereien und -gravuren nicht von Erdschichten bedeckt sind, welche einen chronologischen Maßstab liefern, so daß sie grundsätzlich ebensogut gestern wie vor zehntausend Jahren geschaffen worden sein können.) Als besonders problematisch erwies sich der Schutz der Felsmalereien: Die Öffnung so geschmückter Höhlen bei der Entdeckung und der anschließende Besucherstrom führte zu mikroklimatischen Veränderungen, die katastrophale und zum Teil unwiderrufliche Schäden an diesen kostbaren, aber empfindlichen Zeugnissen vorgeschichtlicher Kultur verursachten.

Bei Tierdarstellungen haben die Künstler der Altsteinzeit ein Können bewiesen, das all jene beschämt, welche sie später als eine Art Affen darstellten, die kaum menschlicher Regungen fähig seien. Dieses Gemälde im Salon noir der Grotte de Niaux (Ariège, Frankreich) enthält mehr oder weniger vollständig neun Auerochsen, sechs Pferde und zwei Steinböcke, die zum Teil schematisch wiedergegeben, zum Teil hervorragend ausgearbeitet sind.

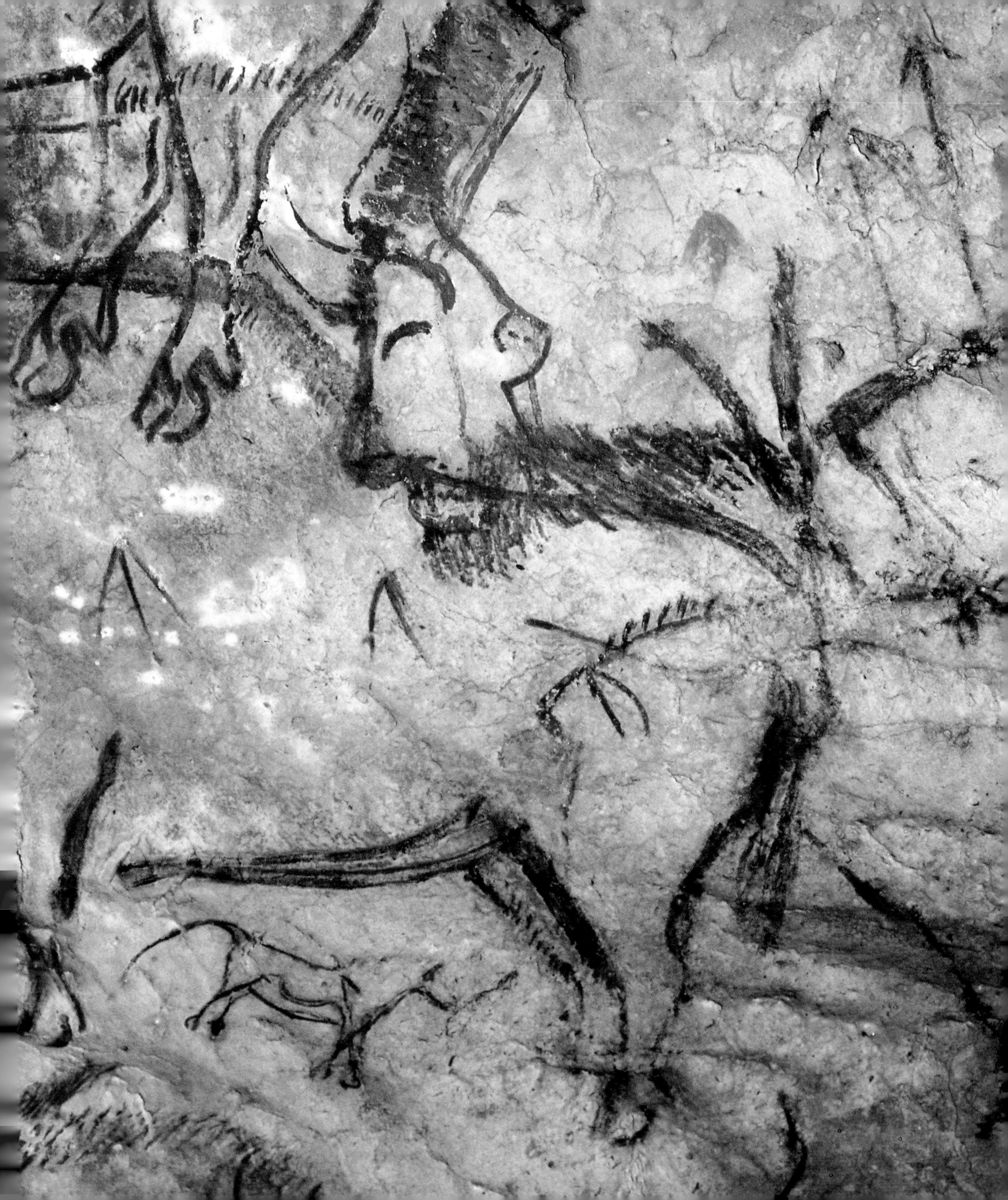

Zeichen für die eine Religion gut sind, können sie auch der nächsten dienlich sein, selbst wenn ihre Herkunft Puristen dubios erscheinen mag.

Doch die Höhle bot nicht nur Minderheiten Zuflucht, sondern manchmal ganzen Völkern Schutz vor Invasoren. Zwei Beispiele sind besonders beeindruckend. In der Türkei gibt es zwei Städte, die bis fünfundsiebzig Meter unter der Erdoberfläche liegen, Kaymakli und Derinkuyu, aufgegliedert in acht Stockwerke, die durch eine riesige Wendeltreppe miteinander verbunden sind: Man weiß bis heute nicht, vor welchen Eindringlingen sich die Bewohner in den Untergrund zurückzogen. Besser bekannt ist hingegen die Geschichte des Höhlendorfs Naours in der Picardie in Nordfrankreich, sozusagen ein Negativ-Abguß des Dorfes an der Oberfläche, dreißig Meter unter dem Boden. Im 14. Jahrhundert begann der Hundertjährige Krieg, in dessen Gefolge ländliche Siedlungen – ob an dem Konflikt beteiligt oder nicht – immer wieder geplündert wurden. Und im 17. Jahrhundert machten sich spanische Landsknechte ein Vergnügen daraus, die Dörfer zu verheeren und die Bevölkerung niederzumetzeln. In beiden Fällen erscheint Naours als Geisterstadt: keine Bewohner, kein Vieh, die Mühlräder stehen still, die Asche im Herd ist kalt, doch die Felder sind bebaut, das Korn ernterreif. Das gutgehütete Geheimnis von «Naours 2» schützte die Bewohner vor allen Heimsuchungen. Unter der Erde war ein ganzes Dorf mit Straßen, Häusern, Ställen, Kapelle und Speichern bezugsbereit, sobald die Wächter Truppen oder Plünderer ankündigten. Dreißig Straßen, sechs Plätze, dreihundert Zimmer, geschickt konstruierte, abgewinkelte Lüftungsschächte, die von außen unsichtbar sind, ermöglichten es den Dorfbewohnern, dank ihrer Vorräte mehrere Wochen unter der Erde auszuharren und ein praktisch normales Leben zu führen... außer daß geflüstert werden mußte.

Die höhlensiedlung

N aours ist eigentlich kein Höhlendorf, da es nicht dauernd bewohnt wurde, im Gegensatz zu vielen echten unterirdischen Behausungen, von denen man noch in verschiedenen Weltregionen Überreste findet oder die bis auf den heutigen Tag bewohnt sind. Solche Behausungen wurden in natürlichen Höhlen eingerichtet, aber auch in weiche Gesteine vorgetrieben, insbesondere Kreide oder vulkanischen Tuffen, mit Türen und Fenstern in der Stirnwand. Die Höhlensiedlung dient grundsätzlich nicht dazu, dem Sonnenlicht zu entkommen, sondern in Gegenden, wo Baumaterialien fehlen, den Hausbau zu ersetzen. Zu ihren vielen Vorzügen gehören natürlich ihre temperaturausgleichenden Eigenschaften: Die Weinkeller der Champagne und die Käsekeller von Roquefort sind Beispiele, wie sich diese auch heute beruflich nutzen lassen.

Die älteste bekannte Höhlensiedlung geht auf das 5. Jahrtausend v. Chr. zurück: Ihre Spuren finden sich in Beerscheba in Israel als Anlage mit mehreren Kammern, Speichern und Gräbern, die man durch Schächte erreichte.

In Kappadokien in der kleinasiatischen Türkei hat die Höhlenarchitektur sowohl eine religiöse wie alltägliche Funktion. Die Erosion hat dort den vulkanischen Tuff zu zuckerstockartigen Kegeln abgetragen, die zwischen dem 7. und 11. Jahrhundert von christlichen Gemeinschaften zu Heiligtümern und Behausungen ausgebaut wurden. Die Fassaden sind eher flüchtig erstellt, doch der Innenausbau und die Dekoration mit byzantinischen Fresken sind von überwältigendem Reichtum. Eine vergleichbare Anlage findet sich in Äthiopien, und es macht den Anschein, daß beide in so abgelegenen Gebieten erbaut wurden, um der Wüstenmystik nachzuleben, wie sie der heilige Basilius predigte, der 370 Bischof der kappadokischen Stadt Caesarea wurde.

Auf eine lange Höhlenbewohnertradition können auch die Zigeuner zurückblicken, die sich häufig in Grotten niederlassen, wenn sie seßhaft werden, so in Triana bei Granada, aber auch in Siebenbürgen, in den Karpaten und auf dem Balkan.

In China findet man eigentliche Höhlenstädte, die in den Löß vorgetrieben sind, den in riesigen Mengen vom Wind verfrachteten eiszeitlichen Moränenstaub, der sich auf natürliche Weise zementartig verfestigte.

Zu erwähnen sind auch die prachtvollen unterirdischen Residenzen im französischen Departement Val-de-Loire, die uns zeitlich wie räumlich näher liegen, oder die bescheideneren Höhlensiedlungen in der Schweiz, wenig bekannt, aber zum Teil noch heute bewohnt: Zwei davon sind besonders bemerkenswert: die befestigte Höhle Balm im Solothurner Jura, die im 11. Jahrhundert vom gleichnamigen kriegerischen Geschlecht zum größten Höhlensiedlungskomplex unseres Landes ausgebaut wurde, dann die Fluehüsli, bäuerliche Behausungen friedlicheren Charakters, die wenige Kilometer von Bern entfernt direkt unter der überhängenden Felswand im Lindental errichtet wurden. Die gewaltigen, vom Schmelzwasser der Aare beim Rückzug der großen Eisströme ausgehobelten Sandsteinwände sind mit gutbernischen Bauernhausfassaden verkleidet; eines der Häuser ist noch bewohnt.

SCHAUHÖHLEN

Mit diesem Begriff bezeichnet man Höhlen, die so hergerichtet sind, daß sie von Touristen ohne besondere Ausrüstung besichtigt werden können. Wir möchten hier nicht erschöpfend darauf eingehen: Obwohl sie weniger als einen Hundertstel aller bekannten Höhlen ausmachen, sind es doch weltweit über tausend. Ihr Vorteil ist, daß Menschen ohne ausgesprochene speläologische Berufung die fremdartige unterirdische Welt – vor allem ihre spektakulärsten Schönheiten – kennenlernen können; darüber hinaus bieten sie den häufig armen Bewohnern von Karstgebieten eine willkommene Verdienstquelle. Sie sind außerdem eines der besten Mittel, um die zerbrechliche unterirdische Welt vor dem Ansturm allzu vieler Touristen zu schützen. Eine solche Höhle hat allen zugänglich, ja bequem begehbar zu sein, doch ihre vergängliche «Landschaft» muß richtig geschützt werden. Die vielfältigen Installationen haben oft den Zweck, den Besucherstrom zu kanalisieren. Deshalb findet man eine Vielzahl von Treppen, Durchgängen, Aufzügen, Seilbahnen, Booten, elektrischen Höhlenbahnen und phantastische Beleuchtungen von gelegentlich zweifelhaftem Geschmack. Den Höhlenforscher freut, daß die Entdecker der Grotte häufig an der Erschließung beteiligt sind und daraus

Die befestigte Höhle Balm im Solothurner Jura: Die Baumeister hatten die natürlichen Gegebenheiten geschickt für die Errichtung einer fast uneinnehmbaren Festung genutzt.

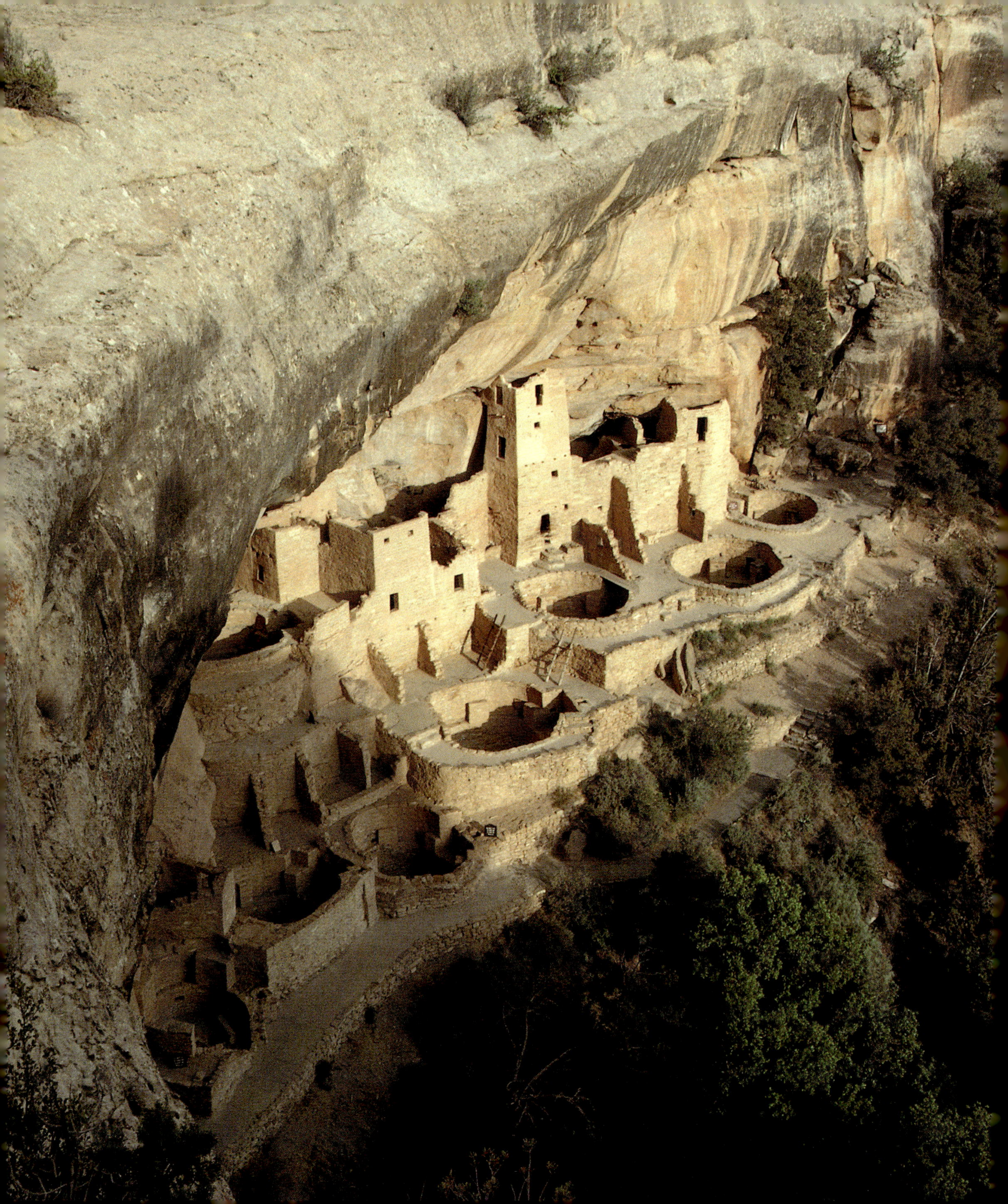

Im Mesa Verde National Park im Südwesten des amerikanischen Bundesstaats Colorado befinden sich einige der spektakulärsten Balm- und Höhlensiedlungen der Welt. Die Anasazi (die «Alten», wie die Navajoindianer dieses verschwundene Volk nannten) waren hier vor rund 2000 Jahren seßhaft geworden und pflanzten auf den Hochebenen Mais an, der aus dem nahen Mittelamerika stammte. Sie gruben ihre ersten Behausungen in den Boden, dann bauten sie unter den langen überhängenden Felsen, welche die Erosion für sie vorbereitet hatte, eigentliche Dörfer (großes Bild).

Cliff Palace (oben) enthält 240 Räume, von denen 23, die sogenannten Kivas, unterirdisch angelegt sind; Spruce Tree House (unten) bot 150 Personen Platz. Anderswo finden sich zwei verschiedene Siedlungstypen nebeneinander: das Haus, das durch Schließen des Felsüberhangs mit einer einfachen Lehmziegelmauer entsteht, und die *kiva*, eine Erdhöhle, die durch eine Falltüre verschlossen und über eine Leiter zugänglich ist.

Die Anasazi verschwanden ebenso plötzlich, wie sie in dieser Region aufgetaucht waren, und sie hinterließen auch nirgendwo sonst Spuren: Man muß annehmen, daß die blühende Gemeinschaft durch einige Dürrejahre dezimiert wurde und ausstarb.

gelegentlich ihren Broterwerb machen. In einigen dieser erschlossenen Höhlen ist die Atmosphäre früherer Höhlenforschertätigkeit nachgestellt, in andern finden Konzerte auf Booten oder selbst unterirdische Radrennen statt.

Unter den vielen erschlossenen Höhlen sind einige seit langem berühmt. So ist die Postojna-Grotte* (Adelsberger Grotte) im jugoslawischen Karst seit über anderthalb Jahrhunderten für den Fremdenverkehr eingerichtet. Sie ist bisher von insgesamt über zehn Millionen Besuchern besichtigt worden; gegenwärtig sind es gut siebenhunderttausend pro Jahr aus über hundert verschiedenen Ländern, was die Bedeutung dieser touristischen Sehenswürdigkeit für einen devisenhungrigen Staat verdeutlicht.

Ebenfalls in Europa bietet die Höhle von Han-sur-Lesse in Belgien den Besuchern einen abwechslungsreichen Parcours: Sie betreten die Unterwelt durch einen unauffälligen Eingang in der Nähe des natürlichen Trichters, in dem der gemächliche Ardennenfluß im Boden verschwindet. Nach einem Gang, in dem schöne, massive Kristallbildungen bewundert werden können, entdecken die Besucher eine Folge von großen, hellerleuchteten Hallen; der Waffensaal (Salle d'Armes) beherbergt ein Restaurant. Dann geht es über den monumentalen Schuttkegel der Salle du Dôme zu großen Booten hinunter, die den Touristen eine Verschnaufpause auf der unterirdisch dahinströmenden Lesse bieten. Nachdem sie den ganzen Hügel durchquert haben, kündigt ein Kanonenschuß, dessen Echo in den unterirdischen Gewölben lange nachhallt, das Erreichen des Tageslichts an...

Mammoth Cave* im amerikanischen Bundesstaat Kentucky – zu Anfang des 19. Jahrhunderts, während des Kanadakriegs mit England, als Salpetermine genutzt – wurde bereits 1838 für den Tourismus geöffnet. Der Führer Stephen Bishop begnügte sich nicht damit, sensationshungrige reiche Amerikaner durch die unterirdische Welt zu geleiten, sondern machte einige wichtige Entdeckungen. Die Riesenhöhle – damals waren bereits mehrere Dutzend Kilometer bekannt – diente wegen ihrer gleichbleibenden Temperatur und sauerstoffreichen Luft eine Zeitlang als Tuberkulose-Sanatorium; der Tod eines Patienten führte jedoch zur Schließung dieses sonnenlosen Kurorts! Die berühmteste Höhle der Welt wurde im Lauf der Jahre immer «größer», heute ist das System auf eine Länge von rund 560 km bekannt; für Besucher erschlossen ist jedoch weniger als ein Hundertstel davon. Zu den unterirdischen Sehenswürdigkeiten des Alten Kontinents gehören das größte zurzeit bekannte, ständig eisführende Höhlensystem der Erde, die österreichische Eisriesenwelt im südlich von Salzburg gelegenen Tennengebirge, und die mehrfarbig beleuchtete Castellana-Grotte in der italienischen Region Apulien. Der große Eingangsschacht und der Höhlenfluß der Padirac-Höhle sowie die riesigen Tropfsteingebilde des Aven d'Orgnac gehören zu den zahlreichen Wundern des französischen Untergrunds. In Spanien besonders bekannt ist die Cueva del Drach unter der Baleareninsel Mallorca: Hier endet der Besuch mit einem Konzert, gespielt von Musikern auf gemächlich vorbeiziehenden Booten.

Auch die Schweiz hat einige interessante und abwechslungsreiche touristische Sehenswürdigkeiten zu bieten. Die Grotte de Réclère in der Ajoie, vom einheimischen Publikum von 1890 an besucht, ist wegen ihrer Riesenhalle und der mächtigen Tropfsteinformationen bekannt. In der Beatushöhle über Interlaken, die dem gleichnamigen Heiligen als Klause diente, ist ein Kilometer für Besucher zugänglich; die Höhlenforscher haben das System auf insgesamt 13 km erkundet. Die Höhle von Vallorbe wieder bietet eine der seltenen Gelegenheiten, einen unterirdi-

Das erste Plakat der 1886 entdeckten Grotte de Réclère beim gleichnamigen Dorf im Kanton Jura preist die unterirdische Pracht anläßlich der Eröffnung als Touristenattraktion im Jahr 1890.

schen Fluß zu bewundern, der hier oft reißend ist. Und in der Zentralschweiz schließlich sind die Höllgrotten bei Baar und das Hölloch im Muotatal zu erwähnen.

Städte streben in die Tiefe

Die Römer erfanden den Gewölbebogen um den Beginn unserer Zeitrechnung. Dieses Gewölbe in Form eines Kreissektors löste das auf dem Dreieck aufgebaute «falsche» Gewölbe der mykenischen Kultur ab, das in ähnlicher Form auch in den präkolumbischen Hochkulturen bekannt war, und könnte Höhlendecken nachempfunden sein. Nach der griechischen Mythologie soll Trophonios, der in einer Höhle hausende Gott der Erdtiefen, die Baukunst erfunden und seinen ersten Tempel über dem Orakel der Pythia in Delphi errichtet haben. Massive Tonnengewölbe und Kuppeln gehörten auch zum Formenkanon des ersten nachantiken Baustils, der Romanik, und erst die Suche nach dem Licht führte zur Entwicklung des gotischen Spitzbogens; in gewisser Weise als Vorläufer der «Lichtschächte» in der modernen Architektur.

In der Höhle waren jedoch nicht nur die Vorbilder für die klassische Architektur vorhanden, sie steht auch am Anfang des städtischen Tiefbaus. Das beginnt mit dem Anlegen von Stollen: zuerst zur Entsorgung der Abwässer als Ersatz für Rinnsteine und Straßengräben, dann zur Versorgung mit Dienstleistungen wie Trinkwasser, Gas, Elektrizität, Telefon usw. 1898 nahm Fulgence Bienvenüe die Arbeiten für die Pariser Metro auf. 1900 erfolgte der Spatenstich für die New Yorker Subway. Bald darauf mußte ihre Londoner Namensvetterin weit in die Tiefe vorstoßen, um dem Themsegrundwasser auszuweichen. Nach Moskau, Stockholm, Madrid, Chicago, Brüssel, Budapest und Peking folgten viele andere Großstädte ihrem Beispiel oder planen heute diesen Ausweg aus dem Verkehrschaos, ja 1990 ist selbst Zürich mit der S-Bahn teilweise in den Untergrund gegangen.

Seltener sind Höhlen als Straßen, wie die Grotte du Mas d'Azil, die der Nationalstraße einen natürlichen Tunnel durch ein Vorgebirge der französischen Pyrenäen bietet. Weitere Beispiele sind Domusnovas auf Sardinien und Jenolan in Australien. Fabriken gehen in den dreißiger Jahren in den Untergrund, vor allem mit Wasserkraft betriebene Elektrizitätszentralen. Während des Zweiten Weltkriegs diente die riesige Bédeilhac-Grotte in den französischen Pyrenäen als Reparaturwerkstätte für Autos und Lastwagen, das Flugzeugwerk von Neapel befand sich unter dem Boden, und die Postojna-Höhle* in Jugoslawien war ein riesiges Sprengstofflager.

In Paris wurde 1933 die Studien- und Koordinationsgruppe für unterirdischen Städtebau geschaffen. Sie formulierte die folgenden Empfehlungen: «1. Im ersten Untergeschoß die Zugänge, Kanalisationen, Keller, öffentlichen Räume, Läden, Lagerhallen, Werkstätten und Tagesparkings. 2. Im mittleren Untergeschoß die Verkehrswege, Bahnhöfe, Polizei- und Feuerwehrstationen, Tiefkühllager, verschiedene Reservoire und Parkgaragen. 3. Im untersten Geschoß die Tresorräume, Archive, Energiezentralen, Schutzräume und Autostraßen.» Bei diesen visionären Empfehlungen handelt es sich keineswegs um phantastische Spinnereien einiger Theoretiker, die um jeden Preis originell sein wollen: Man hat errechnet, daß in Paris allein Bahnhöfe, Lager und Fabriken über 4000 Hektar Oberfläche beanspruchen. Verschwänden sie in der Tiefe, ließe sich der alte Traum von der «Stadt auf dem Lande» leicht verwirklichen.

Dieser Ausflug in den unterirdischen Städtebau sei mit einem Blick auf die «Endstation» der Architektur abgeschlossen, die sich in vielen Ländern dieses Planeten im Zeichen des kalten Kriegs entwickelt hat. In Erwartung der kommenden Katastrophe findet der Mensch zum Schutzraum seiner Vorfahren zurück. Anfänglich genügen Keller, Bergwerkstollen, Höhlen, Tunnel und U-Bahn-Schächte. Dann nimmt man die Sache in die Hand, und die Wirtschaft wittert ein Geschäft: Jedem seinen Bunker unter dem Eigenheim, für den Fall, daß... Das Atomzeitalter wurde zum Zeitalter des Untergrunds. Ein Wort noch zum Silo. Der Begriff kommt möglicherweise vom lateinischen *silere*, schweigen. Silos können Kartoffeln, Zuckerrüben, Sand und so weiter aufnehmen, es gibt aber auch Silos für Atomraketen wie jene natürlichen Höhlen, die im südfranzösischen Plateau d'Albion für diesen Zweck hergerichtet wurden. Damit schließt sich der Kreis: Die Höhle steht am Anfang wie am Ende des Abenteuers Menschheit. Was wird morgen aus der Höhle werden?

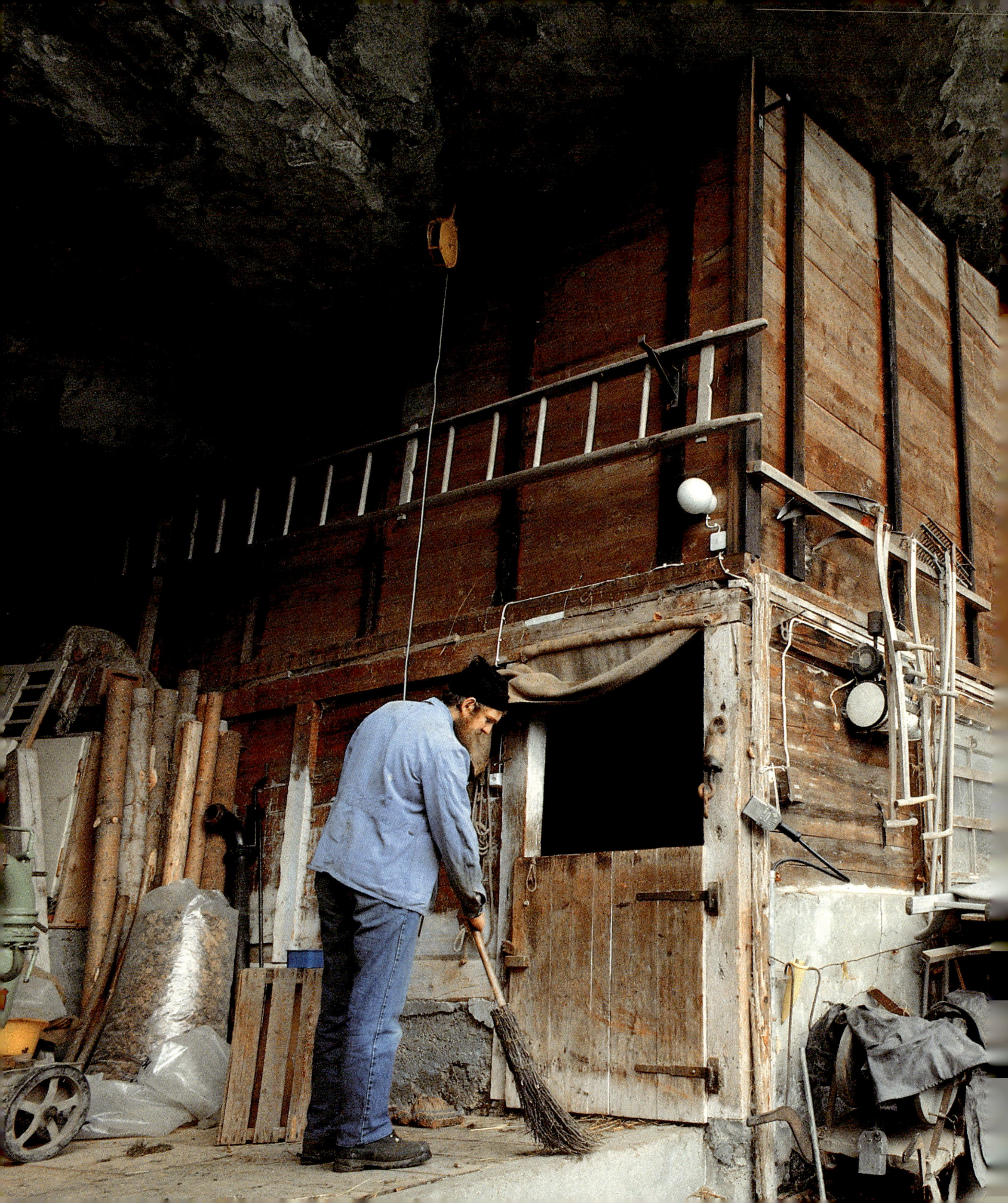

Höhlen und Balmen wurden vom Menschen zu allen Zeiten und unter allen Breitengraden als Wohnraum genutzt. In der Schweiz lebten verschiedene Einsiedler in Höhlen, und im Mittelalter wurden zahlreiche Felsüberhänge zu Burgen ausgebaut.

Seltener sind heute noch bewohnte Höhlensiedlungen wie dieser Bauernhof unter der Felswand des Lindentals, wenige Kilometer von Bern entfernt. Der einzige Zugangsweg ist ein gewundener, steiler Viehpfad. In der Felswand über der Behausung sind horizontale Traufrinnen zu erkennen, die herunterfließendes Wasser auffangen und ableiten, damit das Haus trocken bleibt.

«Die Höhle wird geboren, sie lebt und stirbt.» Das tönt befremdend, hat man uns doch in der Schule beigebracht, daß das Pflanzen- und Tierreich die lebende, die organische Welt ist, im Gegensatz zur unbelebten, unvergänglichen, anorganischen Welt der Mineralien und Elemente. Und was wäre mineralischer als eine Höhle: Boden, Wände und Decken aus Stein, ein monotoner, stiller Raum, hier und da von einem Strauß Kristalle geschmückt, die nie mehr denn eine reinere mineralische Ausbildung des Umgebungsgesteins sind. Das einzige, was ans Leben erinnert, ist das Wasser, das in Kaskaden zum Fortissimo aufspielt wie ein Orchester in voller Besetzung, unterbrochen von den virtuosen Soli tropfender Steine und glucksender Lachen. Im Ohr des Menschen klingt diese Musik schon fast belebt. Und wenn man schon beim Bild der lebenden Höhle bleiben will: Wasser ist unbestreitbar die Lebensader ihrer Entwicklung.

1912 stellte der deutsche Meteorologe und Geophysiker Alfred Wegener mit offensichtlichem Weitblick die Behauptung auf, daß die Kontinente wandern. Unser guter alter Erdball mit seinen tausend Milliarden Kubikkilometern Gestein sei belebt, nicht unveränderlich! Als Beweis führte er die wie zwei Puzzleteile zusammenpassenden Küstenlinien der amerikanischen und euro-afrikanischen Kontinente an, außerdem zahlreiche geologische und paläontologische Parallelen in beiden Erdteilen, die auf einen gemeinsamen Ursprung hinweisen; Relief und Zusammensetzung der Gesteinsformationen im Atlantik, wie sie aus der minuziösen ozeanographischen Vermessung durch die «Challenger»-Expedition der englischen Marine (1872–1876) hervorgingen; die Anordnung der Vulkane entlang dem sogenannten Feuergürtel rund um den Erdball. Trotz dieser Argumente lehnte die «offizielle» Geologie lange Zeit Wegeners Theorie der Kontinentalverschiebung als Hirngespinst ab.

Neue Argumente insbesondere der beiden im 20. Jahrhundert entstandenen Wissenschaften Ozeanographie und Geophysik führten jedoch dazu, daß diese Theorie unter dem einigenden Begriff der Plattentektonik wieder aufgegriffen wurde. 1956 mußten sich die Koriphäen der Geologie dem Gewicht der Fakten beugen: Alfred Wegener hatte recht, die Erdkruste bewegt sich. Erdbeben, Vulkanismus, die Entstehung von Gebirgen sind dafür die augenfälligsten Zeugen.

3. Kapitel

Auch Höhlen sind vergänglich

Meeresschlamm, der heute als Gestein vorliegt und dessen Herkunft durch seine Rolle als Ammonitenfriedhof bezeugt ist, wurde vom Grund eines früheren Mittelmeers auf die Spitze der Dent de Morcles in der Westschweiz gehievt, weil dieser ehemalige Meeresboden von einem gewaltigen Schraubstock zusammengedrückt und hochgepreßt wurde, dessen Klemmbacken die afrikanische und die europäische Kontinentalplatte sind. Doch solche oft mehr als hundert Meter mächtige Gesteinsschichten lassen sich nicht folgenlos derart behandeln. Die übereinandergeschobenen Gesteinspakete, in der Geologie «Decken» genannt, sind zusammengefaltet worden wie eine Schärpe, die ausgestreckt auf dem Tisch liegt und die man von beiden Seiten energisch zusammenstößt, so daß sie in einer Hand Platz hat. Wo die Faltenkrümmung zu eng wird, reißt das Gestein: Deshalb läßt sich am Verlauf des Bruchsystems die Richtung des Zusammenschubs ablesen.

Jetzt betritt das Wasser die Bühne, Symbol des Lebens, das in seinem Schoß vor über drei Milliarden Jahren entstanden ist. Dieses Wasser, das uns dank des unablässigen, von der Sonne in Gang gehaltenen Kreislaufs unerschöpflich erscheint. Es dringt in die bei der Auffaltung entstandenen Spalten und Fugen ein; gleichzeitig «frißt» es Täler in die anfänglich gerundeten Gebirgsstöcke. Wasser hat einige wichtige Eigenschaften, die es zum bedeutendsten Träger der Erosion machen:

– Es fließt von oben nach unten und gehorcht damit dem von Newton entdeckten Gesetz der Schwerkraft.

– Es greift gewisse Gesteine sowohl mechanisch (Erosion) als auch chemisch an (Korrosion).

– Es führt die erodierten Gesteine in Lösung beziehungsweise Suspension ab.

– Es hat bei 4 Grad Celsius die größte Dichte und dehnt sich um rund einen Elftel aus, wenn es bei 0° gefriert.

Im Gestein geboren

Wasser trägt nur dort zur Entstehung von Höhlen bei, wo es fließen kann. Das ist der Fall, wenn zwischen dem Eintritts- und Austrittsort ein Gefälle besteht. Auf der Suche nach großen unterirdischen Systemen stützt sich der Höhlenforscher auf eine geographische Angabe verwandter Art: Er nennt den Höhenunterschied zwischem dem Gipfel eines Gebirges und der Quelle, wo die Wasser des Gebirgsstocks zum Vorschein kommen, das «hydrogeologische Potential». Jene Höhe, in der das Wasser nicht mehr abfließt, weil es den Talgrund erreicht hat oder auf eine wegen ihres Lehmanteils wasserundurchlässige Gesteinsschicht gestoßen ist, nennt man Vorfluterniveau. Wasser kann sich also innerhalb des Gebirgsmassivs fortbewegen, sobald sich ein oberflächliches Relief ausgebildet hat. Diese Bewegung erfolgt in den kaum millimeterstarken Haarrissen oder Kapillaren – den weitaus häufigsten Gesteinsdiskontinuitäten – sehr langsam, beschleunigt sich jedoch entsprechend der Spaltenbreite und kann die Geschwindigkeit eines Wildbachs erreichen, wo Durchmesser und Gefälle genügend groß sind.

Zu Beginn, in den kaum geöffneten Haarrissen, wirkt Wasser nur chemisch, durch Korrosion. Denn die farb-, geruch- und geschmacklose Flüssigkeit, schlechthin Synonym für chemische Neutralität, ist nicht völlig inaktiv. Sie wirkt auf alle festen Stoffe als Lösungsmittel, das heißt als Flüssigkeit, die die molekulare und kristalline Struktur in winzige Materieteilchen zerlegen kann, welche dann in «gelöstem» Zustand ausgeschwemmt werden. Wasser wirkt auf gewisse Gesteine, insbesondere auf Kalkstein, wie die Handvoll Salz, die man ins kochende Spaghettiwasser gibt: Die von bloßem Auge sichtbaren Salzkristalle schmelzen dahin und verschwinden. Erst wenn wir das Wasser versuchen, merken wir, daß das Salz nicht verschwunden ist, sondern sich eng mit dem Wasser verbunden hat.

Weit bedeutender ist die Verstärkung der korrodierenden Wirkung des Wassers durch die darin gelösten Stoffe. In der Atmosphäre reichert sich das Regenwasser mit Kohlendioxyd an und wird sauer. Am Boden fließt es je nachdem durch eine Pflanzendecke, bevor es in den Kalkspalten versickert: Hier nimmt es sowohl weiteres Kohlendioxyd als auch die vom Wurzelwerk erzeugten organischen Säuren auf. So angesäuertes Wasser kann nun den Kalk regelrecht angreifen, ihn auflösen und in aller Ruhe «verdauen». Kalkgestein besteht nämlich zur Hauptsache aus Kalziumkarbonat, das von aggressivem Wasser in das dreißigmal leichter lösliche Kalziumbikarbonat verwandelt wird. Damit kann jeder Liter Wasser, der durch das Gestein wandert, fünfzig bis fünfhundert Milligramm Kalk wegführen. Das scheint wenig zu sein, macht jedoch bei einer kleinen Quelle mit einer Schüttung von einem Liter pro Sekunde (das entspricht ungefähr der Ausflußmenge eines Badewannenhahnen) immerhin fünfzehn Tonnen Kalk pro Jahr aus. Stammt diese Menge aus einem Massiv mit einem Quadratkilometer Oberfläche, wird pro Jahr ein halber Millimeter abgetragen: Das sind seit Ende der letzten Eiszeit (vor rund zehntausend Jahren) fünfzig Meter. Im erdgeschichtlichen Kalender, in dem eine Million Jahre als Maßeinheit dient, hat ein Badewannenhahnen also genügend Zeit, einen ganzen Berg aufzulösen!

Ein Leben voller Bewegung

Wenn die Korrosion und der Abtransport via Lösung die ursprünglichen Haarrisse erweitert hat, nimmt die Fließgeschwindigkeit des Wassers zu. Jetzt setzt das bekannte Phänomen der Erosion ein: Sand und Steine, die vom Wasser

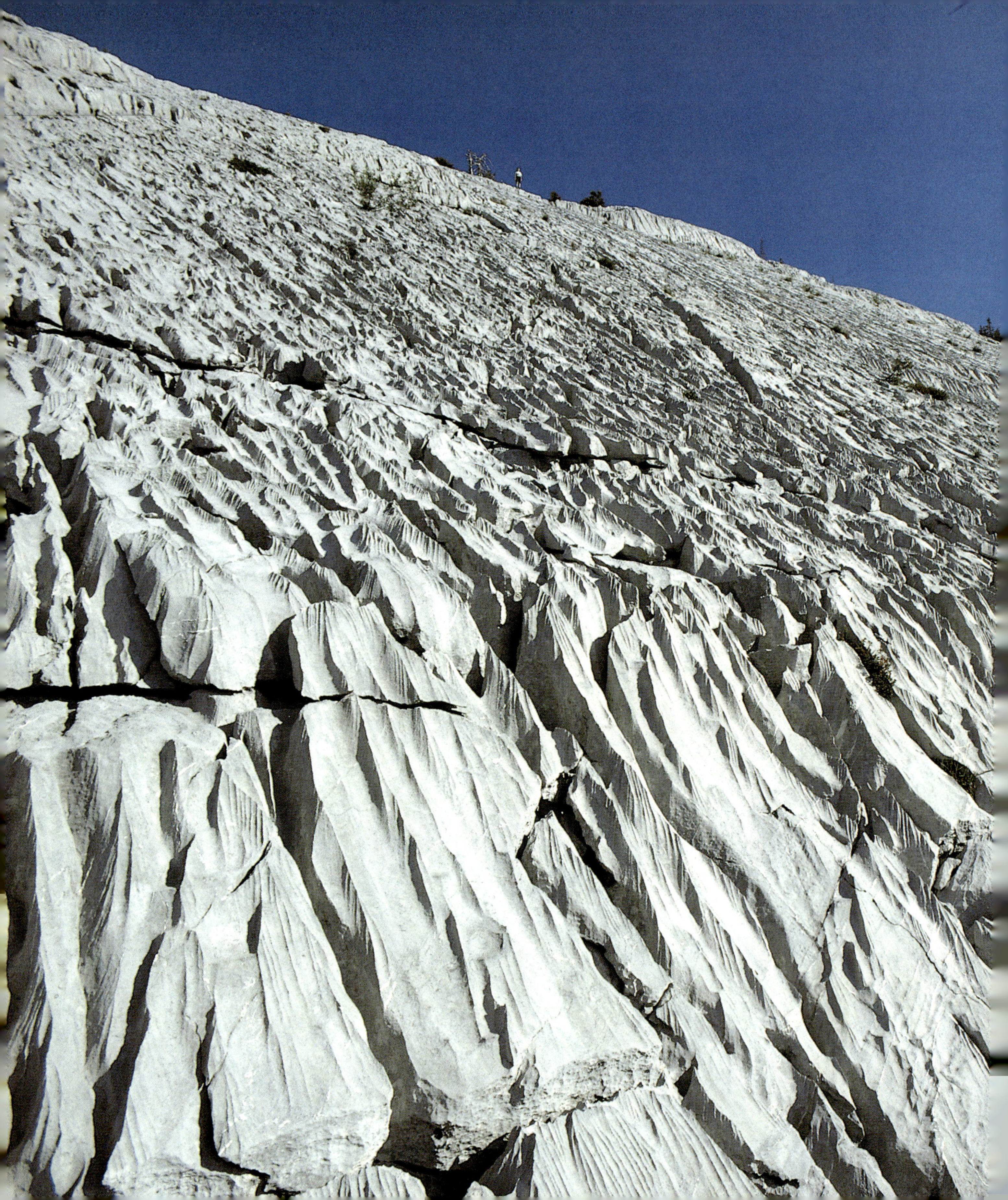

Die Schrattenfluh im luzernischen Entlebuch ist eines der schönsten und größten Karrenfelder der Schweiz. Karren (vermutlich wie der Begriff Karst vom slawischen *kras* für nackte Felsoberfläche abgeleitet) sind Kalkplateaus, die durch Erosion und Korrosion weitgehend freigelegt und von einer Unzahl von Spalten, Rissen und Schächten durchsetzt sind. In diesen Steinwüsten verschwindet alles Oberflächenwasser, um am Fuß des Karstmassivs in Karstquellen mit oft ergiebiger Schüttung wieder auszutreten. Unter den Karrenfeldern verbergen sich die Reiche der Höhlenforschung, meist ausgedehnte, von Bächen durchflossene Höhlensysteme.

1970 färbten Speläologen in Zusammenarbeit mit Hydrogeologen der Universität Neuenburg das Wasser am Grund eines Schachts der Schrattenfluh. Achtunddreißig Stunden später stieg über der unterseeischen Karstquelle bei Sundlauenen im Thunersee eine rosafarbene Wolke auf, die damit das Vorhandensein eines gigantischen unterirdischen Entwässerungssystems von über 20 km Luftlinie Erstreckung und über 1000 m Höhendifferenz bewies.

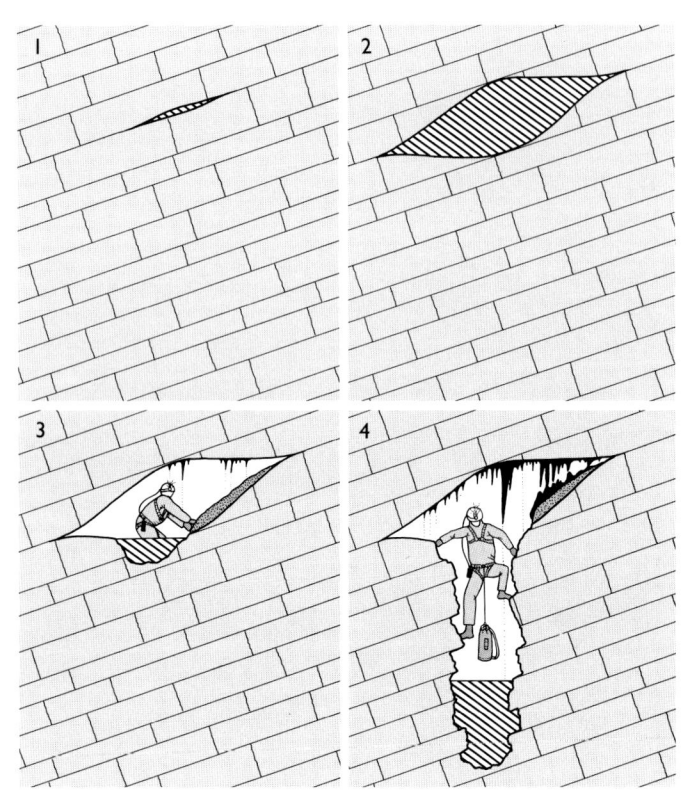

Das mit Kohlendioxyd angereicherte Wasser nutzt einen kleinen Riß im Gestein (1), um den Kalk durch Korrosion aufzulösen, und vergrößert die wassergefüllte Fuge allmählich zum Gang (2), dies unter phreatischen Bedingungen. Dringt es tiefer in den Fels ein, ist der Gang nur noch teilweise mit Wasser erfüllt. Entlang einer Wand lagert sich eine Lehmbank ab, während an der Decke die ersten Stalaktiten (Hängetropfsteine) wachsen (3); das Wasser fließt jetzt schneller und verlegt den Höhlenboden canyonartig in die Tiefe (4).

mitgeführt werden, wirken schmirgelnd und hobelnd auf den Fels ein und verbinden ihre Kräfte mit der chemischen Auflösung. Sieht man an den Böden und Wänden von Höhlen die Spuren dieses stürmischen Geschehens, kann man besser verstehen, wieso sich Höhlen dauernd verändern und größer werden.

In ein und derselben Höhle gelangt man häufig von vorwiegend durch Korrosion gebildeten Zonen in solche, die durch Erosion geprägt sind und umgekehrt: Ziselierte, unregelmäßige Formen mit scharfen Kanten zeugen davon, daß das Wasser in erster Linie korrodierend, nicht durch seine Fließgeschwindigkeit einwirkte, während die Erosion die Oberflächen sauber glattpoliert. Zu den Korrosionsformen im Gestein gehören auch kleine, topfartige Vertiefungen, sogenannte Kolke, die den in spitzem Winkel beleuchteten Höhlenwänden eine belebte Oberfläche verleihen. Manchmal ragen Feuersteinknollen aus den Wänden heraus, die von prähistorischen Künstlern gern als Ausgangspunkt für packende Tierdarstellungen benutzt wurden. Ist die Erosion die vorherrschende Abtragungskraft, gleicht die Oberfläche des Gesteins derjenigen eines sehnigen Arms, da die härteren Kalzitadern hervorstehen. Kalzit, auch Kalkspat genannt, ist härter als das restliche Kalkgestein, widersteht jedoch nur der Erosion besser, nicht hingegen der Korrosion. Als Zwischenform zeugen die sogenannten Fließfacetten asymmetrische, löffelförmige Vertiefungen, von der ehemaligen Abflußrichtung eines mit geringer Geschwindigkeit fließenden Gewässers. Die abgerundete, tiefere Seite weist bachaufwärts, die spitze, sanft geneigte Wölbung in Fließrichtung. Wind verformt Schnee und Eis in ähnlicher Weise. Wie in Bergbächen finden sich auch in manchen Höhlengängen sogenannte Erosionskolke. Wo diese Erscheinung in der Nähe der Ausgänge anzutreffen war, sprach man im Volksmund schnell von Hexenkesseln und Feenbädern.

Wir haben vorhin die Schwerkraft erwähnt, die Wasser von oben nach unten fließen oder fallen läßt; sie wirkt auch auf die Wände der großen unterirdischen Räume. Von der korrodierenden und erodierenden Kraft des Wassers zum Einsturz gebrachte Felspartien und bei einem sich erneut einstellenden Druckausgleich absplitterndes Gestein sind die Gründe für die spektakulären Schutthaufen, denen man unter Tag begegnet. Man darf sich jedoch nicht vorstellen, daß solche katastrophalen Einstürze in Höhlen häufig sind. Die Veränderungen laufen im allgemeinen langsam, fast unmerklich ab: Man stößt häufig auf große Felsplatten, ja ganze Blöcke, die sich von der Wand gelöst haben und sich in einem provisorischen Gleichgewicht halten. Oft ist vor Jahrzehnten auf sie aufmerksam gemacht worden, und sie sind noch immer nicht heruntergestürzt, auch wenn sie so bezeichnende Namen tragen wie «Damoklesschwert».

Manchmal muß man in riesigen Hallen einen regelrechten Geschicklichkeitslauf absolvieren, hausgroße Blöcke hinauf- und hinabklettern, die von ihrer Kontur her genau in entsprechende

Hohlformen der Decke passen. Sie sind offensichtlich nicht plötzlich heruntergestürzt, sondern bei der Auflösung ihrer Kalkunterlage allmählich herabgeglitten. Und wenn ein Bach den Fuß dieser Felsriesen umspült, wird das Wasser ihn Molekül um Molekül, Sandkorn um Sandkorn, Kiesel um Kiesel, Stein um Stein auflösen und mit sich forttragen.

So verändert die Höhle ihre Gestalt, gelegentlich urplötzlich, meist jedoch für den Menschen nicht wahrnehmbar langsam...

Namen über namen

Wir haben bisher erst drei Kräfte erwähnt, die meist gemeinsam die Höhlenbildung oder Höhlengenese bestimmen – chemische Auflösung durch Korrosion, Erosion, Schwerkraft –, und wir haben vom Werden und Vergehen der Höhle gesprochen. Sehen wir uns jetzt die Elemente an, aus denen dieser riesige Organismus im Schoß des Gebirges besteht. Die Beschreibung der einzelnen Höhlenabschnitte geschah anfänglich durch den Höhlenforscher, der seine Entdeckungen zu verstehen suchte, indem er sie benannte, um das Unbekannte durch den Vergleich mit der vertrauten Außenwelt in den Griff zu bekommen. Das war die Zeit der Schlitze, Kammern, Briefkästen, Zähne, Rattenlöcher, Iglus, Schwerter, Fuchslöcher, Nischen, Abgründe, Gräben, Fallen, Brücken, Labyrinthe, Schächte, Schluchten, Abris, Schlüfe usw., wie sie sowohl auf Höhlenplänen wie in den Unterhaltungen der Speläologen auftauchen. Später versuchte die Wissenschaft durch Beschreiben und Klassifizieren Ordnung zu schaffen.

Die unglaubliche Namenvielfalt, welche die Forscher jeder schwierigen oder irgendwie bemerkenswerten Passage gaben, reduzierte die Wissenschaft auf drei bis vier Hauptkategorien: Gang, Schacht, Schachthöhle, Halle, Kluft, Engstelle (Schluf); die andern Begriffe sind der Geographie (Mäander, Canyon, Fluß usw.) entnommen.

Mit wachsender Erfahrung wurde den Wissenschaftlern klar, daß sich die verschiedenen Höhlenteile, die sie zu klassifizieren suchten, nicht einfach zufällig und irgendwo im Gestein bildeten, sondern praktisch ausschließlich entlang von Rissen und Fugen

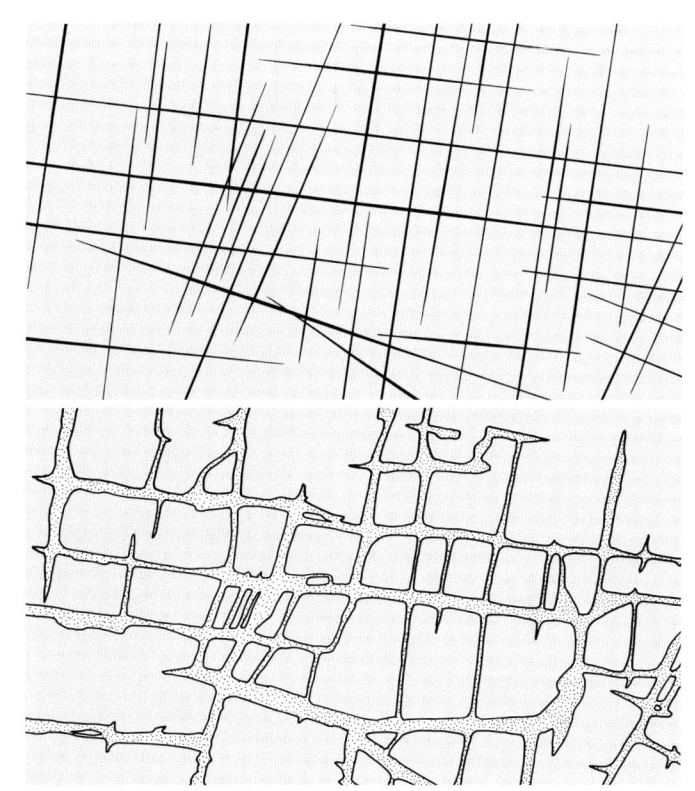

Der Vergleich mancher Höhlenpläne mit dem Bruchnetz des Gesteins zeigt, daß die Bruchstellen den Ausgangspunkt der Höhlenentstehung bildeten.

entstanden, die auf die Gebirgsbildung zurückgehen. Man konnte also die verschiedenen Gangformen nach ihrer Stellung im Kluftsystem gliedern. Dann merkte man, daß sich Schächte am häufigsten am Kreuzungspunkt zweier Klüfte (kreisförmige oder elliptische Schachtquerschnitte) oder in einem ganzen System sich kreuzender Klüfte (Mäanderschächte) bilden. Hallen entstehen meist da, wo zahlreiche bedeutende Klüfte aufeinandertreffen. Dank gründlicher Studien konnten einige gesetzmäßige Beziehungen zwischen der geologischen Beschaffenheit eines Gebiets – sowohl vom Schichtaufbau wie der Tektonik her – und der Art der Höhlen herausgearbeitet werden.

Bei der Namengebung, die stark von regionalen sprachlichen Eigenheiten beeinflußt wird, jedoch auch von einem durchaus realistischen Verständnis der Beschaffenheit der Höhle beziehungsweise des hydrologischen Geschehens zeugt, spielen die

Der Höhlenforscher durchstreift die Kalkwüsten der Karrenfelder und untersucht jede der unzähligen Felsspalten auf der Suche nach einem Schacht, der in die Tiefe führen könnte. In Erwartung des Höhlenbachs, den er zu entdecken hofft, trotzt er der Hitze und Trockenheit dieser unwirtlichen Gegenden mit ihrer Märchenwelt an Felsformen – eigentlichen steinernen Spitzendecken, die das mit Kohlendioxyd angereicherte Regen- oder Schmelzwasser herausgewaschen hat.

Rechts: Blick aus einem Schacht im Schrattenfluhmassiv (Kanton Luzern).

Rechts oben: Das kleine Karrenfeld von Innerbergli über Interlaken (Kanton Bern).

Rechts unten: Nahaufnahme einer Felskante, die vom Wasser korrodiert wurde; charakteristisch sind die Rillenkarren, auch Firstkarren genannt.

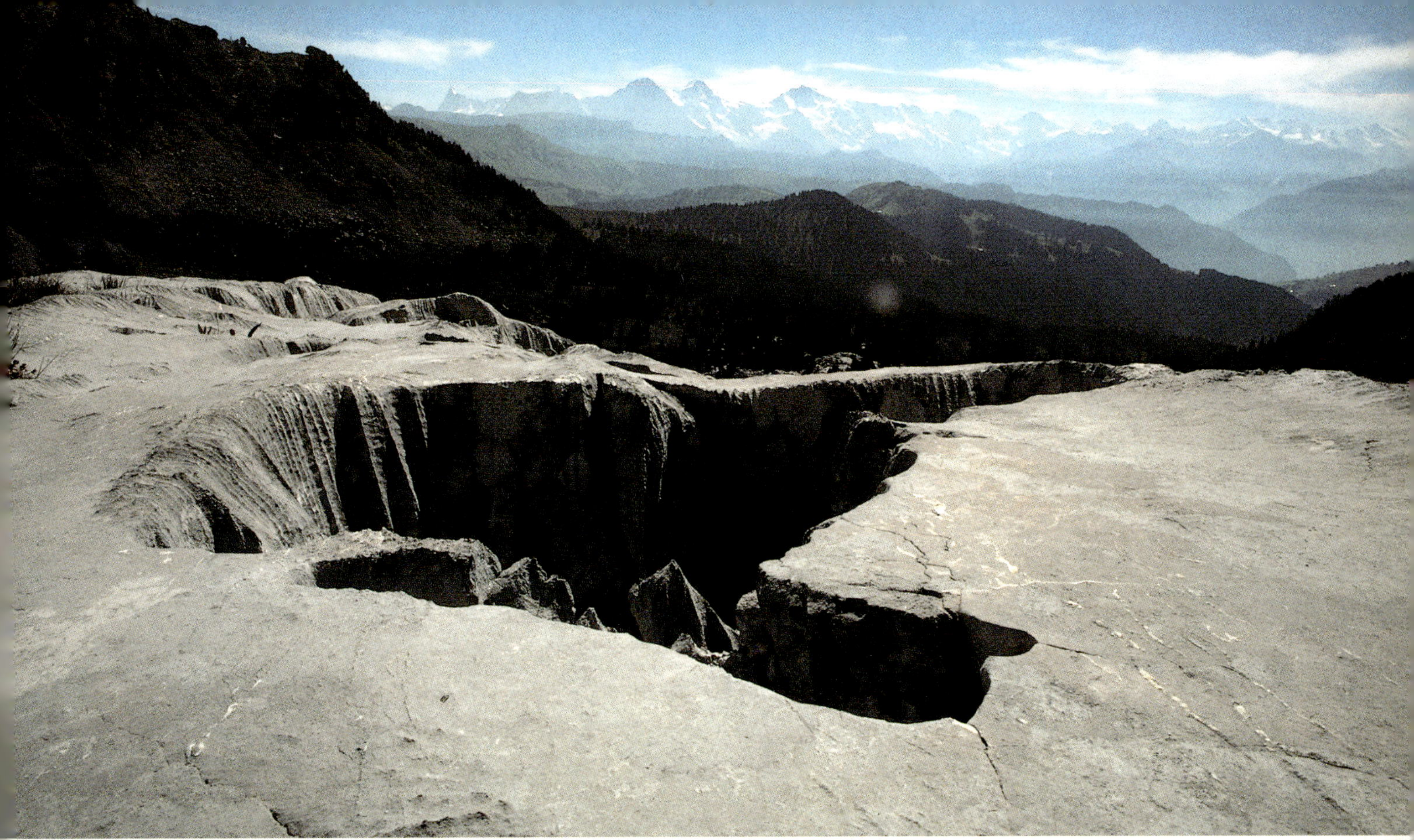

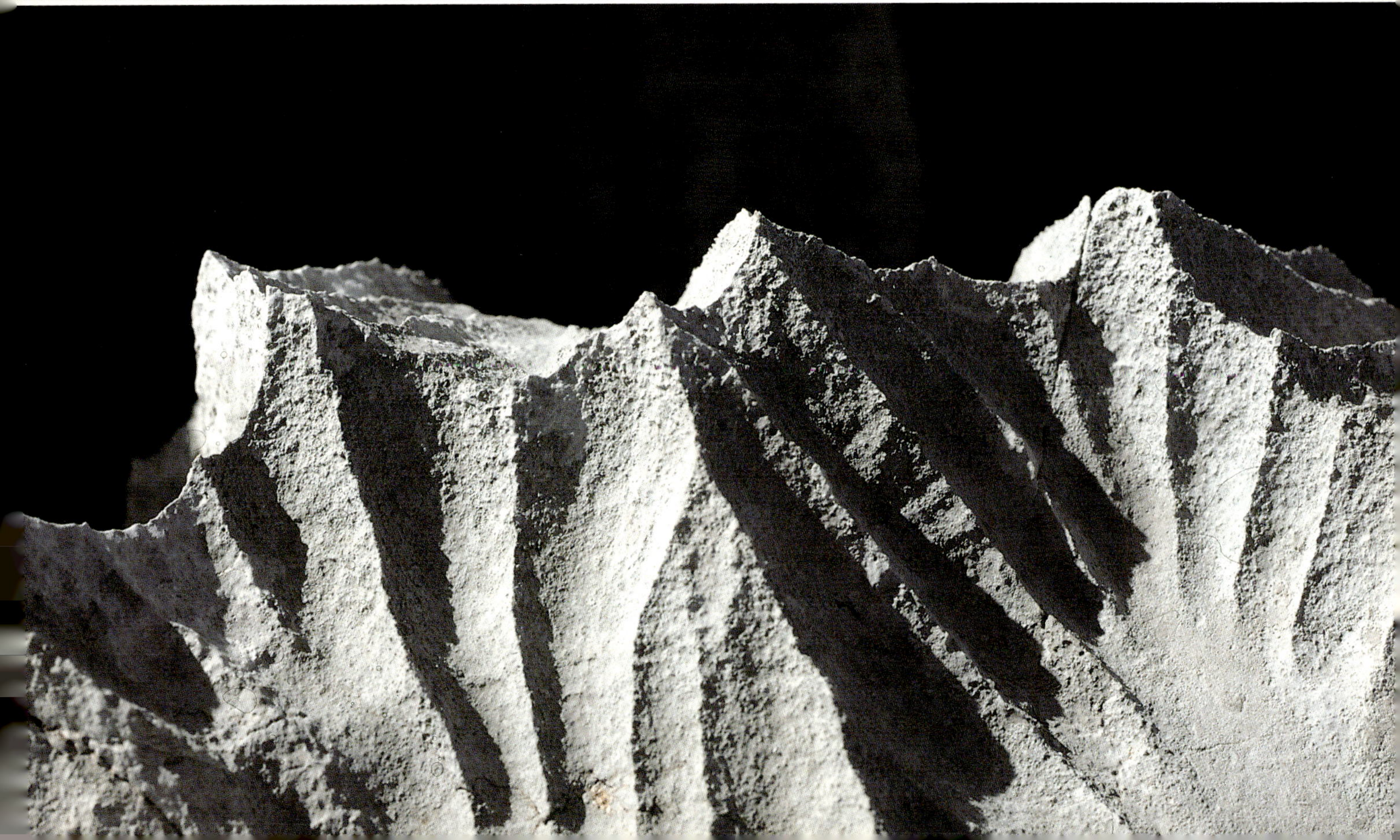

Bei der Beschreibung eines Karstgebiets unterscheidet man im allgemeinen von oben nach unten die drei folgenden Zonen:
– die Infiltrations- oder vadose Zone (1), welche die Niederschläge und sonstige Oberflächenwässer ziemlich direkt und mehr oder weniger vertikal aufnimmt,
– die Durchfluß- oder Hochwasserzone (2), in der das Wasser mehr oder weniger horizontal durch Gänge und Spalten fließt,
– die phreatische Zone, in welcher alle Hohlräume ständig wassererfüllt sind und einen Karstwasserspeicher bilden.
Bei Niederwasser fließen nur die stets aktiven Karstquellen; bei Hochwasser dient ein höhergelegener Gang als Überlauf.

Höhleneingänge eine besondere Rolle: Es ist ja für den Bauern wichtig, ob eine Höhle auf seinem Land beispielsweise einen Wasseraustritt bildet, der seine Felder überschwemmen kann. Diese Namenvielfalt ist im Französischen weit ausgeprägter als im Deutschen. Der provenzalische Begriff *aven* für einen mehr oder weniger senkrecht abfallenden Einstiegsschacht ist über die Grenzen hinaus bekannt geworden; daneben gibt es die Synonyme *igues* im Quercy, *barrancs* im Roussillon, *chourums* im Dévoluy, *lésines* im Ain und *tannes* in der Savoie. Ebenerdige Eingänge werden dem deutschen Balmen entsprechend *baumes* oder *balmes* genannt. Schlucklöcher oder Ponone, in denen Wasserläufe verschwinden, heißen in der Provence *goules*, in der Normandie *bétoires* und im Jura *emposieux*, Ausflüsse *events*.

Die organisierte Leere

Betrachten wir das Höhlensystem in seiner Gesamtheit und in seinem Umfeld aus größerem Abstand, können wir ein dynamischeres, übersichtlicheres Bild unseres Studienobjekts gewinnen. Dazu müssen wir nochmals an das Grundsätzliche erinnern: Die Höhle besteht aus einer Leere, die von Wänden begrenzt ist; greifbar vorhanden ist nur das Umgebungsgestein: Mit andern Worten, die Höhle existiert allein durch ihr Umfeld. Maßstab für die globale Schau ist die Größe des Gebirges, das einen bis mehrere, in Ausnahmefällen über hundert Kubikkilometer umfassen kann. Wenn wir uns daran erinnern, daß Wasser das belebte Element dieses Organismus ist, welches von der Schwerkraft angezogen nach Möglichkeit in der Fallinie fließt, führt uns dies von selbst zu den mehr oder weniger horizontal verlaufenden Einheiten, mit denen der Wissenschaftler den Gebirgsstock als hydrogeologische Gesamtheit von oben nach unten zerlegt. (Der Begriff Hydrogeologie zeigt dabei einmal mehr, wie eng bei unserem Thema Wasser und Gestein verbunden sind.)

Bei diesem vereinfachten Schema muß uns bewußt bleiben, daß der Mensch selbst unter idealen Bedingungen nur einen bescheidenen Teil dieser Gesamtheit erforschen, beschreiben, vermessen und studieren kann. Er vermag nur in über 20 cm breite Gänge vorzudringen; die Myriaden kleinerer Fugen, Spalten und bis wenige Mikron starken Haarrisse bleiben ihm versperrt. Als man übrigens die Abschwellkurven von Hochwassern in zahlreichen Karstgebirgen verglich, wurde deutlich, daß dieses Spaltsystem insgesamt ein weit höheres Hohlraumvolumen hatte als die dem Menschen zugänglichen Spalten. Deshalb wirken Gebirgsstöcke als «mineralische» Schwämme.

Läßt man behutsam Wasser auf einen trockenen Schwamm fließen, gibt er erst Wasser ab, wenn er völlig durchtränkt ist. Begießt man ihn weiter, fließt gleich viel Wasser weg wie hinzu. Stoppt man den Zufluß, geht der Abfluß allmählich zurück, bis auch die letzten Tropfen versiegen, obwohl die Poren des Schwamms noch eine beträchtliche Menge Wasser enthalten. Auf dieselbe Weise sind die beiden unterschiedlichen Fließgeschwindigkeiten des unterirdischen Wasserkreislaufs zu erklären: schneller Abfluß in den Gängen und Schächten, Speicherung beziehungsweise allmähliche Abgabe in den Spalten. Die Infiltrationszone ist eine mehr oder weniger mächtige Gesteinsschicht, in welcher sich der Kalkstein wie ein Sieb verhält. Das Oberflächenwasser verschwindet selten als ganzer Bach in einer spektakulären Öffnung, sondern meist auf allgegenwärtige, kaum merkliche, diffuse Weise. Das Reich des Speläologen liegt mehr im Bereich, wo sich die unzähligen kleinen Wasseradern vorab der Infiltrationszone zu eigentlichen Höhlenbächen vereinigen, selbst wenn er damit nur einen begrenzten Teil des gesamten Systems erforscht. Je breiter Spalten werden, desto schneller fließen die unterirdischen Bäche, und ihre erodierende Kraft vereint sich mit der Korrosion. In diesem Bereich ist Hochwasser am gefährlichsten; der ständig unter Wasser liegende Teil des Höhlensystems ist nur sehr begrenzt und unter beträchtlichen Anstrengungen und Gefahren zugänglich. Seine sportliche Exploration setzte vor einigen Jahrzehnten ein, als der von Versorgungsschläuchen unabhängige Druckanzug entwickelt worden war; die wissenschaftliche Erforschung steckt noch in den Kinderschuhen. Große unterirdische Höhlensysteme sind vielschichtige Gebilde, die häufig aus der zufälligen Verbindung zuvor unabhängiger Höhlen entstanden, und es ist nicht einfach, den Verlauf einer solchen Entwicklung zu rekonstruieren.

Die lungen der erde...

Eine häufig gestellte Frage bei Vorträgen über Höhlenforschung ist: «Können Sie dort unten überhaupt noch atmen? Bekommt man genug Luft?» Da kann man den Laien beruhigen: An Luft beziehungsweise Sauerstoff fehlt es in Höhlen nicht, sie wird regelmäßig erneuert und ist häufig gesünder als diejenige in unseren Wohnungen. Höhlenluft ist feucht, sogar sehr feucht, meist nahe an der Sättigung, so daß es bei der geringsten Feuchtigkeitszunahme zu Nebelbildung oder Kondensation kommt. Ein Luftbefeuchter erübrigt sich also!

Um die unterirdischen Luftbewegungen zu verstehen, müssen wir zuerst von der Höhlentemperatur sprechen. Sie ist äußerst konstant, da das Gestein als thermischer Puffer wirkt. Diese gleichmäßige Temperatur in Höhlen ist seit langem bekannt und wird für die Lagerung, ja Veredlung mancher Lebensmittel genutzt: Die Vorteile von Wein- oder Käsekellern im Gestein sind bekannt. Hier sei eine Faustregel genannt: Unter dem Boden herrscht das ganze Jahr über die mittlere örtliche Jahrestemperatur, die jahreszeitlichen Schwankungen wirken sich nicht in die Tiefe aus. Diese Eigenschaft ist für Forscher äußerst wertvoll, verfügen sie doch, wenn sie anhand von Ablagerungen eines bestimmten Zeitraums die Temperatur bestimmen können, nicht über einen isolierten Wert, sondern über die damals herrschende Durchschnittstemperatur. Auf diese Weise kann man in gewissen höhlenreichen Regionen den Klimaverlauf innerhalb der letzten Jahrtausende bestimmen.

Meist besteht also zwischen der Temperatur der Außenluft und der konstanten Höhlentemperatur ein nach Jahres- und Tageszeit unterschiedliches Gefälle. Dieser Umstand in Verbindung mit der bekannten Tatsache, daß warme Luft leichter ist als kalte, bildet den Motor der großen unterirdischen Luftbewegungen. Das sei am Beispiel konkreter Situationen aufgezeigt: Im Winter ist die unterirdische Luft wärmer als die Außenluft und steigt auf. Von der Höhle an den unteren Eingängen angesaugt, erwärmt sie sich beim Aufstieg bis zum Austreten bei der oberen Schachtöffnung. Diese ist deshalb relativ leicht ausfindig zu machen, da in ihrer Umgebung der Schnee schmilzt (die Luft ist relativ warm), oder weil sie charakteristische Nebelsäulen entstehen läßt (die feuchte Luft kühlt sich beim Austritt ab und kondensiert). Der Winter ist also die geeignete Jahreszeit für den Speläologen, auf Gipfeln und Kuppen nach unbekannten Höhlensystemen zu forschen, teilweise mit unscheinbaren Eingangsöffnungen. Im Sommer verläuft der Luftkreislauf umgekehrt. In der Höhle ist es kühler als draußen, so daß die kalte Luft absinkt, bei den unteren Ausgängen ausströmt und durch die oberen Öffnungen des Systems Luft nachzieht. Die eisigen Luftströmungen aus tiefgelegenen Eingängen sind gelegentlich mehrere Dutzend Meter außerhalb der Höhle zu spüren; hält man beim Höhleneingang ein Taschentuch in den Luftzug, flattert es wie eine Fahne im Wind.

Dieser praktisch stetige Wind unter der Erde kann durch Verdunstung von Wasser zur Bildung unterirdischer Gletscher

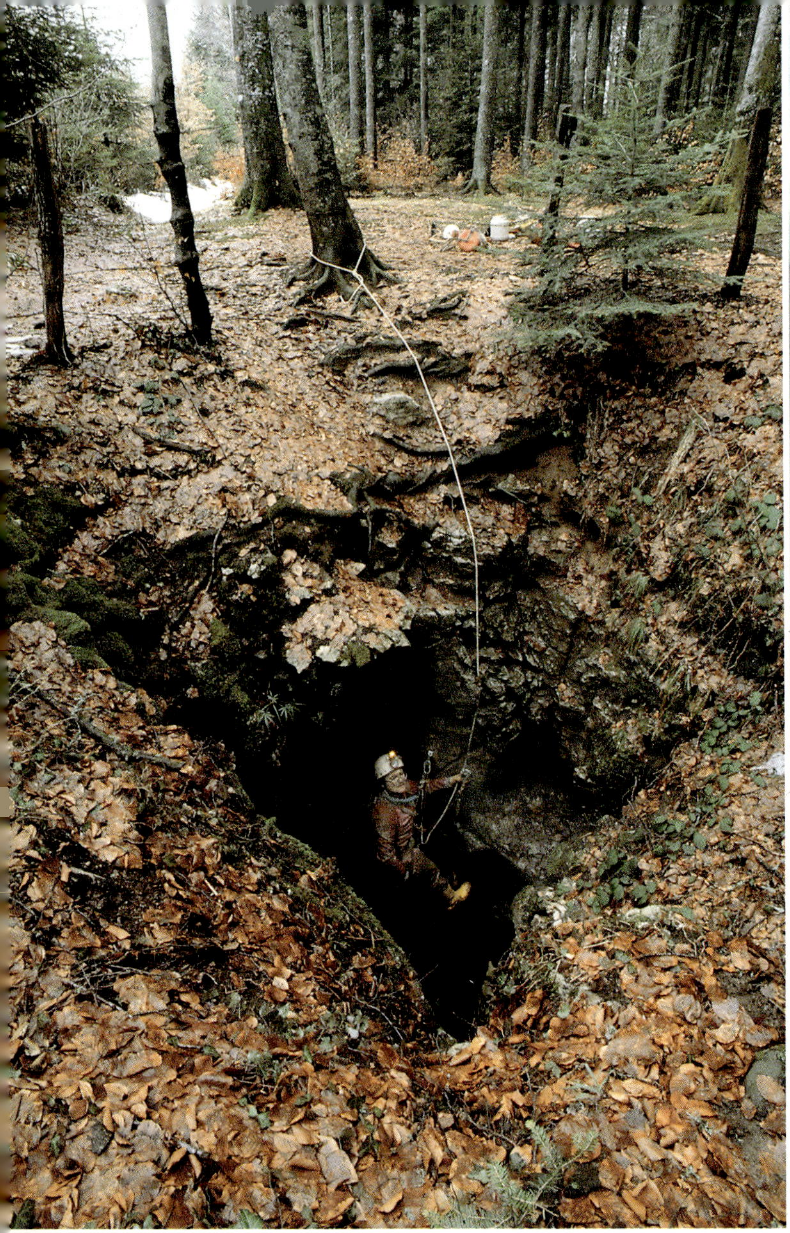

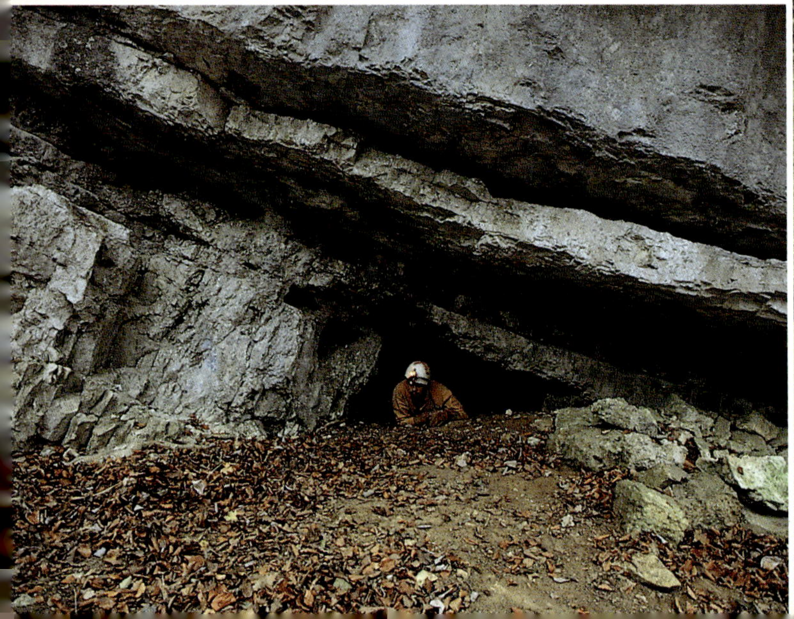

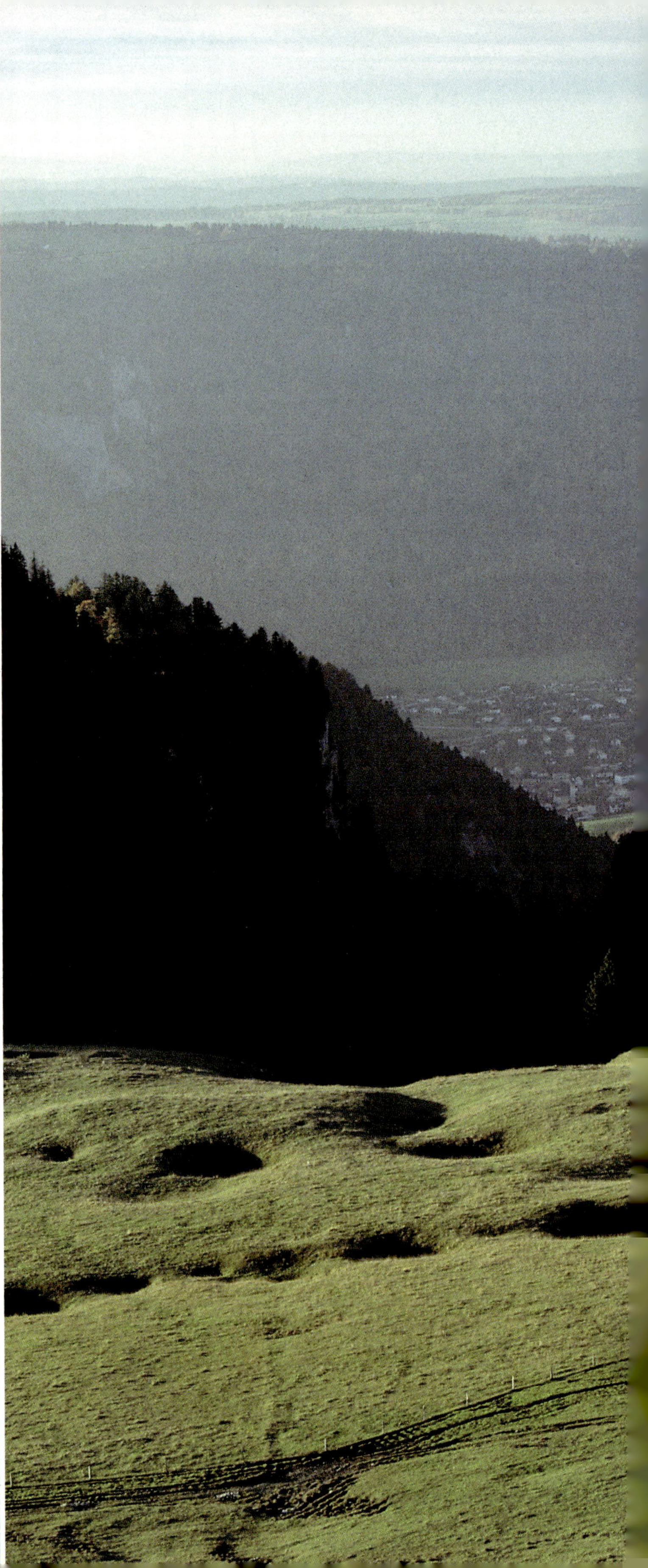

Der Gebirgsbogen des Jura zählt sowohl im Ketten- wie im Tafeljura Tausende von Höhlen und Schächten. Da sie häufig leicht zugänglich sind, wurden sie vor den meisten Höhlensystemen der Alpen erforscht.

Großes Bild: Typisch für den Jura-Karst sind eingesackte Trichter, die Dolinen. Große Gebiete im Jura, wie beispielsweise das Hochtal von La Brévine, haben keinen oberflächlichen Abfluß: Alles Wasser versickert und zersetzt dabei den Kalkuntergrund, so daß die Dolinen manchmal unter dem Gewicht eines Traktors oder einer Kuh vollends einstürzen.

führen. Sie wurden zu Beginn dieses Jahrhunderts besonders gründlich erforscht.

Eine Höhle mit einer einzigen Öffnung wirkt wie eine thermische Falle: für Warmluft, wenn die Höhle vom Eingang her ansteigt, für Kaltluft, wenn sie abfällt. Das erklärt, wieso man selbst in wenig tiefen Schächten auf ewigen Schnee oder Eis stößt, obwohl der Schnee rund um dieses Kälteloch jeden Sommer schmilzt.

Erwähnt sei noch der oft äußerst heftige Luftzug in engen Gängen, die einen großen unterirdischen Hohlraum mit der Außenwelt verbinden. Je größer die angesaugte Luftmenge und je kleiner der Gangdurchmesser, desto höher ist die Windgeschwindigkeit. Solche Winde können je nach Änderung der Luftdrucklage außerhalb der Höhle äußerst schnell umschlagen.

Höhlenluft ist wie gesagt sehr feucht. Deshalb genügt oft schon die Anwesenheit eines Menschen, damit sich dessen Atem als Nebel niederschlägt, ja in gewissen großen Hallen richtige Wölkchen entstehen. Anderseits kann die Höhlenluft sehr unterschiedliche Konzentrationen von Kohlendioxyd aufweisen. Häufig ist sie zehn- bis hundertmal höher als an der Oberfläche. Das macht die Höhle jedoch nur in Ausnahmefällen gefährlich für den Forscher. Die Besucher der «Hundegrotte» in Italien kannten die Gefahr und führten jeweils einen kleinen Hund mit. Dieser zeigte schneller Atembeschwerden als die Menschen, da Kohlendioxyd schwerer ist als Luft und sich deshalb am Höhlenboden sammelt.

Luftzirkulation zwischen zwei Öffnungen eines Höhlensystems.

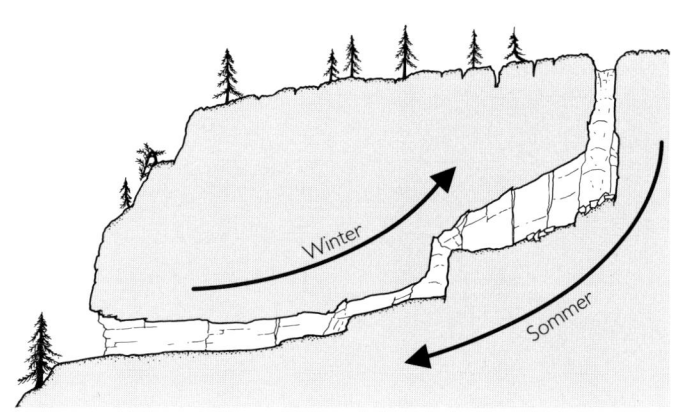

Altern und... Wiedergeburt

Höhlen sind verschieden alt. Man kennt heute sehr alte Höhlen, deren Entwicklung oder Veränderung unterbrochen wurde, aber auch ganz junge, die mitten im Wachstum stecken. Manchmal können Überreste heute verschwundener Höhlen erkannt werden. Tatsächlich haben viele Höhlensysteme mehrere Entstehungs- und Entwicklungsphasen hinter sich, die jeweils durch lange Zeitabschnitte ohne jede Veränderung getrennt waren.

Dennoch lassen sich einige Grundzüge ableiten. Man weiß, daß die Höhlenbildung in geologischen Zeitmaßstäben gesehen ein rasanter Vorgang ist: 1000 bis 10 000 Jahre genügen in der Regel. Außerdem erfolgt die Höhlenentwicklung nicht gleichmäßig, sondern sprunghaft, hauptsächlich bestimmt durch die örtlichen klimatischen Veränderungen. Der wichtigste Faktor bei der Intensität und Geschwindigkeit der Verkarstung ist dabei mit Abstand die jährliche Niederschlagsmenge. Deshalb ist verständlich, daß die Entwicklung der Höhlensysteme im Verlauf der letzten Million Jahre ebenso intensiv wie unregelmäßig war. In dieser Zeit erfolgten nicht weniger als acht größere Klimawechsel, die vereinfacht vier Vergletscherungen, die Eiszeiten, und vier Wärmeperioden mit starker Abschmelzung zur Folge hatten. Schließlich sei daran erinnert, daß das Alter der geologischen Formationen, in denen sich große Höhlensysteme finden, äußerst unterschiedlich ist: mehr als eine Milliarde Jahre bei den Quarziten des Sarisariñama-Plateaus in Venezuela; über hundert Millionen Jahre beim Urgonien-Kalkstein (Schrattenkalk) des Réseau Jean-Bernard* in der Haute-Savoie, Frankreich; zehn Millionen Jahre beim Nullarbor-Kalkstein in Australien. Das bedeutet jedoch nicht, daß die Höhlen in sehr alten Sedimenten unbedingt die ältesten sind.

Höhlen sterben auf verschiedene Weise: Wir wollen hier nur die drei wichtigsten Ursachen festhalten. Als erstes kann ganz einfach das Wasser als treibende Kraft bei der Höhlenbildung ausbleiben. Das geschieht meist zugunsten tiefer liegender Hohlräume: Man spricht dabei von einer Kappung. Die vom Wasser aufgegebene Höhle entwickelt sich nicht mehr weiter, sondern bleibt über längere Zeit ohne wesentliche Veränderung als fossile Höhle bestehen. Wenn aus irgendwelchen Gründen wieder Wasser in die Höhle gelangt, kann sie zu neuem Leben erwachen. In jedem Fall ist dieses Sterben nicht allzu traurig, da die fossile Höhle ein wenig in derjenigen weiterlebt, die «ihr» Wasser gefaßt hat. Bei der zweiten Art füllt sich die Höhle selbst mit Sedimenten auf, sie begeht in gewisser Weise Selbstmord! Das Phänomen der Kalkauflösung kann sich aus verschiedenen Gründen umkehren und zur Ablagerung des im Wasser gelösten Kalks führen. Diese Eigenart, die im 7. Kapitel ausführlicher behandelt wird, ist der Grund für die Entstehung der in Höhlen häufigen Sinterbildungen. Die Ablagerung von mehr oder weniger gut auskristallisiertem Kalk ist um so bedeutender, je höher die Temperatur ist, genauso wie beim Kesselstein, der sich in der Wasserpfanne oder im Boiler ansetzt. Deshalb füllen sich vor allem Höhlen in heißen Klimazonen auf diese Weise.

Die dritte Art des Sterbens erfolgt so unauffällig, daß man wenig darüber weiß: In gewisser Weise frißt das Gebirge die in seinem Bauch entstandene Höhle selbst auf. Korrosion und Erosion, vor allem aber die hobelnde Wirkung eines Gletschers können ein Gesteinsmassiv derart stark abtragen, daß die Umgebung der Höhle schließlich verschwindet, so daß sie selbst als Leerraum in der Leere der Atmosphäre aufgeht. So findet man auf einigen Karstplateaus Spuren von Höhlen, die durch die Erosion angeschnitten wurden. Manchmal kann man in solchen Höhlen-«Friedhöfen» sogar Stalagmiten und Stalaktiten finden, die einst Wände und Decken schmückten.

Die landschaft über der höhle

K ras ist eine Kalkregion Sloweniens, östlich von Triest gelegen, in der die spezifischen Eigenschaften des Kalkgesteins spektakuläre Landschaften schufen. Unter österreichischer Herrschaft hieß die Gegend Karst, unter den Italienern Carso. Diese Namen erinnern an die französische oder provenzalische Entsprechung Causse für ein Gebiet im Languedoc. Sie gehen auf das vorindoeuropäische *kar* zurück: «harter Stein». Die deutsche Bezeichnung Karst wurde zum Sammelbegriff für Kalkgebiete, die einige typische morphologische Eigenschaften aufweisen.

Höhlensysteme verändern sich im Lauf der Zeit; diese Entwicklung kann in drei Altersstufen gegliedert werden.

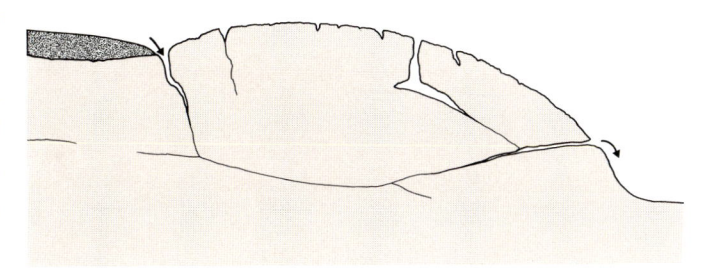

Entstehung: Das Wasser erweitert die Haarrisse im Kalk durch Korrosion.

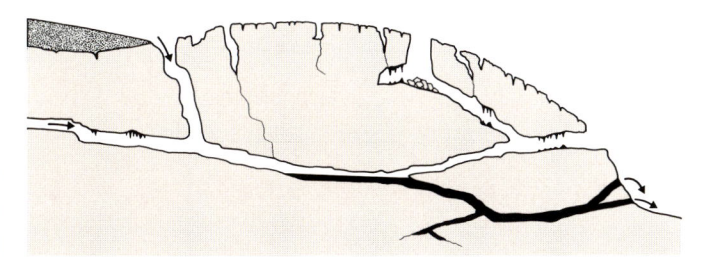

Reife: Durch die Einwirkung der Fließgewässer entwickelt sich das Höhlensystem in die Breite und Tiefe.

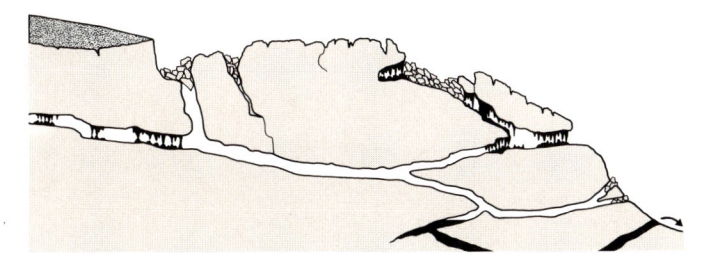

Vergehen: Durch Abtragung der Oberfläche oder Verstopfen der Hohlräume mit Sedimenten verschwindet das Karsthöhlensystem.

Eine Karstlandschaft wird durch zwei Voraussetzungen bestimmt: Das Gestein ist wegen seiner unzähligen Fugen und Risse wasserdurchlässig und kann vom sauren Regenwasser korrodiert werden. Deshalb ist auf der Oberfläche Wasser spärlich oder fehlt ganz, da es sofort versickert und sich in unterirdischen Gewässern sammelt. Es tritt zum Teil in den Tälern oder in spektakulären Schluchten und Canyons wieder zum Vorschein, wie sie etwa die südfranzösischen Flüsse Tarn und Verdon gegraben haben. Karstebenen sind wegen des fehlenden Wassers

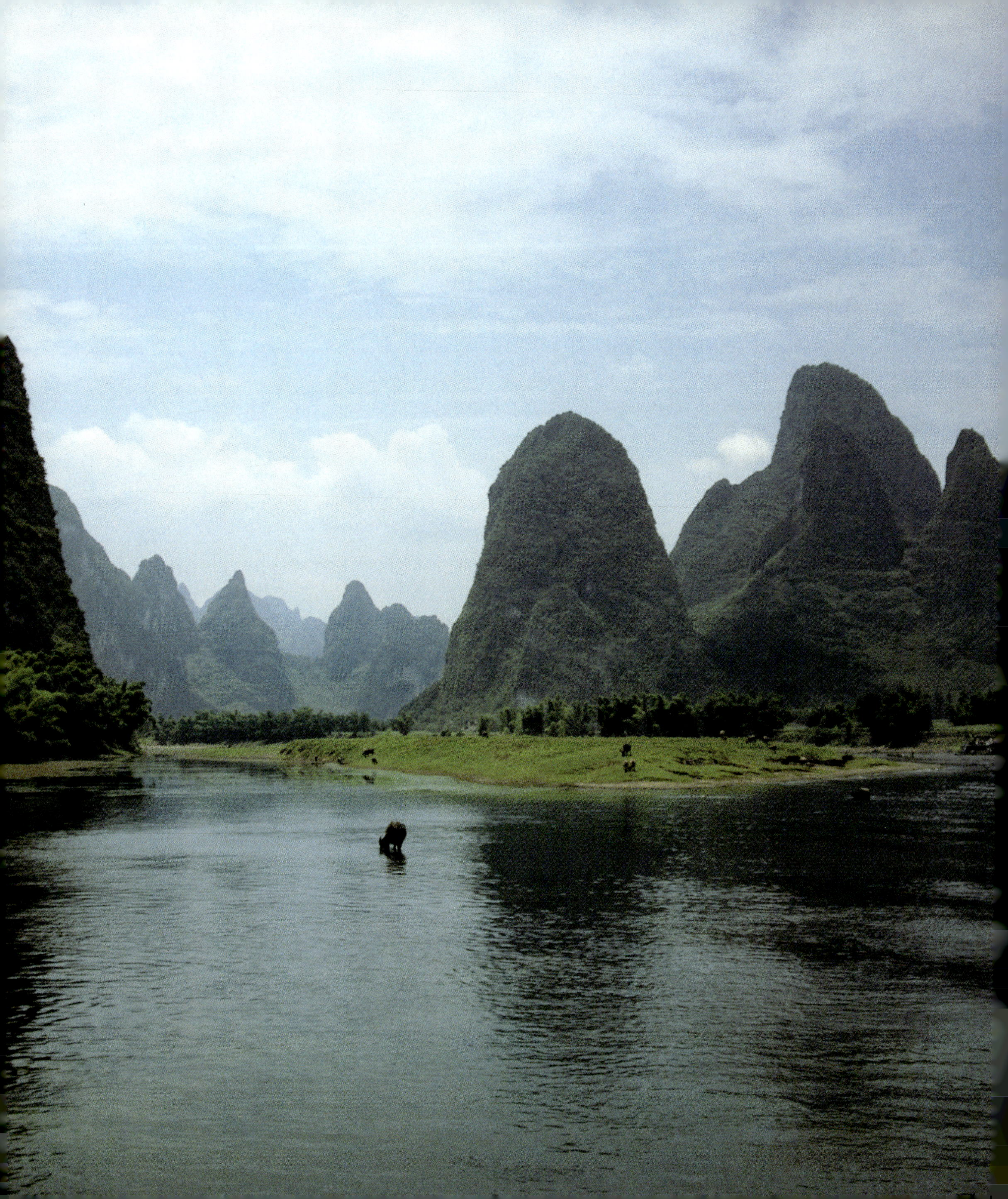

Karstregionen finden sich in allen Erdteilen. Je nach lokalem Klima können sich dabei die verschiedenartigsten Reliefs ausbilden. Die unglaubliche Formenvielfalt der Karstlandschaften ist um so erstaunlicher, wenn man weiß, daß all diese Gebilde durch das gleiche Phänomen der Kalkauflösung geschaffen wurden.

Linke Seite: Der zuckerhutförmige Kegel- oder Turmkarst der südchinesischen Region Guilin ist nicht zuletzt durch einen James-Bond-Film weltbekannt geworden. Die Formen zeugen von der intensiven Karstkorrosion und -erosion im tropischen Milieu.

Links: Die Kette des Rus Al Jibal in den Vereinigten Arabischen Emiraten erstreckt sich von der Meerenge von Hormuz, die den Persischen Golf abschließt, bis zu den Grenzen des Sultanats Oman und taucht im Sand der Rub-al-Khali-Wüste Saudi-Arabiens unter, welche dieses vom Wasser verlassene Kalkmassiv allmählich erobert.

sowie der dünnen oder fehlenden Humusdecke für die Landwirtschaft wenig geeignet und entsprechend arm und dünn besiedelt; sie können allenfalls als Schaf- und Ziegenweide genutzt werden.

Eine weitere Folge: In Karstgebieten finden sich ganz charakteristische Geländeformen, deren Namen häufig slowenischen Ursprungs sind, da die Forscher die im dortigen Karst üblichen Bezeichnungen übernahmen.

Dolinen sind trichter- oder schüsselförmige Vertiefungen, deren Durchmesser über hundert Meter betragen kann; sie bilden sich da, wo das Oberflächenwasser mehr oder weniger konzentriert versickert. Wachsen mehrere Dolinen zusammen, entsteht ein Uvala, eine eigenartig anmutende, allseits geschlossene Mulde mit gewaltigen Abmessungen und unregelmäßig gewelltem Umriß. Gewinnt eine solche Senke die Abmessungen eines eigentlichen Tals mit mehreren Dutzend Kilometern Länge, das von mehr oder weniger abrupt abfallenden Felswänden begrenzt wird, spricht man von Poljen. Manche Poljen, wie jene von Cerknica, östlich von Triest, können sich bei starken Niederschlägen, wenn die Sickeröffnungen den Regen nicht mehr zu schlucken vermögen, zeitweilig in Seen verwandeln.

Und eine letzte Folge: das Vorhandensein von Karrenfeldern, die die Oberfläche der meisten Kalkgebirge überziehen. Es sind Oberflächenbereiche, in die die Korrosion Rinnen, Rillen, trittförmige Vertiefungen und eigentliche Mäanderschluchten hineingearbeitet hat. Letztere sind durch meist messerscharfe Gräte getrennt, die weder die Schuhsohlen der Wanderer noch die Hände und Waden Stolpernder verschonen. Am häufigsten findet der Höhlenforscher in diesen von spärlichen Humuspolstern durchsetzten, oft schneeweißen Gesteinswüsten die Öffnungen von Schächten, die ihn zu seinem liebsten Spielgrund führen.

Exotische tiefen

Das voranstehend beschriebene Modell der Höhlenbildung und -entwicklung gilt für alle Gesteine, die vom Wasser korrodiert werden können; der Erosion sowie Felsstürzen sind alle mineralischen Stoffe unterworfen, wenn auch in unterschiedlichem Ausmaß. Wir haben uns bisher ausschließlich auf Kalkformationen bezogen, weil diese und die entsprechenden Höhlenbildungen weltweit überaus häufig sind, wie ein Blick auf die Weltkarte im 1. Kapitel zeigt.

Es gibt jedoch auch in andern Gesteinen Höhlen, obwohl diese Sonderfälle durchaus «exotisch» genannt werden dürfen. Diese viel selteneren Gesteine sind weit löslicher als Kalk. Sie gehören zur Gruppe der Evaporite. Diese haben sich, wie ihr Name sagt, bei der Verdunstung des Wassers in Lagunen trockenheißer Gebiete ausgeschieden. Das Tote Meer ist heute ein gutes Beispiel für die Entstehung solcher Gesteine. Zu den Evaporiten gehören in erster Linie Steinsalz, Gips und Anhydrit (wasserfreier Gips). Das Phänomen der physikalischen Auflösung ist hier noch stärker als beim Kalk, so daß Veränderungen in diesen Gesteinen äußerst schnell ablaufen. Dies sowohl bei der Höhlenbildung wie bei deren Zerfall durch Einbrüche, da sowohl Steinsalz wie Gips und Anhydrit im allgemeinen geringe Festigkeit haben. In Gipsformationen finden sich die spektakulärsten Höhlenbildungen: Ein Beispiel ist der unterirdische See von Saint-Léonard im Wallis mit seinen 230 m Länge oder die Höhle Optimisticeskaja* in der Ukraine mit 165 km Gesamtlänge.

Auf der andern Seite können auch in sehr undurchlässigen Gesteinen wie Quarzsandstein oder Quarzit unter gewissen Bedingungen große Höhlen entstehen. Vor allem letzteres besteht praktisch aus reiner Kieselsäure, deren Wasserlöslichkeit sozusagen gleich null ist. Die gigantischen *sima*, die sich im Sarisariñama-Plateau in Venezuela gebildet haben, lassen sich nur erklären, wenn man bedenkt, daß viel Zeit und die Niederschlagsmenge in humidtropischen Gebieten die geringe Lösungsfähigkeit wettmachen können. Die «verlorenen Welten» von Sarisariñama, wo der größte Schacht ein Volumen von 18 Millionen Kubikmetern hat (das entspricht einem Würfel von über 260 m Seitenlänge), sind über eine Milliarde Jahre alte Gesteinsformationen. «Zeit und Geduld...»

Ähnliche Formen wie in Evaporiten finden sich auch in einer ganz andern Materie: im Eis. Obwohl man dabei nicht von Auflösung im eigentlichen Sinne sprechen kann, hat das Schmelzen von Eis durch fließendes Wasser bei Temperaturen knapp über dem Gefrierpunkt ähnliche Folgen. Der große Unterschied zwischen Eis- und Karsthöhlen liegt im vergänglichen, unbeständigen Charakter der ersteren. Man weiß, daß viele Eishöhlen, die in den Alpenländern als touristische Sehenswürdigkeiten fungieren, jedes Jahr neu ausgeschachtet werden müssen, damit man sie mehr oder weniger an derselben Stelle offenhalten kann. Denn sonst würden sie ja mit dem langsam, aber unausweichlich fließenden Gletscher abwärts wandern. Bei den natürlichen Eishöhlen wiederum – zum Beispiel den berühmten «Gletschermühlen» in den Gletscherregionen über Chamonix und Zermatt – ist die Erforschung ebenso aufregend wie gefährlich, da sie durch den Vormarsch des Gletschers ständig verändert werden, begleitet von beunruhigender Spaltenbildung und bedrohlichen Einstürzen.

Noch spektakulärer sind Eishöhlen, die auf eine konstante örtliche Wärmequelle in vergletscherten vulkanischen Gebieten zurückzuführen sind. So hat ein Schweizer Höhlenforscherteam den unterirdischen Fluß Kverkfjöll unter dem Vatnajökull oder Vatnagletscher in Island bis in eine Tiefe von über 500 m erforscht und dabei phantastische Märchenwelten entdeckt, die der innigen Vermählung der Gegensätze Eis und Hitze in Form heißer Gasaustritte (Solfatare) entsprangen. Im Gegensatz zu andern Eishöhlen sind solche Grotten bemerkenswert standorttreu, nämlich an dem Punkt, wo die unterirdische Hitze am größten ist. Die rasche Veränderung ihrer Formen beruht auf einem komplizierten Kompromiß zwischen warm und kalt.

Als letzte seien bei diesem Ausflug in die Welt der nichtkarstischen Höhlen jene vulkanischen Grotten erwähnt, bei denen Eis nicht beteiligt ist. Wenn Lavaströme zu fließen aufhören, abkühlen und erstarren, geschieht dies langsam und beginnt vorab an der Oberfläche. Damit bilden sich regelrechte Tunnels aus erstarrter Gesteinsmasse, durch die flüssigheiße Lava strömt. Bei sehr dünnflüssiger Lava – zum Beispiel Basalt – und genügend Gefälle kann es vorkommen, daß sich ein solcher Tunnel wie ein Wasserschlauch entleert, wenn der Nachschub von oben unterbrochen wird. Nach einigen Jahren, wenn die Lava erkaltet und die geringmächtige Decke vielleicht an einigen Stellen eingebrochen ist, können solche Röhren erforscht werden. In bestimmten Fällen sind sie ganz oder teilweise vom Meer geflutet worden, so der herrliche Atlantida-Tunnel im Nordosten der

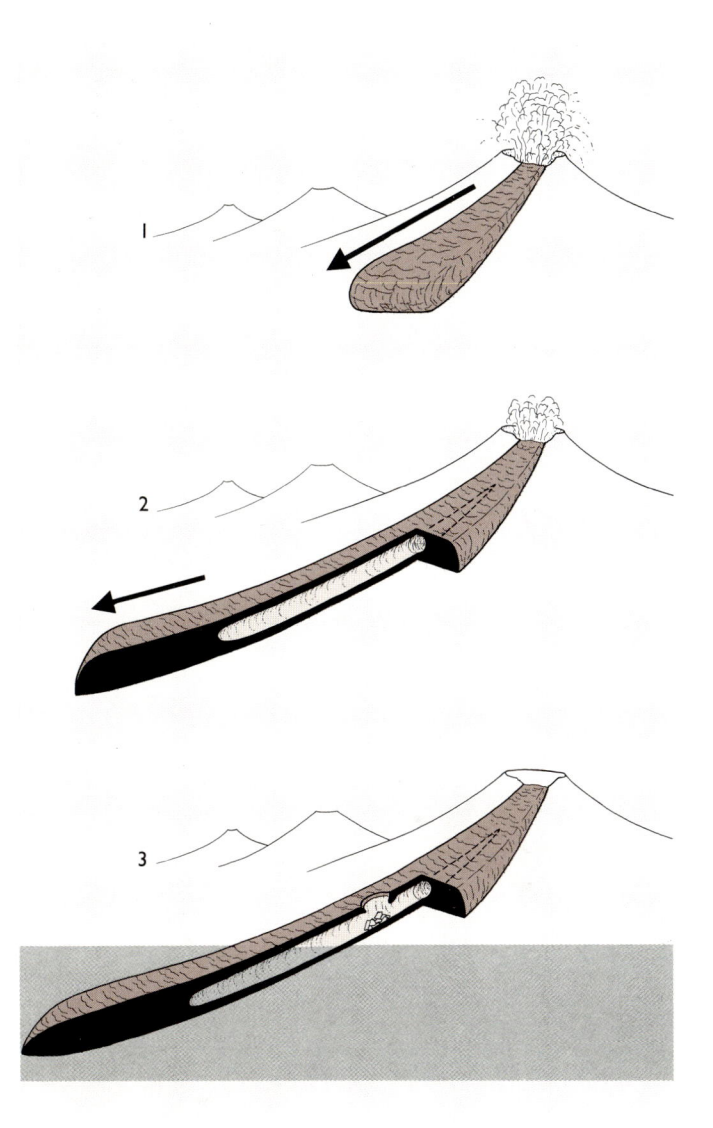

Entstehung von Lavaröhren: Der Lavastrom tritt aus dem Vulkankrater aus (1) und kühlt sich an der Oberfläche ab. Diese beginnt zu erstarren, noch während die noch flüssige Lava im Innern weiterfließt (2). Durch Einsturz entsteht ein Zugang; führt der Lavastrom bis ins Meer, wird der tieferreichende Teil der Röhre überflutet (3).

Kanareninsel Lanzarote. Hier haben Speläologen in Taucherausrüstung während der internationalen Expedition von 1986 über anderthalb Kilometer zurückgelegt und dabei eine seltsame Höhlenfauna entdeckt, die stark von der marinen Umgebung beeinflußt ist.

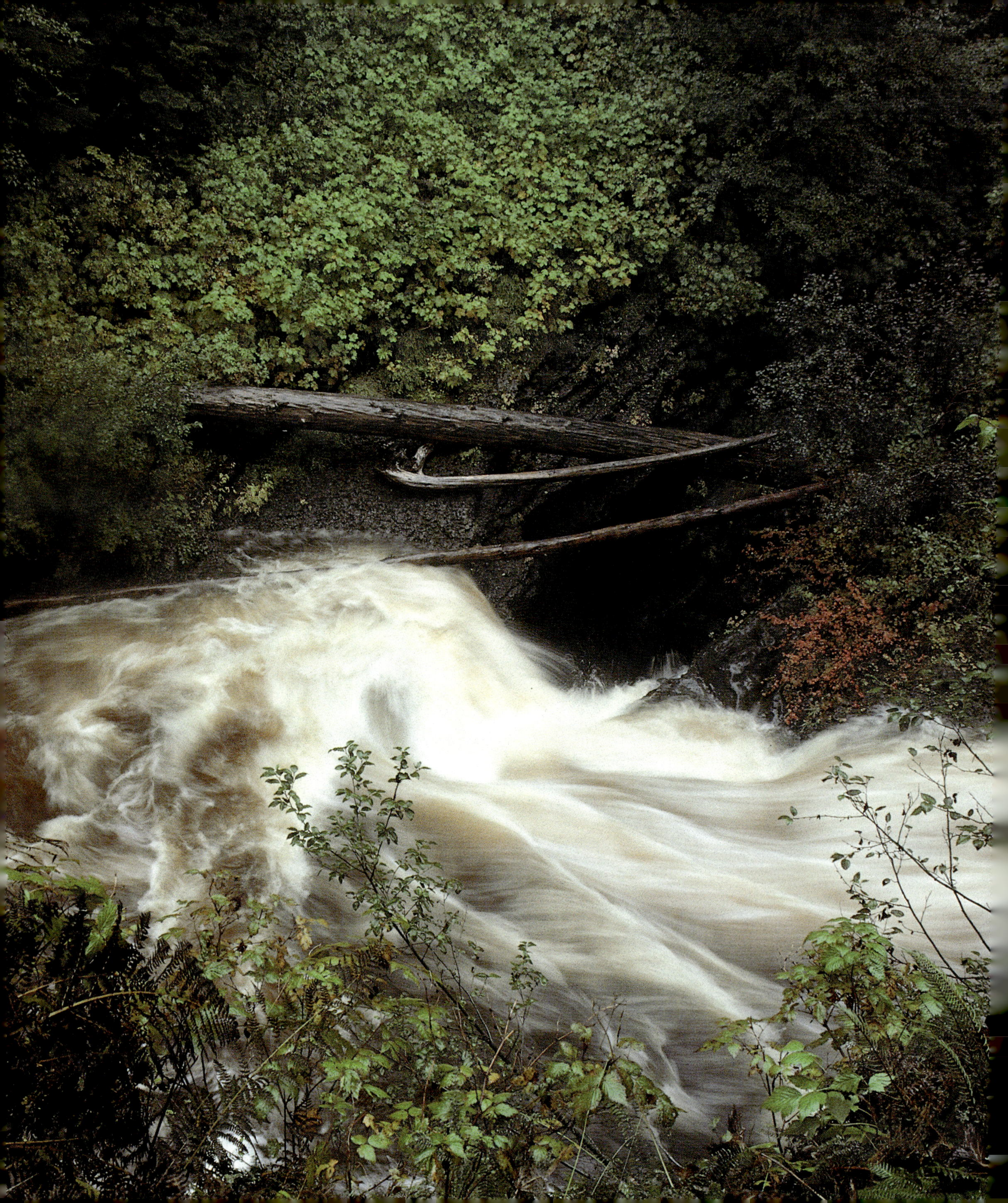

Linke Seite: Der Vanishing River in Britisch-Kolumbien (Kanada) rauscht durch eine enge Schlucht und stürzt plötzlich in einen Schacht. Wo das Wasser in Kalkregionen nicht so spektakulär verschwindet, sickert es durch unzählige Spalten und Haarrisse, die das Gestein durchziehen.

Im Untergrund höhlt das Wasser die Risse im Kalk zu Gängen und Schächten aus, die vielleicht eines Tages ein Speläologe erkunden wird, wie hier im Hölloch im schwyzerischen Muotatal (oben links).

Oben rechts: Manchmal wäscht die Erosion ein Fossil aus der Felswand aus, das von der Entstehung des Kalkmassivs als Meeressediment zeugt, wie hier dieser 150 Millionen Jahre alte Seeigel in der Grotte de Milandre (Kanton Jura).

Links: Erreicht das Wasser eine undurchlässige Schicht, dringt es nicht tiefer ins Gestein, sondern sucht sich einen Weg über diesen natürlichen Rinnstein, bis es irgendwo das Tageslicht erreicht. Im Bild die Stromquelle (Karstquelle) von Covatannaz bei Vuitebœuf (Kanton Waadt).

Die Angst vor dem Dunkel, dem Unbekannten und Geheimnisvollen: Treibt sie den Menschen ins Innere der Erde oder hält sie ihn davon ab, sich in die Tiefe vorzuwagen? Ist der Höhlenforscher in erster Linie ein furchtloser Entdecker auf der Suche nach neuen Abenteuern oder ein von seinen eigenen Ängsten faszinierter Romantiker? Die Antworten sind ebenso verschieden und vielschichtig wie der Mensch selbst: Die Schätze in Ali Babas Höhle grenzen an die Behausung des Höllenfürsten, Höhlen mit Felsmalereien können ebensogut Tempel für Sühneopfer wie Galerien reiner Kunst sein, und vielleicht kehrt der Mensch unter die Erde zurück, um den Lehm wiederzufinden, aus dem er geschaffen wurde, das Symbol des mütterlichen Schoßes. Bei allem, was irgendwie ans Wunderbare, Unerklärliche grenzt, hat der Mensch mehr Fragen als Antworten. Um so besser! Wäre doch sonst das Geheimnis bald einmal gelüftet, bliebe der Traum ohne Nahrung. Trotzdem kann man versuchen, auf subjektive und notwendigerweise unvollständige Art eine erste Frage zu beantworten: Wieso wagt sich der Mensch – abgesehen von der Nutzung als Behausung – in Höhlen vor?

Erste Version: 1213. Dieses Datum findet sich an einer Wand in einer abgelegenen Ecke der Postojnska jama*, im damals habsburgischen Slowenien und heute noch Adelsberger Grotten genannt. Mitten im Mittelalter unter der Erde herumzuspazieren ist eine unglaublich kühne Tat, die sich allenfalls durch die Angst vor Verfolgern erklären läßt. Doch das kann hier zumindest nicht der alleinige Beweggrund gewesen sein: Um sich zu verstecken, hätte es genügt, einige Dutzend Meter vorzudringen, einige Gangwindungen zwischen sich und die Verfolger zu legen. Und wieso hätte einer, der sich verbergen wollte, seine Initialen, das Datum und ein bischöfliches Kreuz eingeritzt, also seinen Weg signiert? Er heißt C. M., mehr wissen wir über seine Identität nicht, das Kreuz ist vermutlich Zeichen seines geistlichen Standes. Dieser Unbekannte hat sich vom Eingang her fast einen Kilometer in die Höhle vorgewagt, dabei einen großen Dom durchquert, den seine Fackel nicht einmal zu erhellen vermochte, ist durch ein Trümmerfeld geklettert und hat dem heftigen Luftzug getrotzt, der jeden Augenblick sein Licht zu löschen drohte, hat einen der drei Gänge gewählt, die von hier aus weiterführen, und seinen «Besuch» in einer Sackgasse beendet. Hier nahm er sich die Zeit, seine Anwesenheit zu dokumentieren, ohne zu wissen, ob jemals ein anderer seine kurze Botschaft zu Gesicht bekommen würde. Dieser Mensch war zweifellos ein Entdecker, der den Verboten und Ängsten seiner Zeit trotzte und weder Dunkelheit noch Tod und Teufel fürchtete. Kurz: ein echter Höhlenforscher, vielleicht der erste.

Zweite Version: 1990. Ein trüber Wintersonntag im Jura, unter bleiernem Himmel. Der Schnee verwandelt sich schon bald in Regen. Es ist gerade kalt genug, daß das Wasser der Karbidlampen gefriert, so daß sie verlöschen, aber auch gerade warm genug, daß der Nieselregen die beiden Männer durchnäßt, die eben aus dem Gouffre du Petit-Pré herausgekommen sind und nun unter der Last ihrer allzu schweren Rucksäcke taumelnd durch den Schneematsch stapfen. Sie sind todmüde: Zwanzig Stunden waren sie unter der Erde, haben die ganze Zeit in der Höhle Schwerarbeit geleistet! Es gibt Tage, da geht alles schief: Verwickelte Seile haben sie in den Schächten zwei Stunden gekostet; das schlechte Wetter hat den Wasserfall anschwellen lassen, den sie überwinden wollten, so daß die Kletterei zur eisigen Dusche wurde; der kleine Gaskocher verweigerte seinen Dienst,

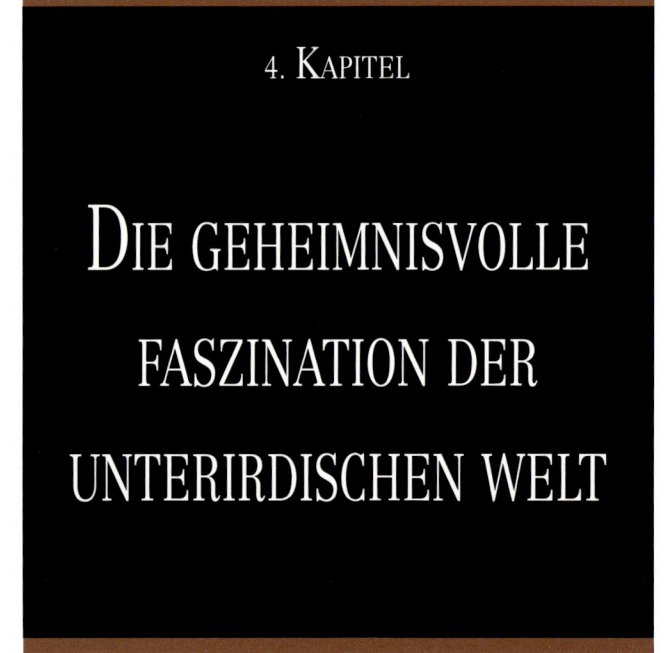

4. KAPITEL

DIE GEHEIMNISVOLLE FASZINATION DER UNTERIRDISCHEN WELT

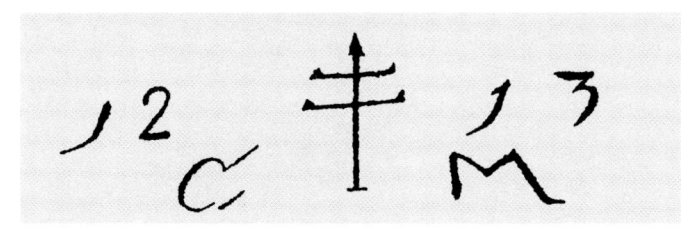

Postojnska jama*, Jugoslawien: Die älteste Inschrift aus historischer Zeit, die bisher in einer Höhle gefunden wurde.

weil der Brenner beim Transport beschädigt wurde. Und das alles, um vierzig Meter in einem engen, glitschigen Höhlensystem weiterzukommen, die sie jedoch nicht mit dem erhofften großen Neuland belohnten. Bis zum Auto sprechen die beiden nicht viel, sie beißen die Zähne zuammen. Doch nachdem die Last abgesetzt ist, machen sie sich Luft: Mir reicht's! Nie wieder! Und um das Maß vollzumachen, ist ein Seitenfenster offengeblieben: Die Ersatzkleider sind naß! Schluß mit dieser Höhlenschufterei! Skifahren, an der Sonne, wie die andern...

Am nächsten Freitagabend dann der Anruf:

«Sag, erinnerst du dich an diesen engen Mäander, in dem wir umkehren mußten? Glaubst du nicht, daß man der Decke entlang durchkäme?»

«Vielleicht, aber zu zweit wird das ein bißchen schwierig...»

«Ja, aber nachher, die Fortsetzung hinter dem Mäander, die gehört dann auch uns beiden und sonst niemand!»

«Abgemacht, ich hol' dich morgen früh ab, um sechs wie immer...»

Dritte Version, undatiert. «Es ist gewissermaßen dieselbe Leidenschaft, welche Männer wie Erik den Roten oder die Besatzung Magellans auf die unbekannten Weiten der Ozeane hinaustrieb, die später Stanley und Fawcett durch den feindseligen Tropenwald führte und die heute Polarforscher und Bergsteiger beseelt. Gegenüber der Erforschung der Oberfläche bietet jene der unterirdischen Welt zwei Vorteile: Zum einen ist das Tätigkeitsgebiet des Höhlenforschers noch so unberührt, daß Entdeckungen weit häufiger möglich sind als in der Antarktis, in den Anden oder im Himalaja; zum andern genügen wenige oder höchstens einige hundert Kilometer Anreise, um in einer Karstregion an die ‹Arbeit› zu gehen: im Vercors, den Causses, im Jura oder in den Pyrenäen, im italienischen Carso oder im jugoslawischen Karst, sozusagen vor der Haustür. Während eines Wochenendes kann der Höhlenforscher alle Schwierigkeiten, Ungewißheiten und Schrecken, aber auch alle Freuden beim Betreten von Neuland erleben. Die Speläologie oder die sonntägliche Entdeckerlust...» (Haroun Tazieff).

Es stimmt: Der Höhlenforscher ist ein Entdecker, welche auch immer die Beweggründe sind, mit denen er seine liebste Tätigkeit rechtfertigt. Er ist ein Mann (seltener eine Frau), der das Unbekannte, die Gefahr und Schwierigkeiten braucht, um Erfüllung zu finden. Fragen Sie einen Speläologen nach seinen Motiven: Er wird das Zusammensein mit den Kollegen vorbringen, die Neugier, den Nutzen der wissenschaftlichen Forschung, die körperliche Anstrengung... doch er wird Ihnen in den seltensten Fällen von der Angst erzählen, dem Stolz, sie zu überwinden, vom Unbekannten und dem Rausch, in den es ihn versetzt. Dabei bin ich überzeugt, daß es diese beiden Gründe sind, die uns wirklich antreiben, die andern Motive sind nichts als Rechtfertigungen. Wer ist er nun also, dieser Höhlenforscher? Hier eine psychologische Skizze:

DER HÖHLENFORSCHER ALS SEELENFORSCHER

«Die kühlen, dunklen Eingeweide der Erde ziehen mich an, weil ich die Sonne liebe», antwortet ein Höhlenforscher bei einer Umfrage auf die psychischen Hintergründe seines Tuns. Ein anderer erzählt von der Leidenschaft der Höhlentaucher: «Sie tauchten, weil sie etwas tun mußten... um ihrem Leben in dieser durchorganisierten Welt einen Sinn zu geben, die auf Routine, auf Renten und Lebensversicherungen ausgerichtet ist. Sie mußten ihr Leben riskieren, es aufs Spiel setzen, um es schätzen zu können... wenn sie am Leben blieben.» Diese Risikobereitschaft umschreibt sehr gut den Hunger nach Absolutheit, der den Höhlenforscher antreibt, und macht verständlich, wieso dieser «wissenschaftliche Sport» vor allem von Jungen und oft nur während einiger Jahre ausgeübt wird.

Die Expedition ist ein Fest, das manchmal mit einem Donnerschlag endet: dem Unfall! Aber was kümmert schon einen

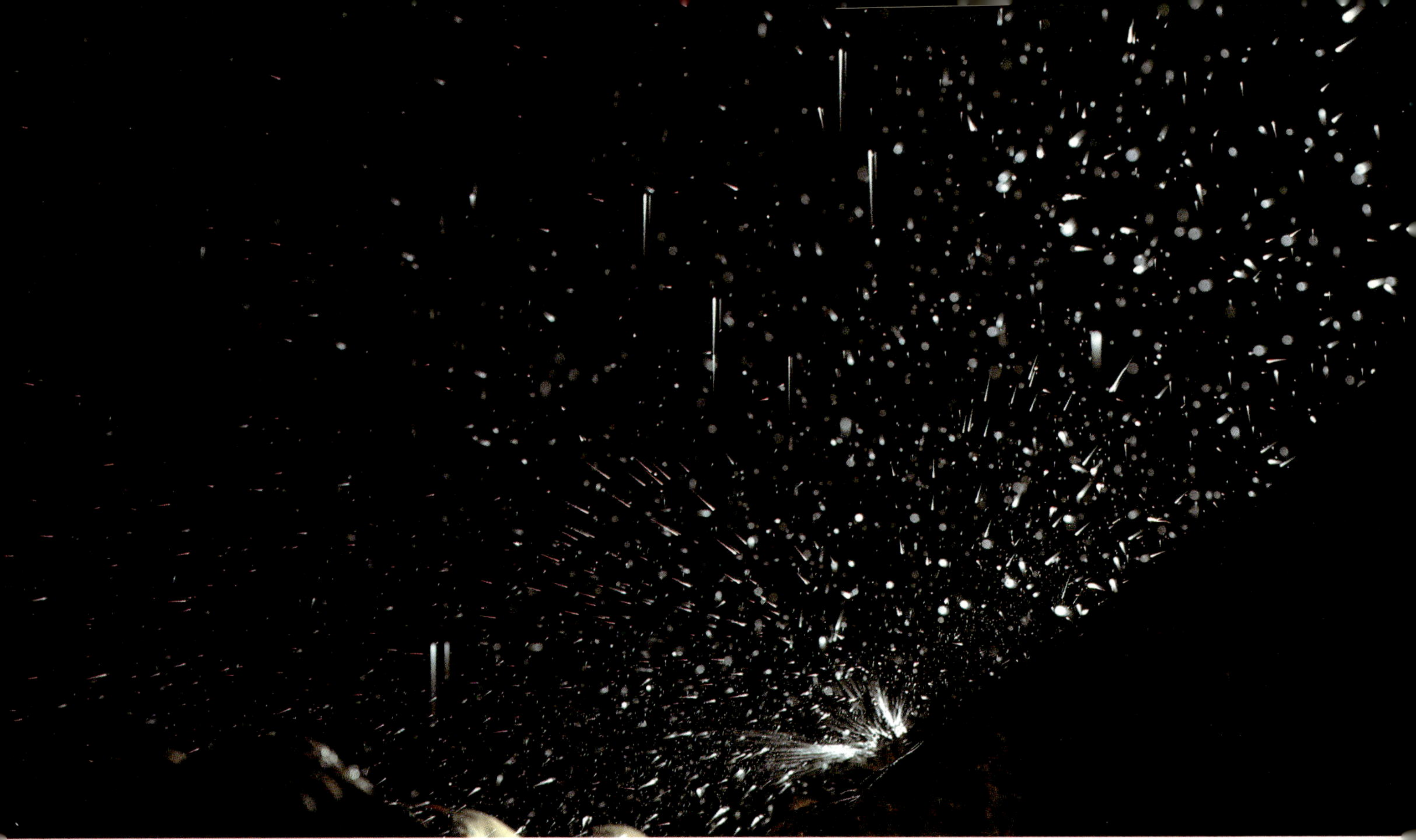

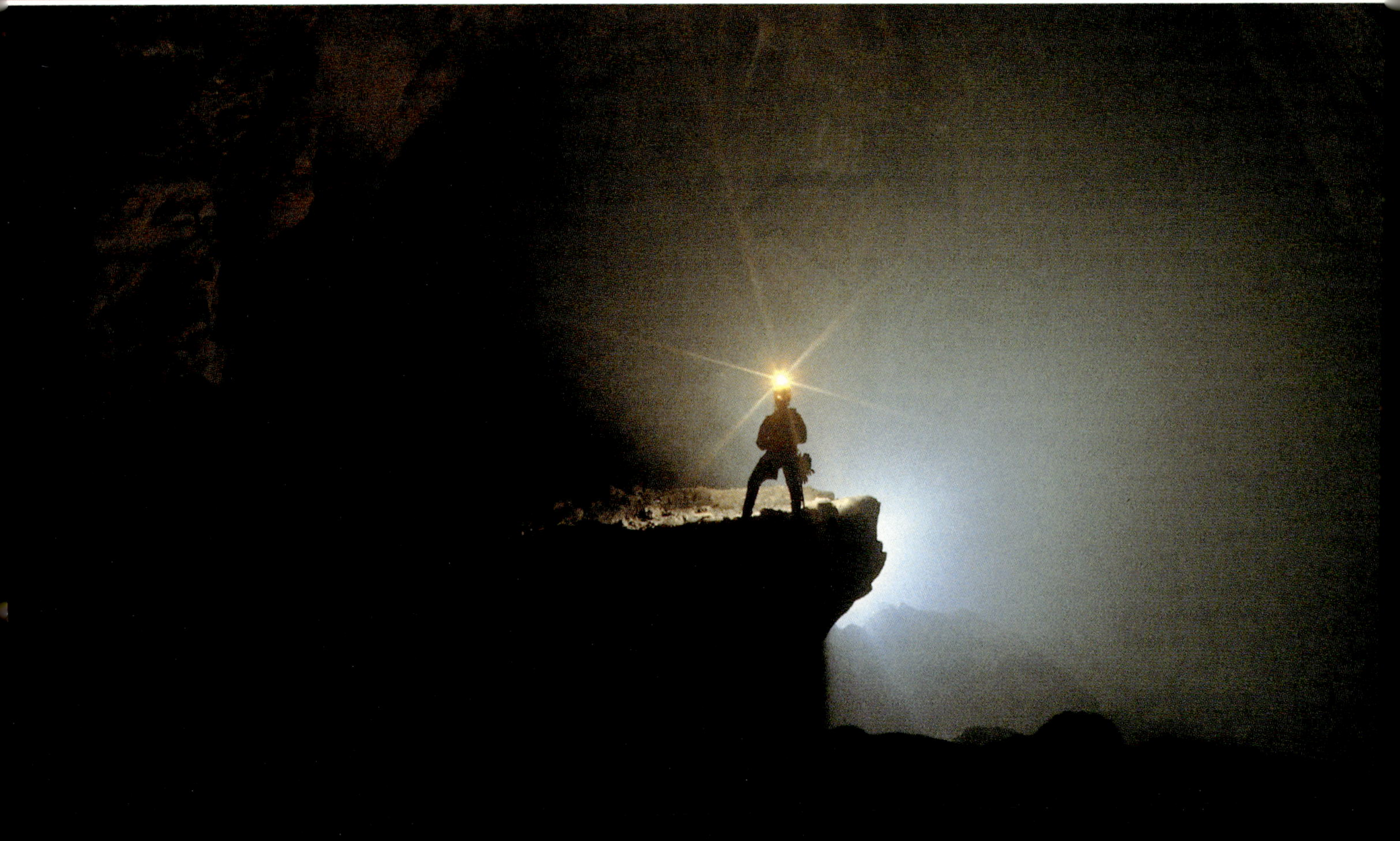

Unter der Erde ist alles rabenschwarz, glaubt man; und Schwarz ist gleichbedeutend mit Geheimnis und Nichts. In diesem unterirdischen Universum, wo der Höhlenforscher den gähnenden Abgrund mehr ahnt als sieht, fühlt er sich oft winzig und unbedeutend.

Doch ein einziger Lichtstrahl genügt, und die ganze Pracht erglänzt vor seinen durch die Dunkelheit geschärften Augen. Ein zerspritzender Wassertropfen wird zum diamantenen Sprühregen (links oben). Ein Kamerad leuchtet einen unterirdischen Dom aus, indem er eine Wand anstrahlt (links unten). Und eine kristallene Kaskade, die vor dem schwarzen Hintergrund noch weißer erglüht, läßt den Entdecker zum Dichter werden (links).

Seiten 78–79: Noch tiefer im Bauch der Erde wird die Exploration durch einen See gestoppt. Der Boden ist von Kristallausblühungen übersät, deren zerbrechliche Schönheit beim Durchwaten beschädigt würde. Der Mensch, der sich im feindlichen Dunkel so verletzlich fühlt (und es auch ist), findet hier den Lohn seiner Anstrengung.

Zwanzigjährigen der Tod? Leider wird dieser außergewöhnliche, katastrophale Aspekt von den Medien häufig hochgespielt. Allerdings wird das Publikum gering eingeschätzt, wenn man glaubt, daß es sich nur für Speläologie interessiert, wenn der Tod zugeschlagen hat. Diese verzerrte Sicht seines Lieblingssports in den Augen der meisten verstärkt im Höhlenforscher einen andern typischen Charakterzug: das Gefühl, einer Randgruppe anzugehören, die von den andern nicht verstanden werden kann, einer verschworenen Gemeinschaft.

Jede Sekte hat ihre eigene, oft verschlüsselte Sprache, so auch die Höhlenforschung. Das beginnt bei der Benennung der entdeckten Höhle bis zum technischen Vokabular und einer bildhaften Umgangssprache. Das Recht zur «Taufe» einer Höhle steht ihrem Entdecker zu, der häufig seinem schwarzen Humor (Gouffre de la Mine Dada: etwa «Amin-Dada-Grube») oder seinen politischen Ansichten Ausdruck verleiht (davon zeugt beispielsweise der Puits de la Chienlit, im Sommer 1968 entdeckt, als Präsident de Gaulle die aufrührerischen Studenten mit dem derben Wort «Bettscheißer» als Nestbeschmutzer beschimpfte). Andere demonstrieren ihre Vorliebe für Geschichte und Mythologie (in der Dachstein-Mammuthöhle in Österreich folgen sich Herkules-, Hunnen- und Theseusschacht neben Goten- und Minotaurusgang) oder beweisen ihre Treue (der Gouffre Jean-Bernard ist vom Entdecker nach zwei kurz zuvor bei einem Höhlenhochwasser verunglückten Kollegen benannt worden). Auch für das verwendete Material haben sich Übernamen eingebürgert. So wird eine Expedition kurz Ex genannt, eine Karbidlampe ist eine Pfunzel, ein Croll ein Hilfsgerät, das beim Aufsteigen am Seil verwendet wird, der Descendeur zum Abseilen usw. Der Höhlenforscher-Jargon sei stellvertretend mit dem folgenden Beispiel illustriert: «Dieser Lulu ist eine echte Wildsau, hat er doch in einer einzigen Ex das ganze Loch ausgerichtet und dabei einen Kit von über 20 Kilo am Buckel gehabt.» Auf deutsch: «Lucien kennt praktisch keine Grenzen, hat er doch während einer einzigen Expedition alle Seile und Leitern ausgebaut und aus der Höhle geschafft; der Materialsack war über 20 kg schwer.» In dieser verschworenen Gemeinschaft ist Kameradschaft manchmal entscheidend für das gemeinsame Überleben. Eines der schönsten Symbole dieses Da-Seins für den andern ist vielleicht das «Feuergeben»: Da die elektrische Stirnlampe zu wenig Licht gibt und unbequem ist, benutzen Höhlenforscher meist eine Karbidlampe auf dem Schutzhelm. Der Nachteil dieser Lampe ist, daß die Flamme leicht erlischt, entweder durch Tropfwasser oder heftigen Luftzug. Wenn dann der Anzünder nicht funktioniert, habe ich häufig erlebt, daß einer, der mehr Glück mit seiner Ausrüstung hatte, sich Dutzende von Malen im Verlauf einer Exploration ohne Murren zum Helm seines Kameraden beugte, um das Überspringen der Flamme zu ermöglichen.

Über die Freundschaft im Team und zwischen Forschungsgruppen hinaus gibt es eine echte grenzübergreifende, internationale Brüderlichkeit zwischen den Mitgliedern speläologischer Gesellschaften. Da muß man weder bekannt noch eingeführt sein: Ein Höhlenforscher in der Fremde ist vor allem ein Speläologe und erst in zweiter Linie ein Fremder; er wird von seinen einheimischen Kollegen schon allein deshalb mit offenen Armen aufgenommen, weil er sich für dieselbe außergewöhnliche Welt interessiert wie sie selbst. Auf nationaler Ebene ist die schweizerische Vielsprachigkeit nie ein Hindernis für die Zusammenarbeit in der Höhle gewesen: Auch wenn der Genfer nicht immer versteht, was ihm der Zürcher sagt, zieht jeder ohne Zögern am richtigen Seil und legt sein Leben in schwierigen Passagen in die Hände des Kameraden.

Eine andere psychische Dimension ist zu ergründen: das Unterbewußtsein als Gegensatz zum Bewußtsein. Zur Bewußtseinsebene gehören das Licht, die nährende, umsorgende und besonnte Erde, die Götter des Olymps, die Verzückung. Zum Unterbewußtsein die Dunkelheit, das opfernde, zerstörerische, unterirdische Wasser, die chthonische Hölle, der Alptraum. Die Vermählung von Wasser und Erde ist das Leben, die Mutter. Bachelards Traumtheorien nähern sich Freuds Hypothesen an: Der Abstieg in die Tiefe kompensiert die unmögliche Rückkehr in den mütterlichen Schoß, die Höhle ist eine erdgewordene Gebärmutter. Zur Geburt, zum Leben, gehört auch der Tod, und der Gegensatz von Leben und Tod bringt uns zu jenem von Tag und Nacht, den wir bereits erwähnten. Der unablässige Rhythmus dieses Wechsels gibt den Takt zu unserem Leben, und es ist deshalb nicht erstaunlich, daß sich manche mit der Frage unserer biologischen Rhythmen beschäftigten. Das war das Ziel der «Experimente außerhalb der Zeit», die Michel Siffre in der Tiefe der Erde durchgeführt hatte.

LEBEN OHNE ZEIT

Am 16. Juli 1962 steigt Michel Siffre in die 60 km nordöstlich von Nizza an der französisch-italienischen Grenze gelegene Scarasson-Höhle hinab, als erstes Versuchskaninchen seiner eigenen Experimente über die menschlichen Biorhythmen. Er hat beschlossen, zwei Monate ohne Zeitmesser und Gesellschaft hier unten zu verbringen, um am eigenen Leib die Folgen einer solchen Beschränkung zu testen. Nachdem seine Kameraden die am Einstiegsschacht angebrachten Leitern entfernt und sich verabschiedet haben, beginnt Siffre seine Versuchsreihe: Nach jedem Erwachen oder vor dem Einschlafen und bei jeder wichtigen Handlung telefoniert er seine persönliche, subjektive Zeitschätzung nach draußen. An der Oberfläche lösen sich die Kollegen beim Aufzeichnen seiner Anrufe ab, um die echte Chronologie seiner Handlungen zu erstellen, ohne ihm jedoch je irgendeinen Zeithinweis zu geben.

Die wissenschaftliche Neugier hat ihn nicht etwa bewogen, sich den Aufenthalt in der Tiefe bequem zu machen. Sein Zelt steht auf einem unterirdischen Gletscher, eine seltene Erscheinung, die er während seiner freiwilligen Isolationshaft studieren will. Zwei Monate lang leidet er unter der Kälte und steht bei Eis- oder Felsstürzen Todesängste aus. Um gegen die Einsamkeit anzukämpfen, freundet er sich mit einer Höhlenspinne an. Seine Sinne verändern sich bei dieser neuen Lebensweise. Während sich das Sehvermögen in der Dunkelheit derart steigert, daß er praktisch ohne Licht herumgehen kann, hört er Musik bald nur noch als Lärmfetzen und ist nicht mehr fähig, einen Schlager von Luis Mariano von einer Beethovensonate zu unterscheiden.

Eine merkwürdige Abweichung von der Wirklichkeit ergibt sich beim Zeitablauf: Siffre unterschätzt die verstrichene Zeit beträchtlich und glaubt, es sei der 20. August, als seine Isolation am 14. September zu Ende geht, während er noch in einem praktisch dem Erdtag entsprechenden Rhythmus von 24 Stunden 30 Minuten lebt. Der Ausstieg wird für den Höhlenbewohner zum physischen und psychischen Drama: Während er aus Freude über das Wiedersehen mit seinen Kameraden den ersten Schacht von 40 m Höhe in wenigen Minuten überwindet, erschöpft ihn der zweite, der 30 m lang ist, und im anschließenden langen Schluf ist er am Ende seiner Kräfte. Ein hilfloser Hampelmann, die Augen mit einer dicken Sonnenbrille abgeschirmt, wird an die Oberfläche gehievt, wo rund hundert Journalisten den Wissenschaftler erwarten... zwei Monate zuvor war ein einziger anwesend gewesen.

Der Erfolg in den Medien ermöglicht ihm, ein halbes Dutzend weiterer Langzeitversuche derselben Art zu organisieren und zu finanzieren. 1964 verbringt Josie Laurès drei, Antoine Senni vier Monate unter Tage. Wichtigste Erkenntnis: Die «Tage», also die aktiven Phasen, von Antoine Senni verlängern sich allmählich auf ein Mittel von 34 Stunden, die Nächte beziehungsweise Ruhezeiten übersteigen häufig 20 Stunden. Sein Zeitgefühl verändert sich merkwürdig: Wenn man ihn via Telefon auffordert, laut bis 120 zu zählen, um die Dauer von zwei Minuten zu bestimmen, benötigt er dafür drei bis vier Minuten. Sein 24-Stunden-Rhythmus steigert sich auf 48 Stunden, mit einer Rekord-Aktivitätszeit von 45 Stunden und einer längsten Ruhezeit von 33 Stunden.

1966 beginnt ein mit Elektroden und Sensoren vollgepflasterter Mann einen freiwilligen Klaustrationsversuch von sechs Monaten. Dieses lebende Laboratorium heißt Jean-Pierre Mairetet und ist eine ungewöhnliche Gestalt: Er macht einige Jahre später erneut Schlagzeilen, als er bei einer Schlauchbootpassage der Manavgatschluchten in der Türkei beinahe umgekommen wäre. In der Folgezeit begann er eine außergewöhnliche speläologische Bibliothek aufzubauen, bevor ihn beim Fallschirmspringen der Tod ereilte.

Die 1966 eingesetzte medizinische Apparatur, ergänzt durch eine ganze Reihe von psychologischen und körperlichen Tests, macht es möglich, sowohl den Herzrhythmus Mairetets wie die Entwicklung seiner Traumaktivitäten zu messen. Dabei kann einmal mehr festgestellt werden, daß sich sein 24-Stunden-Rhythmus nach einigen Tagen auf ungefähr 48 Stunden verlängert: mit einer aktiven Phase von durchschnittlich 34 Stunden und rund 14 Stunden Schlaf. Im Unterschied zu seinen Vorgängern liest Jean-Pierre wenig (fünf Bücher in sechs Monaten), sondern

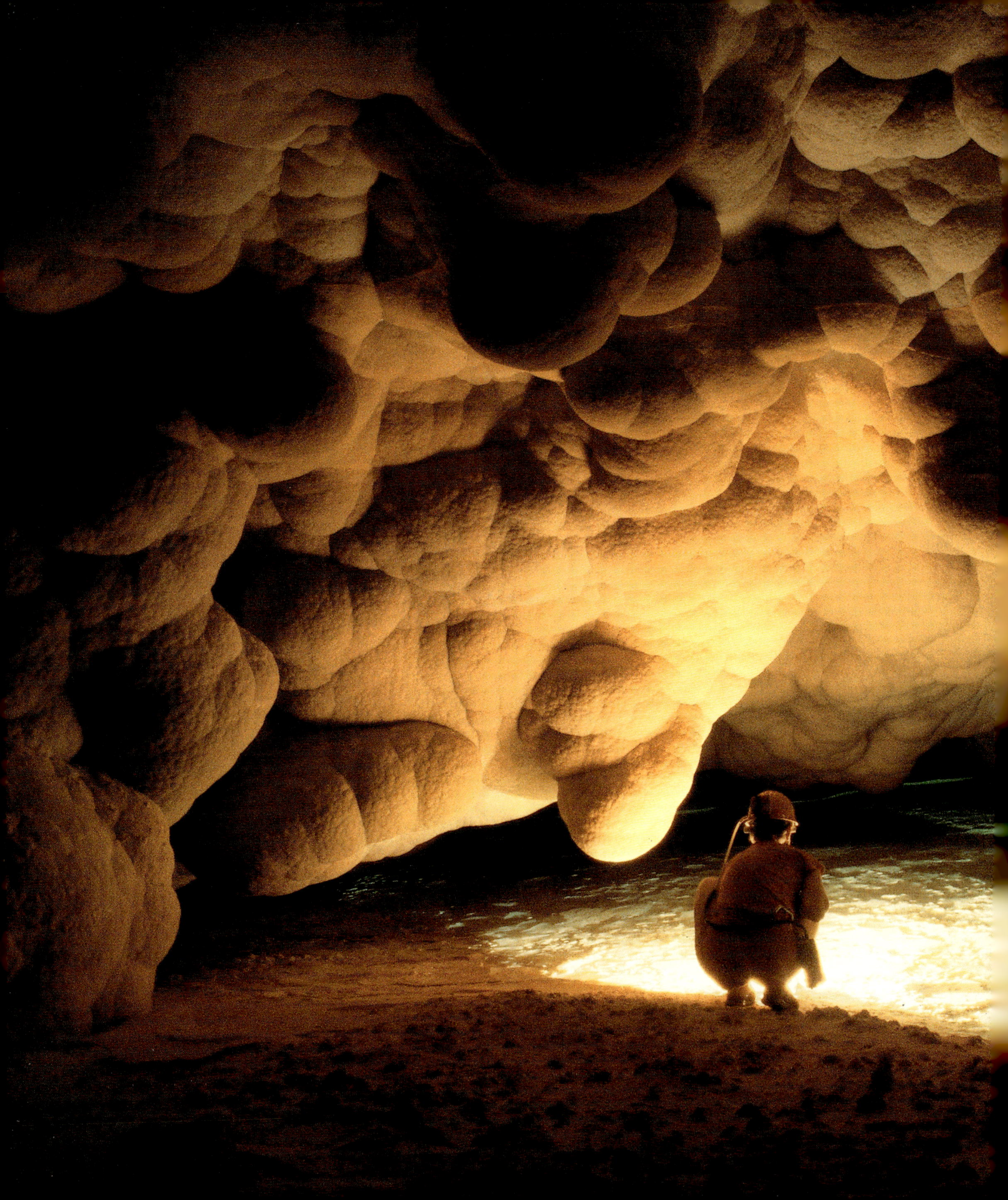

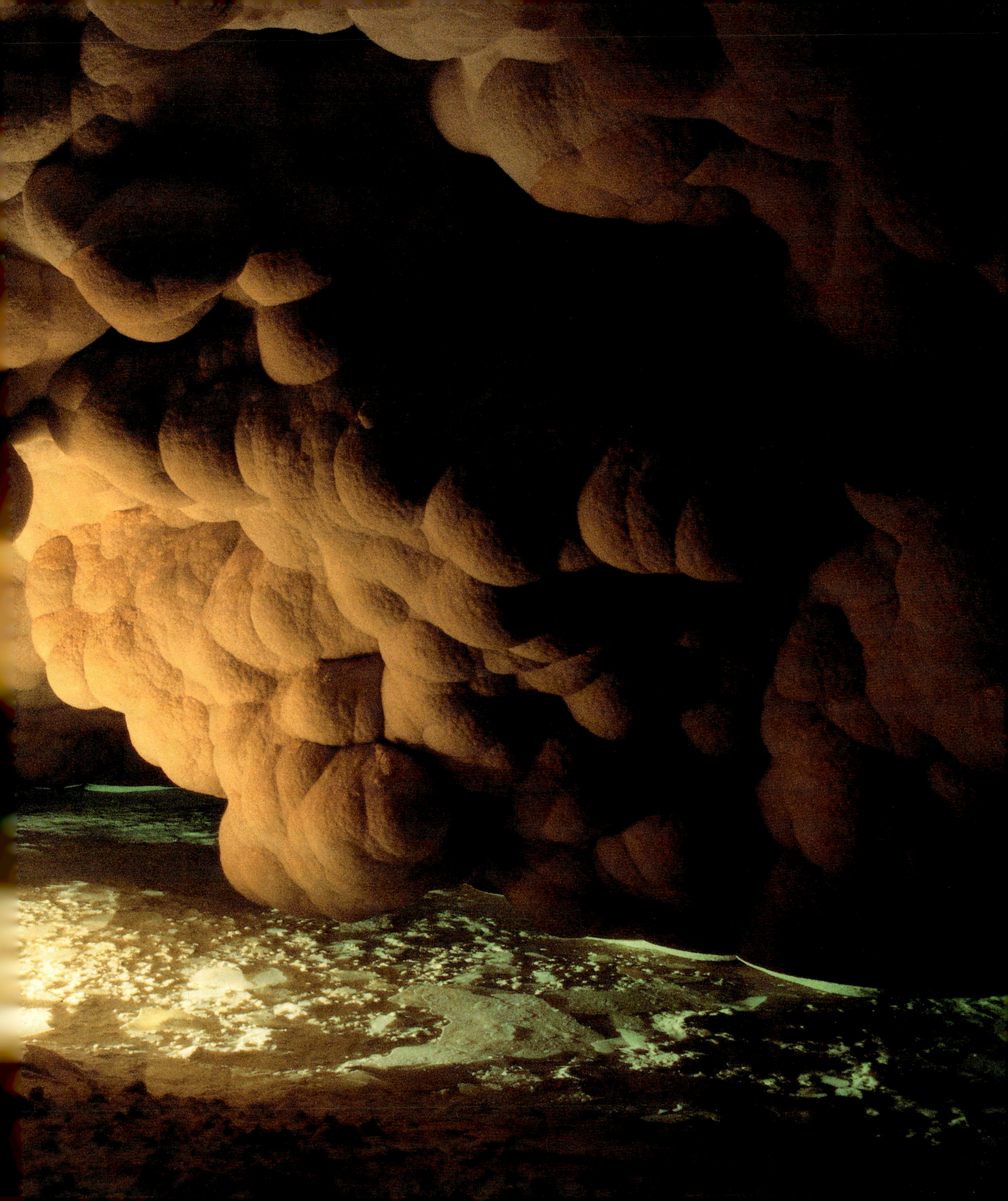

malt und bildhauert, wenn er sich nicht vorübergehend von seinen elektronischen Anhängseln befreit, die alle Handlungen registrieren, um allein in «seiner» Höhle herumzuklettern.

1968 führt Siffre einen Doppelversuch von je fünf Monaten Dauer mit Philippe Englender und Jacques Chabert durch. Nachdem Englender spontan in den 48-Stunden-Rhythmus verfallen ist, zwingt man ihn während zwei Monaten zu Aktivitätsphasen von 34 und Ruhephasen von 14 Stunden, ohne daß er die Bedeutung dieser Zahlen kennt. Nachdem dies abrupt abgebrochen wird, indem man zu bestimmten Zeiten eine starke Lampe über seinem Bett einschaltet, ändert sich nichts an diesem Rhythmus.

Er meint, es sei erst Anfang November, als man ihm am 4. Januar das Ende des Versuchs bekanntgibt! Jacques Chabert wiederum lebt fünf Monate lang unter einer ständig brennenden Lampe, ohne daß deswegen sein Schlaf beeinträchtigt wird: Während drei Monaten lebt er in einem 28-Stunden-Rhythmus, wechselt aber brüsk auf die bekannten 48 Stunden über, als er sich entschließt, seine Höhlenklause gründlicher zu erforschen.

Diese Versuche über das Zeitgefühl und weitere Experimente zeigen, daß das Leben ohne den von der Sonne beziehungsweise der Erdrotation vorgegebenen 24stündigen oder zirkadischen Rhythmus die meisten aktiven Individuen dazu bringt, auf einen doppelten zirkadischen Rhythmus von 48 Stunden zu wechseln. Die Männer mußten unter die Erde gehen, um Erkenntnisse zu gewinnen, die sowohl für Interkontinentalflüge, bei denen häufig Zeitgrenzen übersprungen werden, wie für künftige Erforscher des interplanetaren Raums wertvoll sind! Die langen Isolationszeiten waren übrigens für die Freiwilligen nicht immer folgenlos: Je nach Fall kam es zu praktisch unwiderruflichen Gehörschäden und Gedächtnisverlusten oder zu zahlreichen Depressionen nach dem Experiment... schwere Rückschläge und menschliche Verluste für die Organisatoren derartiger Unternehmen.

Außerhalb jeglichen Zeitgeschehens stehen auch die unzähligen Legenden, die sich um die Unterwelt ranken. Ihre Gestalten gehören nicht immer zur teuflischen Sorte, sondern sind häufig großzügige Wesen, die die draußen lebenden Menschen reich beschenken.

Märchen und sagen

Der griechische Pantheon ist reich an Unterweltsgottheiten, die im Dunkel leben, während die Götter des Olymps das Tageslicht bevorzugen. Doch diese allzu einfache Unterscheidung zwischen Gut und Böse, zwischen Licht und Schatten gäbe ein falsches Bild vom Reichtum und der Vielschichtigkeit der griechischen Mythologie, in der diese beiden Welten eng miteinander verknüpft sind. Nehmen wir zum Beispiel Herakles, das Modell des guten, starken Helden, den himmlischen Zorro. Man kann in ihm den unermüdlichen Arbeiter sehen, den starken, beherzten Mann, den Verteidiger des Rechts. Oder aber einen Apfeldieb (im Garten der Hesperiden), einen ungehobelten Knecht (im Stall des Augias) oder einen blutrünstigen Jäger (beim Nemäischen Löwen). Ist jedoch auch bekannt, daß ihn einige seiner zwölf Arbeiten zum ersten Speläologen gemacht haben?

Die Stymphalos-Ebene verwandelt sich in einen See, wenn das Wasser nicht schnell genug durch Schlucklöcher abfließen kann, die in Griechenland *katavothre* genannt werden. Dabei ertrinken die normalerweise in diesen Höhlen hausenden Kleintiere, aber auch Füchse in großer Zahl, und ihre Kadaver locken Scharen von aasfressenden Vögeln an. Diese soll Herakles verjagt haben, um die Stymphalos-Ebene wieder bewohnbar zu machen. Doch hätte er nicht gescheiter die verstopften Katavothren ausgeräumt, statt die Krähen zu erschießen? Jedenfalls wäre das die ökologisch dauerhaftere Problemlösung gewesen. Sein Ruf als Jäger hat vielleicht den ursprünglichen Bericht verfälscht, zumal er in Phonia die andere Lösung gewählt hat. Bogenschütze oder Kanalarbeiter: der Zwiespalt bleibt offen.

Die in der Stymphalos-Senke versickernden Wässer kommen am Südende der Ebene von Argos, im Lerna-Durchbruch, wieder zum Vorschein, und zwar in mehreren Ausflüssen entlang einer Verwerfung neben einer Karstquelle, die aus einem tiefen Schacht aufsteigt. Fragen Sie einen Einheimischen nach dem Ort, wird er sich an die Stirn tippen und «*kephalaria*» antworten. Damit will er keineswegs andeuten, Sie seien verrückt, sondern Ihnen zu verstehen geben, daß das «Köpfe» bedeutet. Alles wird klar: Die Lernäische Schlange, diese neunköpfige Hydra, die die Einheimischen terrorisierte und der für jeden abgeschlagenen

Melusine und die Cuves de Sassenage

Im Mittelalter pilgerten die Einwohner des Städtchens Sassenage jeweils am Dreikönigstag zur Grotte des Cuves hinauf, deren Name von zahlreichen Erosionskolken stammt. Die beiden ersten Becken, im Halbdunkel unter dem überhängenden Felsen gelegen, sind die tiefsten und das eigentliche Ziel dieser Prozession. Man streute einige Weizenkörner in das untere, einige getrocknete Weinbeeren ins obere Becken: als jährliches Opfer für die Fee Melusine, die unweit von hier unter der Erde lebt. Beim Vorbeigehen prüften die Bauern sorgfältig den Wasserstand in jedem der beiden Becken: Der erste galt als Maßstab für die Kornernte, der zweite für die Weinlese. Die Cuves de Sassenage in der Nähe von Grenobles gehören zu den Natursehenswürdigkeiten der Dauphiné (Frankreich). Doch man findet auch im Poitou, fünfhundert Kilometer nordwestlich, an den Fassaden mancher Schlösser Wappen mit dem Bild der Fee Melusine mit ihrem Schlangenunterleib. Wer ist diese trotz ihres beunruhigenden Äußern so wohltätige Gestalt, die offenbar in großem Umkreis tätig war?

Um das Jahr 1000 war Ritter Raimondin mit seinem Onkel zur Wildsauhatz ausgeritten. Beide stiegen vom Pferd, um einer verletzten Sau den Gnadenstoß zu geben. Doch das Tier verkaufte seine Haut teuer, und in dem Getümmel traf Raimondins Sauspieß den Onkel. Schmerzerfüllt über diesen ungewollten Totschlag irrt Raimondin durch den riesigen Wald und begegnet schließlich in einer Lichtung einer wunderschönen Frau, die ihr goldenes Haar kämmt und sich im Spiegel eines Teichs betrachtet. Dieses Treffen besiegelt das Schicksal des Mannes und der Fee.

Melusine, die Tochter der Fee Pressine, war von ihrer Mutter zu einem grausamen Schicksal verdammt worden: «Trotz deiner Zauberkräfte wirst du eine Frau sein wie jede andere, außer am Samstag, wo sich dein Unterleib bis zum Nabel in eine Schlange verwandelt. Wehe, wenn dich jemand so erblickt! Dein künftiger Gatte wird eine mächtige Familie gründen und dank deiner Stärke über ein großes Reich herrschen. Jeder Erbe dieses Geschlechts wird den Augenblick seines Todes kennen, denn du wirst drei Tage zuvor wehklagend auf dem Turm des Schlosses erscheinen. Geh nun, denn dieses soll dein Geschick sein!» Melusine nahm ihr Schicksal auf sich, indem sie die Höhle von Sassenage als Behausung auserkor, in deren Becken sie fernab indiskreter Blicke jeden Samstag das Bad nehmen konnte, nach dem ihre Kriechtierhälfte gelüstete. In der Nähe begegnete sie Raimondin, und aus ihrer Verbindung erwuchsen zehn Kinder von seltsamer Gestalt: das eine mit drei, das andere mit einem Auge, dieser mit Wolfszähnen, jener mit Hasenohren... Raimondin, inzwischen Graf von Lusignan, sieht seine Ländereien im Poitou jeden Tag wachsen, und seine Macht wird größer und größer dank der Zauberkraft seiner Gemahlin. Doch seine Neugier wird ihm zum Verhängnis. An einem Samstagabend bricht er das am Hochzeitstag gegebene Versprechen und betrachtet insgeheim die Schlangenfrau: Alsbald zerfällt sein Reich mitsamt den vielen Schlössern. Melusine verläßt das Poitou und zieht wieder in ihre Höhle, aus der sie nur hervorkommt, um den letzten Teil des Fluchs zu erfüllen: Von Burgruinen herab kündigt sie mit großem Wehgeschrei den bevorstehenden Tod jedes derer von Lusignan an...

Für Besucher erschlossene Höhlen machen es möglich, daß auch Nicht-Speläologen die Wunder der unterirdischen Welt zu Gesicht bekommen. Die meisten sind wegen ihres besonders schönen Schmucks oder anderer spektakulärer Sehenswürdigkeiten für den Tourismus hergerichtet worden, doch die Gegenwart allzu vieler Besucher, übertriebene Erschließung und effekthascherische Beleuchtungen zerstören den Zauber der zarten Schönheiten, die im Schein der Karbidlampe flüchtig aufblitzen. Das Geheimnis steckt manchmal im Klatschen eines fallenden Tropfens, der Molekül um Molekül eine märchenhafte Sinterform aufbaut... doch das spürt man nur allein oder in kleiner Gruppe, ohne Komfort und beengenden Rahmen.

Zwei Bilder aus der Schwarzmooskogel-Eishöhle bei Salzburg (Österreich).

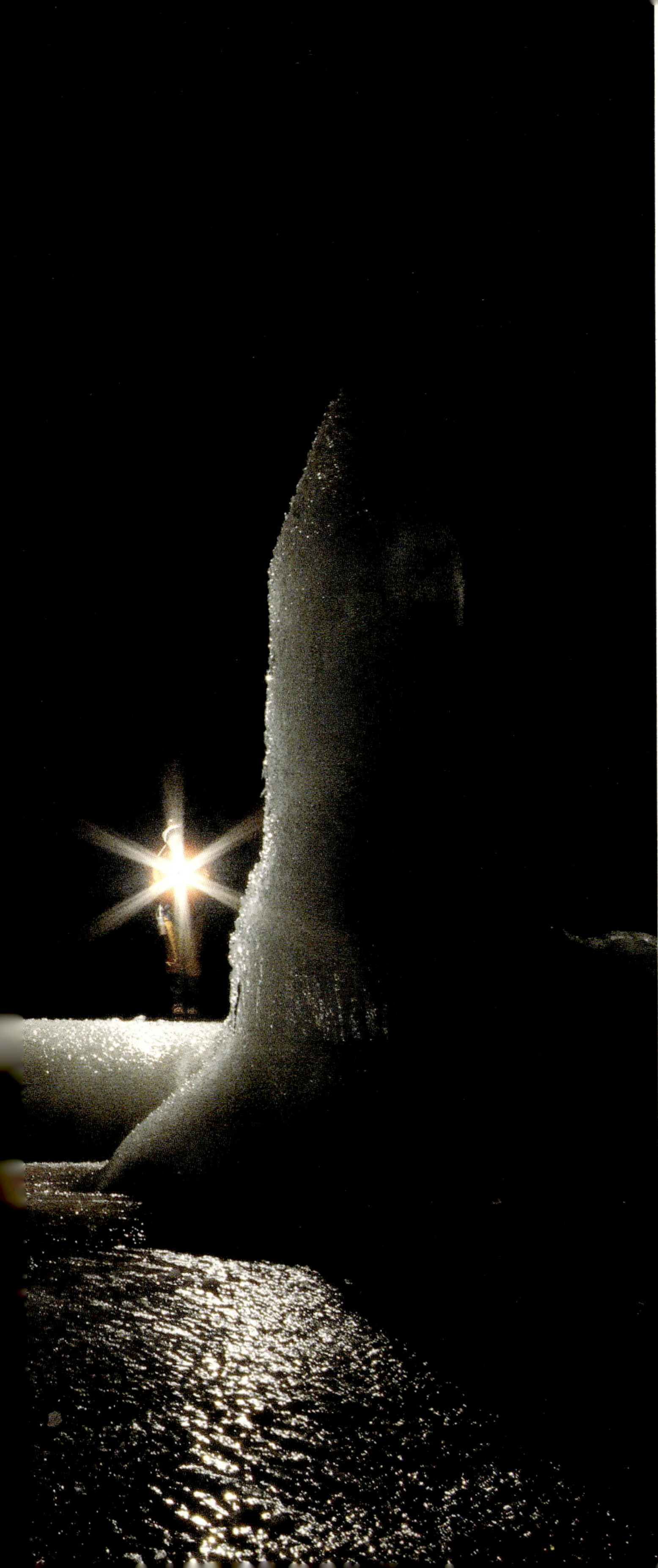
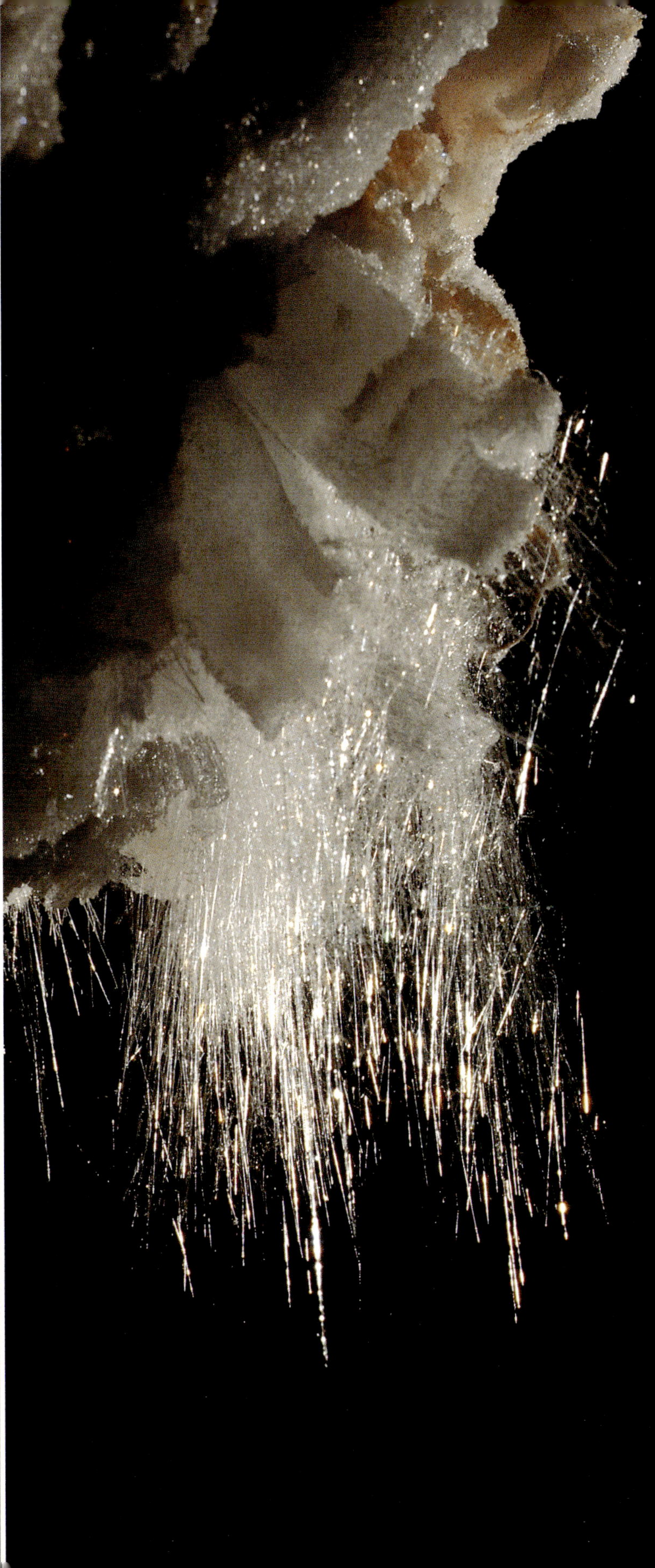

Kopf zwei neue nachwuchsen, ist ein Sinnbild für die unregelmäßig fließende und oft verheerende Fluten bringende Vauclusequelle oder für die Wasserschildkröten, die in diesem trüben und unergründlichen Wasser in großer Menge zu finden sind. Der Leib der Wasserschlange entspricht dem unterirdischen Kanal, die neun Köpfe den verschiedenen Ausflüssen entlang der geologischen Bruchzone oder eben den erwähnten harmlosen Reptilien, die aus diesem überfluteten Schacht geboren schienen. Nach der griechischen Heldensage überwältigte Herakles die Hydra, indem er die Kopfstümpfe ausbrannte. Wiederum weiß man nicht, ob nun der Hydrogeologe oder der Söldner mit Schwert und Feuer die Hauptarbeit geleistet hat!

Während die griechischen Göttersagen auffällige natürliche Geschehnisse in symbolhafter Manier umschreiben, neigte man in der keltischen Überlieferung – welche die Sagen und den Volksglauben in der späteren Schweiz, besonders im Jura, prägte – eher zur Mystifizierung als zur Allegorie. Die in der Nähe von Boncourt gelegene Grotte de Milandre war bis zu den jüngsten Forschungen des Spéléo Club du Jura ein Höhleneingang von eher bescheidenen Ausmaßen, aber umrankt von zauberhaften Geschichten. Die keltische Herkunft dieses Volksglaubens erklärt, wieso alle Legenden aus verschiedenen Juragegenden ziemlich ähnlich lauten. Die Fee Arie – Tante Arie für die Einheimischen – war eine gütige, von den Kindern verehrte Fee. Sie lebte in der Höhle der Roche de Faira, in der Nachbargemeinde Beurnevésin gelegen, badete aber gern in den Wasserbecken der Grotte de Milandre. Dabei legte sie jeweils das Diamantendiadem, dem sie ihre Zauberkraft verdankte, auf einen Stein. Sobald sie dies getan hatte, verwandelte sie sich in eine «Vouivre», halb Frau, halb Schlange, um notfalls ihren kostbaren Schatz besser verteidigen zu können. Nach der Sage soll ein Jüngling, der die Fee in ihrer schreckenerregenden Gestalt baden sah, sie umarmt haben, ohne sich um den Zauberdiamanten oder ihr Aussehen zu kümmern. Offensichtlich geschmeichelt durch soviel Zuneigung und um seinen Mut zu belohnen, bestrafte sie ihn keineswegs dafür, daß er die Regel übertreten hatte, die allen beim Tod verbot, sie in diesem Zustand zu sehen. Eine Cousine der jurassischen Fee ist Mélusine oder Mère Lusine in der französischen Provinz Dauphiné.

«...Falls man sich darin verirrte»

In Amsterdam und Paris erscheint 1575 die *Cosmographie universelle de tout le monde* von François de Belleforest, einem Edelmann aus der Gascogne. Darin steht (frei übersetzt): «Bei Miramont, einer kleinen Stadt im Périgord, ist eine Höhle oder Grotte zu sehen, welche die Einheimischen Cluzeau nennen und von der, wer sie betreten, viel Wunderbares zu berichten weiß... Sie sagen, daß es da mehrere Brunnen und Bäche gibt, darunter einen, der wohl hundertsechsundzwanzig Fuß breit ist, mit großer Geschwindigkeit fließt und so tief ist, daß niemand ihn zu durchschreiten wagt, obwohl dahinter noch eine große Ebene folgt.» Später empfiehlt der Autor, nur «in großer Zahl und mit vielen Fackeln, Kienspänen und Laternen hineinzugehen, da etwas Helligkeit nur beim Eingang herrscht», sowie Lebensmittel mitzuführen, «um sich ihrer zu bedienen, falls man sich darin verirrte».

Zwanzig Jahre später sehen die Bauern des Dörfchens Miremont in der Dordogne zwei Reiter kommen, die eigens aus Holland angereist sind, um den Cro du Cluzeau* zu besuchen. Vielleicht hatten sie die *Cosmographie* von Belleforest gelesen. Da die Höhle im Ruf stand, ein richtiggehendes Labyrinth aus gewundenen Gängen mit zahlreichen Verzweigungen zu sein, fragen die beiden Reisenden nach einem Führer. Ein Bauer aus Rouffignac ist bereit, sie bis zum Höhlenfluß zu führen, und kündigt ihnen einen achtstündigen unterirdischen Fußmarsch an. Andemtags rüsten sich die drei Höhlenforscher frühmorgens mit Fackeln, Kerzen und Lebensmitteln aus, bevor sie in den Cro einsteigen. Am Abend kommt der Führer allein zurück. Als man ihn fragt, was aus seinen beiden Kunden geworden sei, erwidert er, sie hätten am Höhlenfluß nicht umkehren wollen, sondern beschlossen, dessen Verlauf auf eigene Faust zu erkunden. Da sie kein Einsehen gehabt hätten, habe er sie ihrem tollkühnen Unterfangen überlassen und sei allein zurückgegangen. Die beiden Höhlenforscher, die der Lockung des Unbekannten und des Geheimnisses nicht widerstehen konnten, sollten ihren Wagemut teuer bezahlen.

Neun Tage später sehen die Bauern von Miremont ein nacktes, gestikulierendes Gespenst aus der Höhle heraustaumeln und ohnmächtig zusammenbrechen, wie erschlagen vom Tageslicht. Später kann der Holländer fetzenweise sein Abenteuer erzählen: Erst als sie keine Ersatzkerze mehr gehabt hätten, hätten sein Gefährte und er an die Umkehr gedacht. Und als dann die letzte Kerze heruntergebrannt sei, hätten sie nacheinander ihre Kleider verbrannt, um wenigstens ein wenig sehen zu können. Schließlich hätten sie sich in vollkommener Dunkelheit vorangetastet. Angst, Kälte und Hunger hätten seinen Freund besiegt, er sei in dem Labyrinth «vor lauter Wut» gestorben. Zwei Tage später sollte auch der Überlebende seiner körperlichen und seelischen Erschöpfung erliegen.

Der moderne Höhlenforscher verfügt über weit bessere Beleuchtungsmittel, und er kann bei einem Zwischenfall hoffen, daß ihn der Höhlenrettungsdienst birgt, sofern jemand über sein Unterfangen Bescheid weiß. Dennoch ist die Situation, wenn man den Rückweg nicht mehr findet, äußerst schwer zu meistern: wenn sich die Müdigkeit bemerkbar macht, wenn man weiß, daß das Licht bald einmal zur Neige geht, wenn sich alles gegen einen zu verschwören scheint. Dann verliert man leicht die Beherrschung, und das Gefühl, im Kreis herumzugehen, kann auch den Stärksten die Nerven kosten.

Angst kontra Vernunft

Vor einem Dutzend Jahren war ich mit meinen beiden Kindern in der Grotte de la Grande-Rolaz, die sich zwischen dem Col de Marchairuz und dem Jouxtal befindet. Barbara war ungefähr zehn-, Alban siebenjährig. Die Grande-Rolaz gehört zu den klassischen «Anfänger-Höhlen». Durch einen sieben bis acht Meter tiefen Schacht erreicht man ein mehr oder weniger ebenes Gangsystem, das gefahrlos zu begehen ist und wo man sich kaum verlieren oder verletzen kann. Kurz, der ideale Ort für das Vorhaben dieses Tages: meinen Kindern, die bereits zweimal mit dabei gewesen waren, meine Höhlenbegeisterung weiterzugeben. Überzeugt, daß man die Begabung eines künftigen Speläologen am besten an der Passage einer Engstelle erkennt, drängte ich Alban, eine enge Abzweigung zu erkunden, die ich kannte, weil ich bereits einmal soweit vorgestoßen war und

Die Erforschung der Grotte de Dargilan (Lozère, Frankreich) zu Ende des 19. Jahrhunderts (Zeichnung von Vuillier).

wußte, daß nur noch einer vom Wuchs meines Söhnchens weitergekommen wäre. Er kriecht also voraus, ich hinterher, um ihn anzufeuern: Dank seiner Kleinheit würde er weiter vorankommen als alle Vorgänger und ein echter Entdecker sein! Doch er kehrt nach kurzer Zeit rückwärts robbend zurück: Es gehe nicht. Ich bin überzeugt, selber noch ein Dutzend Meter weiter gewesen zu sein: «Versuch's nochmal! Du hast nicht genügend probiert». Die Antwort ist ein Nein, und seine Schuhsohlen, die meiner Nase bedrohlich nahe sind, geben mir klar zu verstehen, daß nichts zu machen ist. Enttäuscht, daß der Entdeckervirus offenbar nicht so leicht zu übertragen ist, bin ich drauf und dran, ihn einen Angsthasen zu schimpfen, als mich die Erinnerung wie eine Ohrfeige trifft.

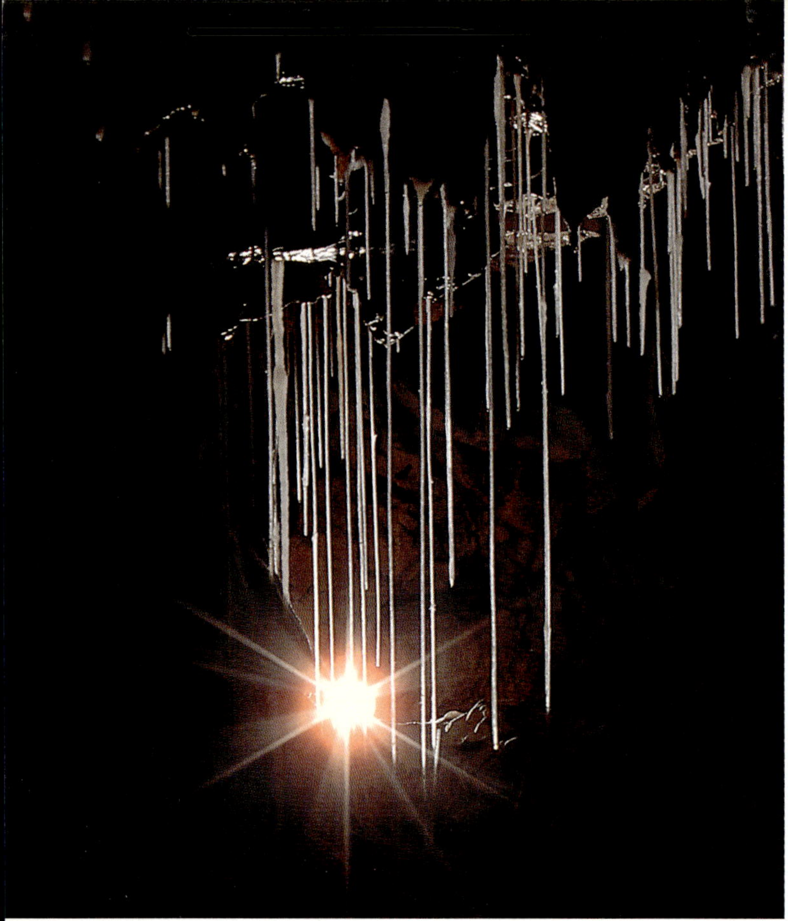
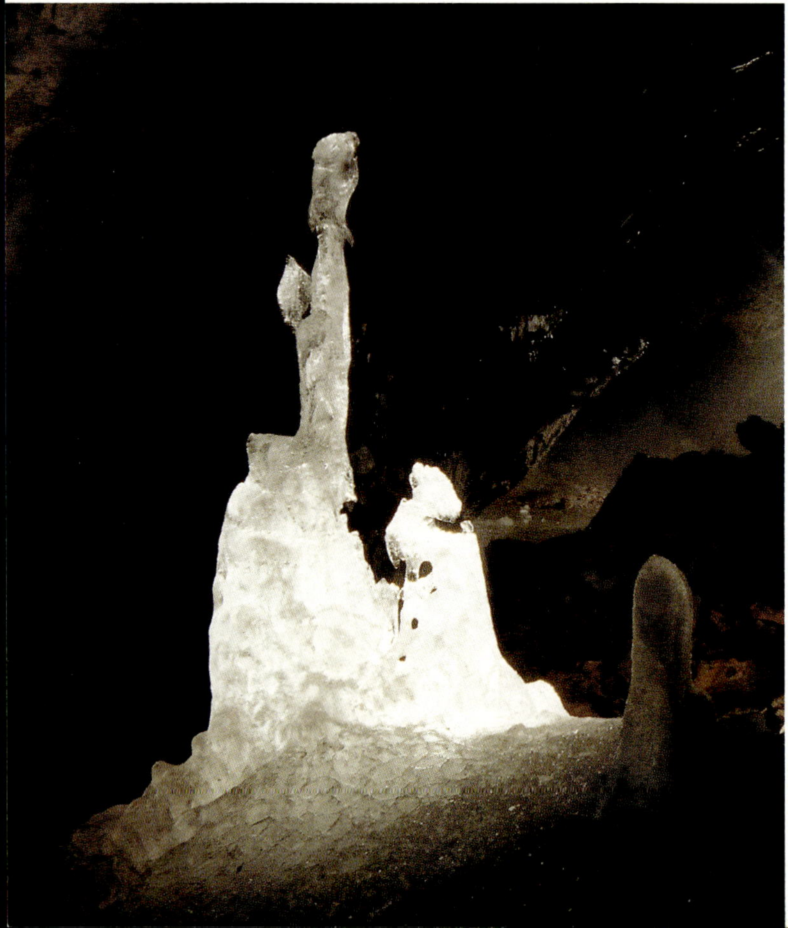
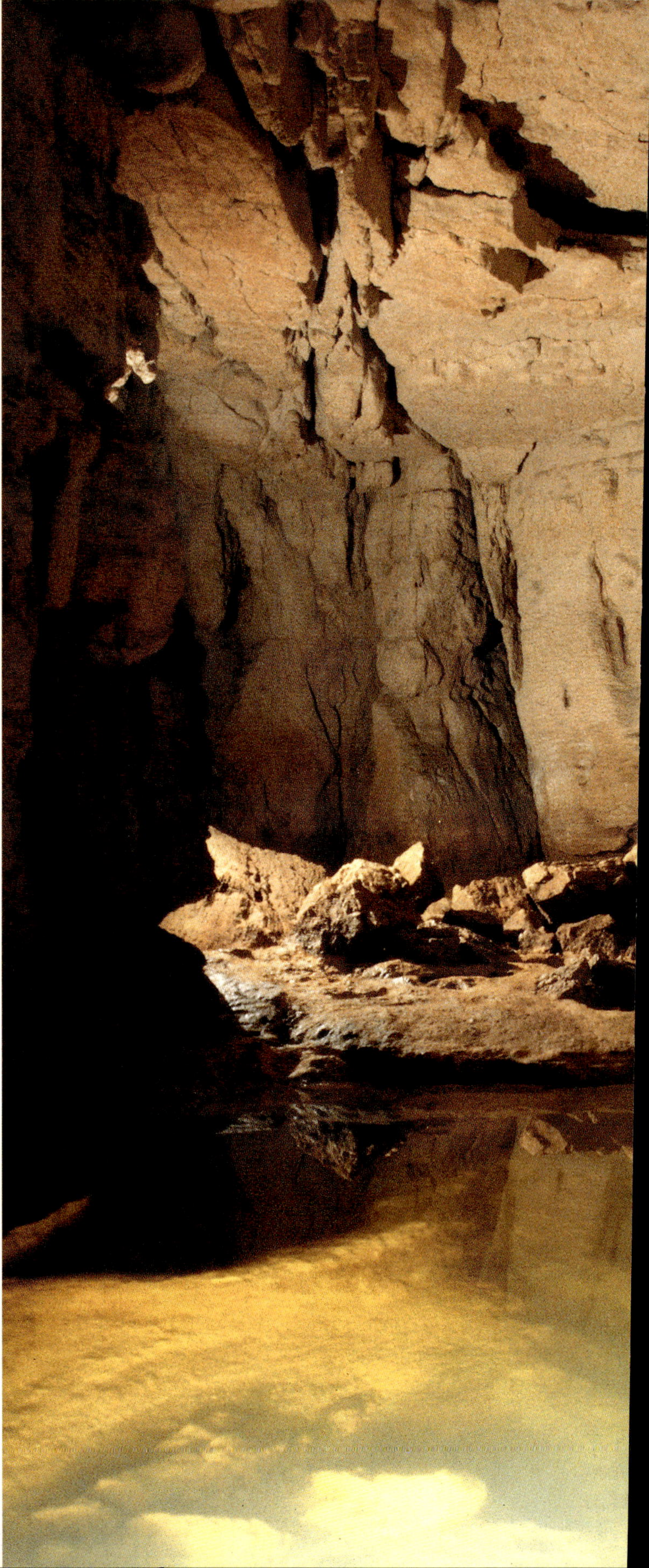

Fotografieren in der Höhle ist Teamarbeit, bei der nichts dem Zufall überlassen bleibt. Die Ausrüstung muß mit Vorsicht transportiert und vor Schlamm, Wasser und Stößen geschützt werden. Angesichts der Dunkelheit und Nässe ist man nie sicher, daß die Aufnahmen gelungen sind. Die Beleuchtung ist selbstverständlich vollständig künstlich. Fotografiert wird mit dem Stativ, und die Magnesium- oder elektronischen Blitzgeräte werden von Helfern bedient. Der Höhlenfotograf muß also Kollegen finden, die genügend motiviert sind, um während Stunden in der Kälte und im Luftzug oder gar unter einem Wasserfall auszuharren.

Links oben: Diese Gruppe feinster Makkaronistalaktiten wurde mit einem Blitzgerät beleuchtet, das der Kamera gegenüber plaziert war.

Links unten: Für diese Aufnahme waren zwei Blitze notwendig; einer war hinter der Eissäule installiert, der andere sorgte für Tiefe, indem er den Hintergrund leicht erhellte.

Großes Bild: Bei diesem Foto wurde eine starke Lichtquelle (sechs simultan gezündete Magnesiumblitze) im Ganghintergrund plaziert. Ein weiterer Blitz erhellt den Vordergrund aus dem Wasser heraus.

Es war 1964: Ich war achtzehn und kannte Höhlen erst seit etwa zwei Jahren von innen. Eine späte, aber für mein weiteres Leben bestimmende Entdeckung: Es vergeht praktisch kein Sonntag, ohne daß ich mit meinen Lyoner Kameraden vom Clan Spéléo du Troglodyte unter Tage bin. Jean-Marc und ich bilden ein ideales Gespann. Trotz des Altersunterschieds von zwei Jahren teilen wir dieselbe Begeisterung für die Speläologie. Wir sind genauso starrköpfig und von der Erde angezogen, wie man das im allgemeinen den im Sternzeichen des Widder Geborenen nachsagt... bei beiden von uns der Fall!

Wir sind zum zweiten Mal in der Grotte du Guiers Mort in der Dent de Crolles*. Das letztemal hatten uns die grünen Wasser des Siphons aufgehalten, ohne daß wir die Fortsetzung gefunden hätten. Der winterliche Anmarsch zur Höhle – drei Stunden durch hüfthohen Schnee stapfend – hatte unseren Elan bereits ernsthaft beeinträchtigt. Doch diesmal wissen wir, daß wir nach dem großen Dom die rechte Wand hinaufklettern müssen. Die Kletterei bereitet uns keine Mühe, auch wenn die Griffe nicht besonders solide erscheinen. Vor uns öffnet sich ein Gang, und wir gehen beide voran, um die Fortsetzung zu finden. Bei einer Gabelung versucht jeder sein Glück, Jean-Marc geradeaus, ich links. Eine Viertelstunde später treffen wir uns am selben Ort wieder. Mein Freund ist auf eine Sackgasse gestoßen, und ich behaupte dasselbe. Doch ich habe in der Zwischenzeit ein merkwürdiges Erlebnis gehabt.

Ich gehe im linken Gang voran, überzeugt, meine gute Nase habe mich den richtigen Weg wählen lassen, als ich plötzlich mehrere Meter vor mir einen dunklen Körper zusammengekrümmt in der Gangmitte liegen sehe. Mein Verstand sagt mir, weiterzugehen, doch meine Beine weigern sich. Wenn da jemand verletzt ist, muß man ihm helfen. Doch dieser «Jemand» da liegt zu still, um nur verletzt zu sein, und ich fühle mich unfähig, einem Toten zu begegnen. Ich stehe wie angewurzelt, endlose Minuten lang, starre und starre und habe mehr und mehr den Eindruck, daß der «Kadaver» nur der Schatten eines Felsens ist, eine Einbildung, die sich als grundlos erweisen wird, wenn ich drei Schritte weitergehe. Aber diese Schritte schaffe ich nicht und werde sie nie schaffen! Der Rückzug ist beschämend, und die erfolglose Suche Jean-Marcs liefert mir die willkommene Ausrede. Auch ich bin in eine Sackgasse geraten. Ich bin seither nie mehr in der Guiers-Mort-Höhle gewesen. Alban hingegen ist heute ganz versessen auf Schlüfe, und nichts freut ihn mehr, als wenn wir einen neuen Durchgang, ein neues Gangsystem entdecken!

Der Alptraum des Höhlenforschers

Mein Schlaf ist unruhig, und ich kämpfe mit einem Traum, um ihn loszuwerden: keine einfache Sache! Unmöglich, mich zurechtzufinden: Ich sehe nichts, bin blind oder im Dunkeln, weiß weder, wo ich bin, noch was mir widerfährt. Der Eindruck, gefesselt zu sein, verstärkt mein wütendes Strampeln. Die Rechte gleitet der Hüfte entlang, stößt auf eine dünne Schnur, die sich um mein Bein gewickelt hat und jede Bewegung verunmöglicht. Die Knoten sind nicht zu lösen, ich muß diese verdammte Schnur irgendwie zerreißen. Ich zerre mit aller Kraft daran, schneide mir damit aber nur ins eigene Fleisch... oder meine es zumindest, weil ich noch immer nichts sehen kann. Wie durch ein Wunder spüre ich plötzlich ein Messer in seiner Scheide an der Wade. Ohne lange zu überlegen, wie es dahin gekommen ist, zertrenne ich damit meine Fesseln, wie sich ein Indio im Amazonas mit der Machete den Weg durch den Dschungel freischlägt. Doch dem befreienden Gefühl folgt sofort panische Angst! Diese Fessel war mein einziger Halt im Raum gewesen. Ich habe jedes Gefühl für oben und unten, für vorn und hinten verloren. Sei's drum: Ich muß da raus. Vorwärts, auch wenn ich nicht weiß, wo vorn ist. Meine Beine schlagen wild aus, ich habe das Gefühl, voranzukommen, doch plötzlich ist's, als würde das eine seinen Dienst versagen, und ich drehe mich derart um die eigne Achse, daß mir schwindlig wird. Und noch immer diese unnatürliche Dunkelheit, die mich am Sehen hindert. Trotzdem habe ich das Gefühl, daß sich das Dunkel um mich ein wenig aufhellt und einem trüben Nebel weicht. Doch der sagt mir auch nicht mehr über meinen Zustand. Je mehr ich strample, um davonzukommen, desto heftiger geht mein Atem. Ich keuche, habe das Gefühl, vor allzuviel Sauerstoff ersticken zu müssen. Wenn ich nur erwachen könnte, um diesem Alptraum zu entkommen! Bei dem Kampf gegen das

Unsichtbare stoße ich an eine Wand: endlich etwas Greifbares. Unvermittelt gelange ich von der Leere in einen Panzer: Ich bin von allen Seiten von Wänden umgeben, die auf mich zukommen, als glitte ich in einen immer enger werdenden Trichter. Auch der Eindruck des Erstickens ist ins Gegenteil umgeschlagen: Vorher hatte ich zuviel, jetzt zuwenig Luft. Die Schläfen pochen, das Blut hämmert in den Ohren, daß die Trommelfelle schmerzen. Ich muß da raus, sofort, um jeden Preis, solange noch Zeit ist! Die engen Wände sind rauh, als versuchte ich durch eine felsige Röhre zu kriechen, für die ich zu dick bin. Im Rücken drückt etwas Metallisches, die Achseln sind von den Riemen des allzu schweren Rucksacks wund... noch ein Ruck und ich komme außer Atem und erschöpft in etwas Weites, Leuchtendes, ganz in Blau getaucht. Mein Alptraum führt mich in eine Höhle, die mir vertraut und gastfreundlich, aber nicht weniger irreal erscheint. Ich gehe in der Mitte des Ganges, berühre weder Gang noch Wände, bin wie schwerelos. Der blaue Traum schwächt mein Bedürfnis wachzuwerden, ich möchte lieber schlafen, wie benommen vor Kälte. Gegenüber ist ein strahlendes Licht, das auf mich zurast: Eine Hand packt mich an der Schulter und zwängt mir etwas zwischen die Zähne. Eine Blasenwolke zerplatzt mit ohrenbetäubendem Lärm in der Stille. Man schleppt mich davon, ohne daß ich mich wehren könnte. Über mir nähert sich ein silberner Spiegel, ich tauche hindurch, wie Alice im Wunderland. Man reißt mir eine Maske vom Gesicht, und ich erkenne Jean-Jacques: Das liebe, vertraute Gesicht mit den sonst so fröhlichen Augen ist vor Besorgnis ganz verzerrt.

Plötzlich wird mir alles klar! Ich bin lebend aus einem Alptraum herausgekommen, der gar keiner war, sondern ein banaler Zwischenfall beim Tauchen: lauter Kleinigkeiten, die an sich unbedeutend sind, aber zusammen zur Katastrophe führen können.

Als ich mir allmählich zusammenreime, was geschehen ist, hat mich die Wirklichkeit wieder, und ich vermag die warme Abendsonne doppelt zu schätzen. Ich bin zusammen mit Jean-Jacques zu einer Höhlen-Tauchtour aufgebrochen, und der Hinweg war für beide völlig problemlos: Unter Wasser und unter der Erde sorgt jeder für seine eigene Sicherheit, möglichst ohne sich auf andere zu verlassen. Jean-Jacques ist als erster wieder aufgestiegen, und ich bin ihm in einiger Entfernung gefolgt, sorgfältig den Ariadnefaden haltend, den wir ausgerollt hatten, um wieder zurückzufinden. Eine notwendige Vorsichtsmaßnahme, denn der Schlamm, den man beim Schwimmen mit den Flossen von den Wänden fegt und aufwirbelt, trübt das Wasser, so daß es längere Zeit völlig undurchsichtig ist. Ein kurzer Augenblick der Betäubung, durch die Tiefe und mein ungenügendes Training ausgelöst, genügte, daß alles unwirklich wurde, daß ich nicht mehr vernünftig überlegen und meine Probleme folgerichtig lösen konnte: Der lose durchhängende Ariadnefaden wickelte sich um mein Bein und fesselte mich, bevor er mir die schlecht sitzende Flosse abriß, so daß ich ins Trudeln geriet wie ein Flugzeug, das nur noch einen Flügel hat. Die Engstelle, durch die man vom schlammigen Gang in die Halle mit dem klaren Wasser gelangte, hatte ich völlig vergessen. Genauso wie ich vergessen hatte, regelmäßig das Atemgerät zu wechseln, um abwechselnd aus einer der beiden Sauerstoffflaschen auf dem Rücken zu atmen. Angst und Kälte trugen das Ihre zum keuchenden Atemgang bei, der zum Ersticken geführt hätte, wenn mein Freund nicht so entschlossen eingegriffen hätte. Dabei hatte ich noch Glück gehabt, daß ich nach dem Zertrennen des Ariadnefadens nicht in die falsche Richtung schwamm...

«Machst du das wirklich zum Vergnügen?», werde ich gelegentlich gefragt!

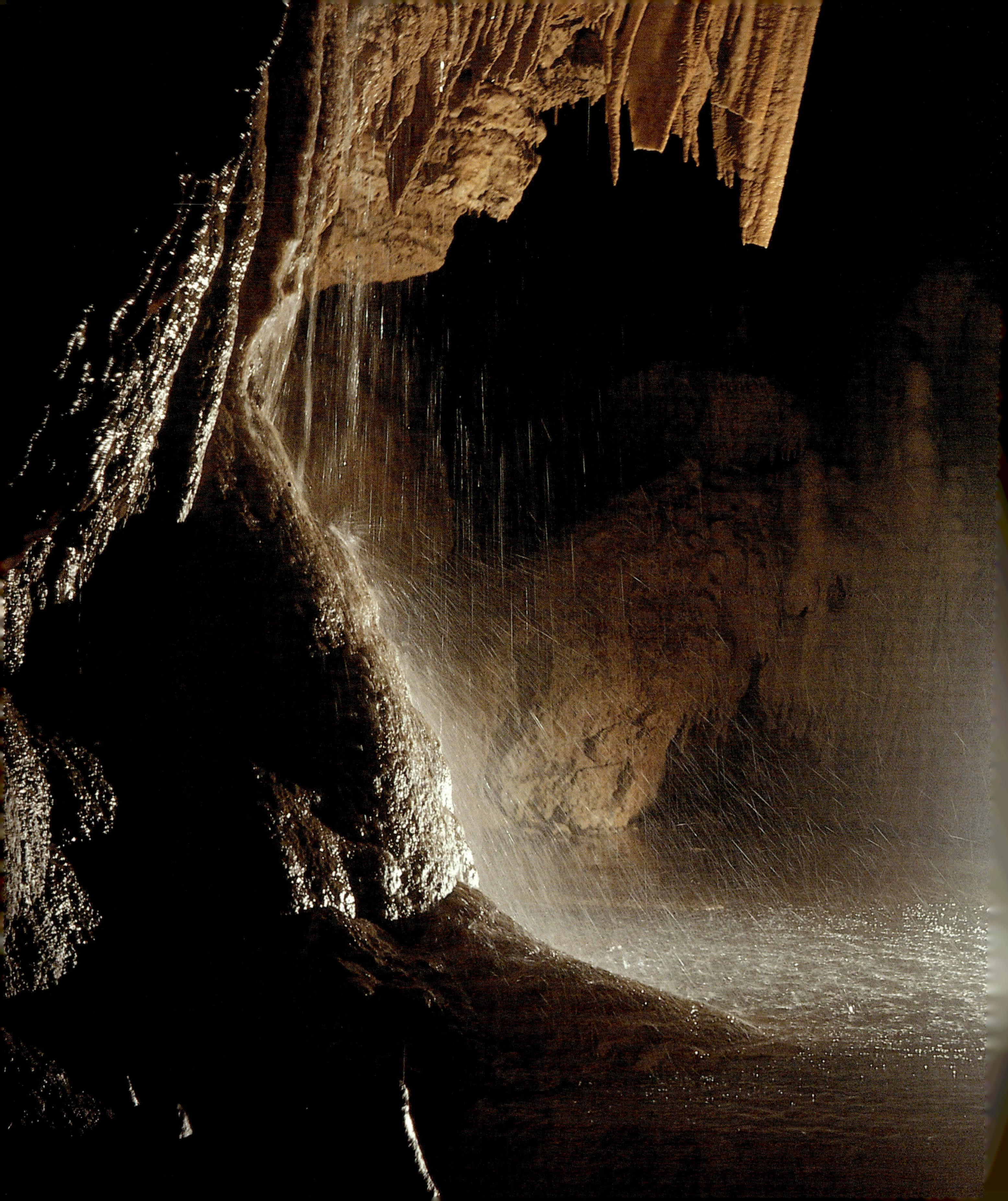

Wasser läßt die Höhle lebendig werden, und der Mensch belebt sie. Während Tausende an der Sommersonne Ferien machen, flüchten sich einige wenige in die Kühle einer Höhle... auf der Suche nach etwas Absolutem, das sie nur schwer erklären können.

Nach dem Ausstieg aus der Höhle den Duft feuchten Grases zu riechen ist ein unvergeßliches und immer wieder neues Erlebnis. Manche behaupten deshalb, sie gingen unter Tage, weil sie die Sonne so gerne hätten. Andere suchen eine dynamischere Beziehung zur Erde, die sich unter dem unablässigen Ansturm der tobenden Wasser ständig verändert. Doch vielleicht ist der Mensch für die Höhle die Sonne... wenn er sie mit Achtung zu bewundern weiß.

Grotte de Gournier im Vercors (Frankreich): Salle des Fontaines.

Von den ersten zögernden Schritten unserer mit Kienspänen oder Talglichtern bewaffneten Vorfahren in der Altsteinzeit bis zu den Touristenmassen, die durch hell, aber nicht immer geschmackvoll ausgeleuchtete, mit Aufzügen ausgestattete Höhlen geschleust werden, war der Weg lang. Während die Beweggründe des vorgeschichtlichen Menschen nicht eindeutig zu bestimmen sind, darf man mit Fug und Recht behaupten, daß der Besucher von touristisch erschlossenen Grotten weder Eroberer noch Forscher ist. Hier beschäftigt uns jedoch die Speläologie als Entdeckertätigkeit, die zur Erforschung und zum besseren Verständnis zumindest eines Teils dieser unterirdischen Welt beitragen soll. Dieser Form der Höhlenforschung verdanken wir auch die Erschließung einiger besonders spektakulärer Grotten und die Entdeckung der unterirdischen Zeugnisse unserer Vorfahren. Wir können hier nicht die ganze Geschichte der Höhlenforschung aufrollen, wollen jedoch anhand einiger Beispiele aufzeigen, was all diesen Entdeckungen gemeinsam ist. Denn drei Faktoren sind ja immer dabei: die Höhle, der Forscher und die Technik. Die Höhle als Objekt, der Mensch als handelndes Subjekt, die Technik als Brückenschlag. Die Ausrüstung wurde speziell für die Verhältnisse in der Höhle entwickelt und immer wieder verbessert. Verhältnisse, die nach menschlichen Maßstäben praktisch unveränderlich erscheinen. Wir werden deshalb einige Höhlenforscher und technische Entdeckungen herausgreifen, welche die Höhlenforschung geprägt, ja revolutioniert haben. Motor dieser Erforschungen war und ist der menschliche Wille, weiter, tiefer vorzustoßen und sich mit keinen Grenzen abzufinden.

Die Höhlenforschung war nicht immer eine Freizeitbetätigung. Sie hatte zuerst einen Nutzzweck, als beherzte, schlecht ausgerüstete Männer in die Tiefe der Erde vordrangen, um Wasser zu finden. Im 19. Jahrhundert tauschen Wissenschaftler verschiedenenorts in Europa den Gelehrtenrock und Lackschuhe gegen derbes Leinentuch und Bergschuhe, um einige große hydrologische Rätsel anzugehen. Zwanzig Kilometer östlich von Triest verschwindet der Wildbach Reka in einer Kalksteinschlucht des Karsts. Die Bewohner des Nachbardorfs Skocjan können seine tobenden Fluten am Grund des 160 m abfallenden Felstrichters der Velika Dolina sehen, bevor sie verschwinden. 1840 wollen Friedrich Lindner, Ingenieur der Triester Wasserwerke, und Ivan Svetina den unterirdischen Verlauf der Reka erforschen, um sie für die Wasserversorgung Triests nutzbar zu machen. Ihre Expeditionen in die Padriciano-Höhle führen sie in 270 m Tiefe, Wasser finden sie jedoch nicht. Ein Versuch Svetinas in der Velika Dolina scheitert an der starken Strömung. Dabei «riecht» Lindner den unterirdischen Fluß, der da unter ihren Füßen strömt, ja er behauptet sogar, die Reka komme in Timavo wieder zum Vorschein, einer absolut unbegehbaren Quelle an der Küste, 20 km nordwestlich von Triest. Dann wird die Trebiciano-Höhle entdeckt, und elf Monate später begegnet Lindner hier «seinem» Fluß wieder: in 327 m Tiefe! Es waren elf Monate unablässigen Einsatzes, war doch die Erforschung einer Schachthöhle in jener Zeit nur mittels zeitraubender Erschließung möglich. Mit Pickel und Schaufel bahnte man sich einen Weg durch schwierige Passagen, baute Treppen und Stege aus Holz, um Schächte zu überwinden, da die Leiter des Brunnenmeisters nur für kurze Erkundungen ausreiche. Doch es erweist sich als unmöglich, das Wasser am Grund der Trebiciano-Höhle zu fassen. Lindner gibt auf.

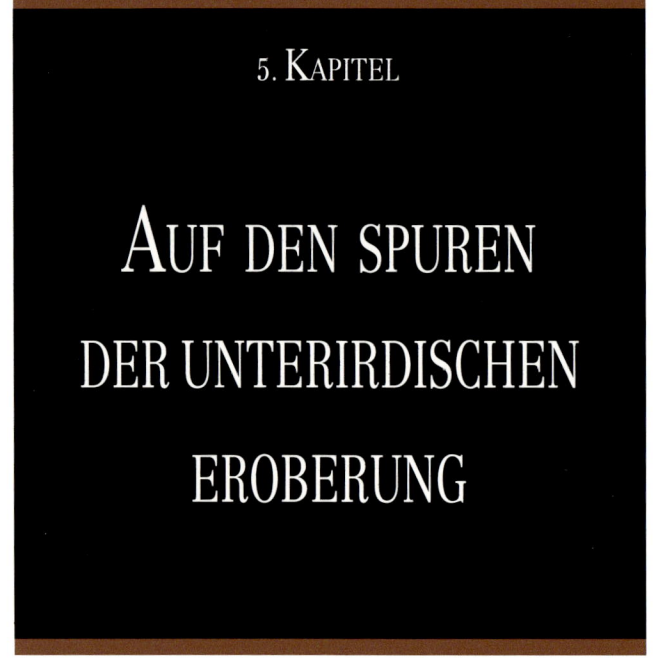

5. KAPITEL

AUF DEN SPUREN DER UNTERIRDISCHEN EROBERUNG

Sein Nachfolger beim Wasserwerk, De Rin, beginnt in einem Vorort von Triest mit der Erforschung des Monte-Spaccato-Schachts. Er ist zwar für eine Wasserfassung günstiger gelegen, gleicht jedoch eher einer unpassierbar engen Spalte als einem weiten Abgrund: Während fünf Jahren erschließen Arbeiter mit Hammer und Meißel den engen Schacht, bis hinab zur letzten Engstelle. Hier entschließt sich De Rin zum Einsatz von Sprengpulver. Doch drei Arbeiter, die hinabsteigen, um das Ergebnis der Sprengung in Augenschein zu nehmen, kehren nicht mehr zurück. Ebensowenig wie der Sohn eines der Verunglückten, der sie eine Woche später sucht. Der Todesschacht wird für dreißig Jahre zugemauert. Später wird man feststellen, daß die vier Arbeiter an den Explosionsgasen erstickten... und daß die Kluft nicht zur Reka führt.

1884: Das Duo Hanke-Marinitsch und eine erfahrene Bergsteigermannschaft des Triester Alpenklubs wagen sich in die Skocjanske jama* vor, ausgerüstet mit einer starren Leiter, dank der sie sowohl hohe Steilwände überwinden wie Canyons trockenen Fußes überqueren können. Die Strapazen sind hart, und Joseph Marinitsch, ein wahres Muskelpaket, wäre um ein Haar ertrunken. Innerhalb von neun Jahren entdeckt das Österreicher Team mehr als zwei Kilometer neuer Gangsysteme und passiert fünfundzwanzig Wasserfälle: Weiter ist man hier bis heute nicht gekommen.

Letzte Chance: die von Anton Hanke entdeckte Kacna jama, in der dieser zum erstenmal systematisch Seil, Strickleiter und Winde einsetzt, um senkrechte Partien zu überwinden. Als erstes Opfer der neuen Techniken stirbt Hanke nach einem Aufstieg von 250 m an Erschöpfung. Deshalb kehrt man für eine gewisse Zeit wieder zu den guten alten Holzleitern zurück, und erst ein extremes Hochwasser der Reka zeigt, daß die Kacna jama ein weiteres Fenster zum unterirdischen Verlauf dieses Flusses darstellt.

Der unwiderlegliche Beweis, daß Lindners ursprüngliche Hypothese zutraf, wurde dann zwischen 1907 und 1925 durch verschiedene Wasserfärbungen erbracht. Die Reka hatte damit zwar nichts zur Wasserversorgung Triests beigetragen, dafür die österreichischen und italienischen Speläologen über sechzig Jahre lang auf Trab gehalten.

Vereinigung in der Mammoth Cave

Vereinigung zweier Höhlensysteme: in der Speläologenwelt ein geradezu magisches Wort. Der Erfolg ist erst vollständig, wenn ein Gebirgsstock von einem Ende zum andern durchquert ist – ob von oben nach unten, indem man einem Fluß vom Schluckloch bis zum Wiederaustritt folgt, oder indem bereits erkundete Gangsysteme durch eine neue Passage miteinander verbunden werden können. Für die erste Variante hatte Edouard-Alfred Martel 1888 unter der Causse de Camprieu im südfranzösischen Departement Gard ein erstes Beispiel gegeben. Zusammen mit seinem Helfer Armand und zwei andern treuen Freunden – fünf weitere Begleiter hatten unterwegs aufgegeben – war es dem Vater der französischen Speläologie geglückt, nach zehn Stunden im Cirque de Bramabiau wieder das Tageslicht zu erreichen, nachdem er 90 m höher und 440 m entfernt dem Lauf des Flüßchens Bonheur folgend in die Tiefe vorgedrungen war. Als zweite Verknüpfungsart zweier Höhlen, die Auffindung einer Verbindungsstrecke im Labyrinth, mag die amerikanische Mammoth Cave* – sie verdankt diesen Namen ihren gigantischen Ausmaßen, nicht etwa Funden des ausgestorbenen Rüsseltiers – als Beispiel dienen, deren abenteuerliche Erschließung sowohl ihren Dimensionen wie jenen der Neuen Welt durchaus angemessen ist.

1914 veröffentlicht Edouard-Alfred Martel zum hundertsten Jahrestag der ersten Publikation über die berühmte amerikanische Grotte ein dickes zweibändiges Werk über das Höhlensystem und schätzt seine Länge auf rund hundert Kilometer. Diese Zahl ist nicht zu beweisen, da sich die Eigentümer der Höhle jeder exakten Vermessung widersetzen. Sie befürchten nämlich, daß dabei ein neuer Zugang gefunden werden könnte und sie ihre Einnahmen aus dem Besucherstrom teilen müßten: Bereits machen ja die Salt Cave und die Colossal Cave unserem Mammut den Rang als Touristenattraktion streitig. Der Streit wird beigelegt, und nach dem Ersten Weltkrieg kann die ernsthafte Erforschung wieder aufgenommen werden – inzwischen hat der Bundesstaat Kentucky das ganze Gebiet mit den Höhlen aufgekauft und einen Nationalpark gegründet. Die Geschichte der Mammoth Cave seit der Entdeckung hat ihre großen Gestalten:

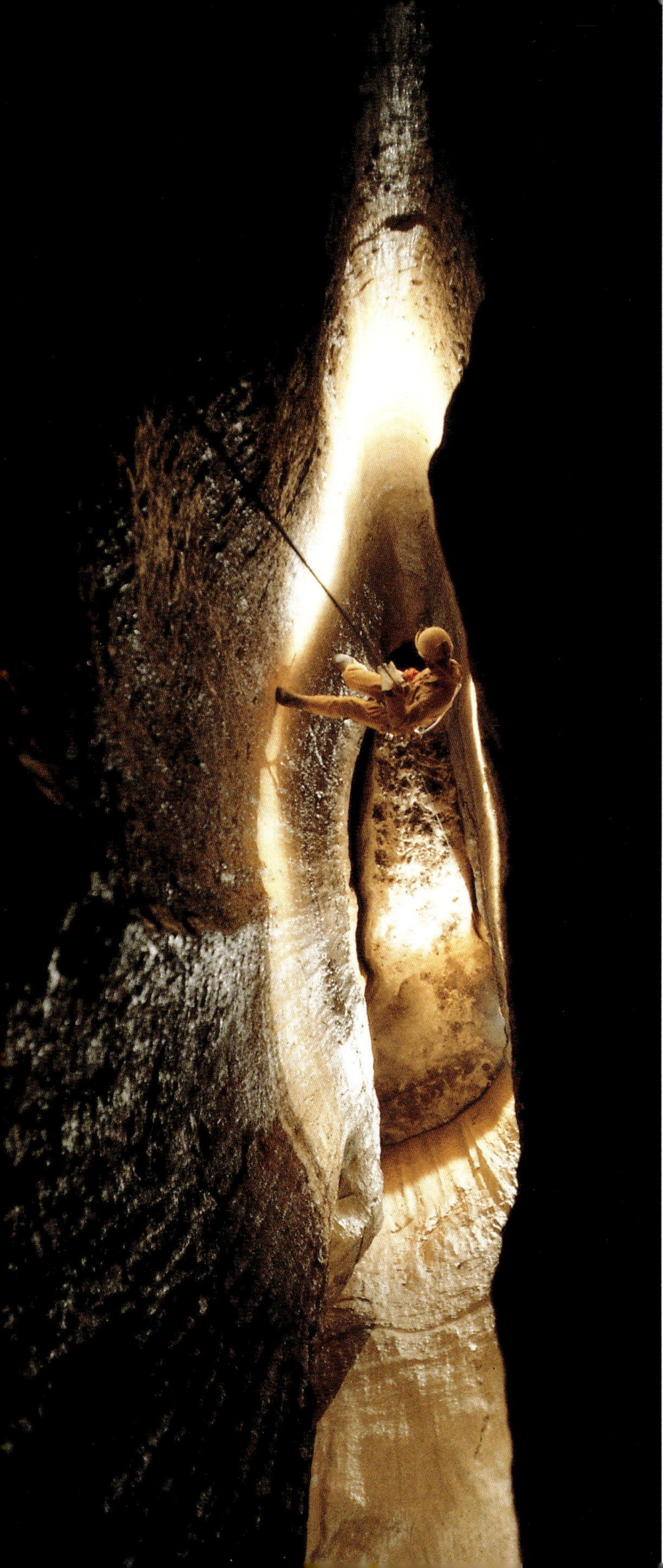

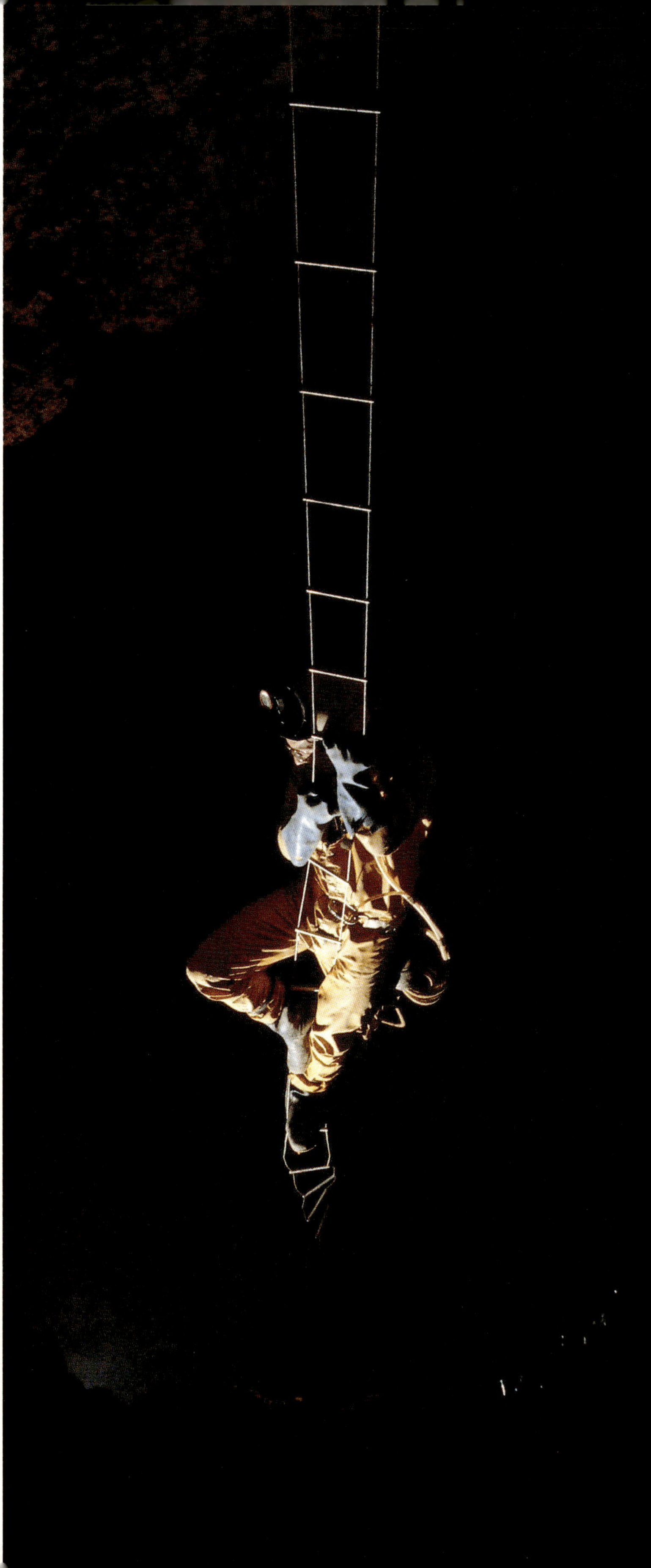

Dank der Entwicklung der technischen Mittel in den letzten Jahrzehnten ist die Erforschung der Schächte körperlich weniger anstrengend geworden, was natürlich das Wohlbefinden des Höhlenforschers steigert. Das Abseilen erfolgt seit langem an einem einzigen Seil. Mit der üblicherweise verwendeten Sicherungsvorrichtung läßt sich gleichzeitig die Gleitgeschwindigkeit steuern. Heute steigt man am selben Seil wieder auf, und zwar mit Hilfe zweier eingehängter Klemmen, die sich abwechselnd nach oben verschieben lassen, bei Belastung jedoch blockieren. Drahtseilleitern, die technische Revolution der dreißiger Jahre, werden für den Abstieg nicht mehr, für den Aufstieg noch gelegentlich benutzt. Dreihundert Meter tiefe Schächte – die noch vor nicht allzulanger Zeit gefürchtet waren, ja als absolute Endstation galten – sind heute den meisten Speläologen zugänglich und werden von gewissen Höhlensportlern mit Vorliebe begangen.

Links außen: Der Gouffre du Ramoneur («Kaminfegerschacht») im Massif du Parmelan (Haute-Savoie, Frankreich). In 40 m Tiefe faßt der Höhlenforscher auf einem Schneekegel Fuß.

Mitte: Aufstieg an der Strickleiter in einem kleinen Schacht im Jura.

Rechte Seite: Aven Noir (Aveyron, Frankreich)... einer Spinne am Faden gleich.

Im 19. Jahrhundert erfolgte die Erforschung insbesondere der tiefen österreichischen Schachthöhlen durch geduldiges Erschließen mittels Stegen und Leitern.

— Stephen Bishop, der Negersklave, der von 1837 an allein und in aller Heimlichkeit wissenschaftliche Erkundungen unternimmt, die ihn viel weiter führen, als er je bekanntgibt.

— Floyd Collins, der arme Bauer, der den touristischen Reichtum unter seinem Land für sich und seine Familie zu nutzen sucht. Am Freitag, 30. Januar 1925, bricht er frühmorgens allein auf, um eine enge Passage in der Sand Cave zu öffnen... und kehrt nicht zurück. Am folgenden Nachmittag entdeckt ihn sein Sohn schwerverletzt unter einem Erdrutsch begraben. Die Hilfsmaßnahmen laufen an und ziehen jeden Tag größere Kreise, bis das Unternehmen zum nationalen Ereignis wird. Floyd stirbt nach sechzehn Tagen, kurz bevor der 20 m tiefe Schacht, durch den man ihn retten wollte, fertig gewesen wäre.

— Pete Hanson und Leo Hunt, die 1938 mit der Erforschung des unteren Flußniveaus beginnen und deren in eine Wand geritzten Initialen als Ausgangspunkt für die große Verbindung dienen sollten, die vierunddreißig Jahre später gelingt.

— Bill Austin und Jack Lehrberger, in den fünfziger Jahren Spezialisten großer Entdeckungen, die sie geheimhalten, und nächtlicher Touren, mit denen sie Parkwächter an der Nase herumführen.

1972 erlauben verschiedene Verbindungen kleinerer Höhlen, zwei gewaltige Höhlensysteme zu unterscheiden: Mammoth Cave mit 93 200 m bekannter Länge und Flint Ridge Cave mit einer vermessenen Länge von 132 930 m. Am 9. September desselben Jahres gelingt einer sechsköpfigen Speläologengruppe, die von einem der Eingänge zur Flint Ridge Cave aufgebrochen ist, die so lang erwartete große Verbindung herzustellen, indem sie einen der touristisch erschlossenen Gänge der Mammoth Cave erreichten... allerdings nach einem Parcours, der schlankeren Höhlenforschern vorbehalten bleibt.

1977 überschreitet das Riesensystem 300 km Länge, 1989 sind 560 km vermessen. Und dies ohne technische Revolution; die einzige Neuerung sind ein Paar Knieschoner für die endlosen Passagen auf allen vieren... und eine jeder Belastung standhaltende Hartnäckigkeit.

Klettereien im Trou du Glaz

Speläologie ist häufig als Alpinismus mit umgekehrten Vorzeichen bezeichnet worden. Diese Bezeichnung ist nicht gerechtfertigt, erst recht nicht, wenn Alpinisten die unterirdische Welt entdecken und dabei ihre üblichen Techniken und Fähigkeiten einsetzen.

1934: Das schlechte Wetter in den Bergen und eine Begegnung mit Félix Trombe, einem Kollegen und späteren Freund, erweisen sich als ausschlaggebend für die künftige Berufung von Pierre Chevalier: eine «Notlösung», wie er später selbstironisch schreiben wird. Zwölf Jahre lang, auch im Krieg, widmet er seine ganze verfügbare Zeit einem schwierigen Höhlensystem, das er mit den Methoden und dem Material des Bergsteigers angeht. Insbesondere mit Metallgriffen, singes («Affen») genannt, dank denen man ohne fremde Hilfe an festen Seilen aufsteigen kann und die von seinem Seilgefährten Henri Brenot erfunden worden waren. Unter der Erde bewährten sie sich bestens, gerieten jedoch trotzdem wieder in Vergessenheit. Dreißig Jahre später sollte der Lyoner Ingenieur Bruno Dressler ein vergleichbares Gerät entwickeln, das die technische Revolution der siebziger Jahre ermöglichte.

Die Dent de Crolles* ist ein prachtvoller Kalkzahn über dem Chartreusetal auf der rechten Seite der Isère; hier öffnet sich eine Höhle, die Robert de Joly, den Erfinder der Drahtseil-Strickleiter, an einem ihrer Schächte stoppte. Statt wie ein «normaler» Höhlenforscher hinunterzuklettern, klimmt Chevalier höher hinauf, um den Schacht zu umgehen, und sucht die Fortsetzung in einem Gang, der auf der Gegenseite im Dunkel verschwindet. Das ist das Geheimnis seines Erfolgs: Kletternd traversieren statt absteigen, um Sackgassen zu vermeiden, von denen er in diesem vertrackten System mehr als genug erlebt hat. Mit seinen Kameraden war er zuvor in sieben Schächten steckengeblieben, weil sie entweder verstopft endeten oder sich so sehr verengten, daß ein Durchkommen unmöglich war. Inzwischen hatte sich nämlich ein Trio von vorbildlicher Ausdauer gebildet, das diese labyrinthische Welt knacken wollte: Chevalier, Petzl und Petitdidier. Jeder von ihnen sollte in zwölfjähriger Forschungstätigkeit annähernd tausend Stunden unter der Erde verbringen.

Was diese Equipe du Glaz sucht, sind weder neue Rekorde noch weitere Gänge des Dent-de-Crolles-Systems, das in der Liste der großen französischen Höhlensysteme bereits einen beachtlichen Platz belegte, sondern die Verbindung zum Wiederaustritt des Guiers-Mort-Bachs, 400 m unterhalb des Einstiegsschachts zum Trou du Glaz gelegen. Der Sackgassen im oberen Teil des Systems überdrüssig, beschließen die drei Teufelskerle 1939, die Sache mit Hilfe einiger Kameraden von unten her anzugehen: Ihr bergsteigerisches Talent können sie nun voll beweisen, immer dem Luftzug nach, der ihnen den Weg weist.

Erste Schwierigkeit ist die Umgehung des Endsiphons beim Ausfluß des Guiers-Mort-Bachs: Hier müssen sich die Kletterer

Die Erforschung eines Höhlenflusses war im letzten Jahrhundert ein verwegenes Unterfangen. Die schweren Holzboote wurden über die Wasserfälle hinweggeschleift. Kenterten sie, waren auch die fahlen Funzeln keine große Hilfe.

in Erdarbeiter verwandeln und eine mit Geschiebe aufgefüllte Gangröhre ausräumen. Etwas weiter, vor einer Versturzwand, die den Gang sperrt, entwickeln sie eine originelle Technik: An einem schwachen Punkt des von der Decke her nachrutschenden Schutthaufens setzen sie eine Bohrstange und ziehen sie dann aus sicherer Entfernung am Seil zurück. So vermeiden sie, unter dem nachstürzenden Geröll begraben zu werden, das die Passage freigibt... Eine andere, neu eingesetzte Methode zur Bewältigung von Schloten und Steilstufen ist der Klettermast, ein zusammensetzbares Rohrgestänge, an dessen Spitze eine

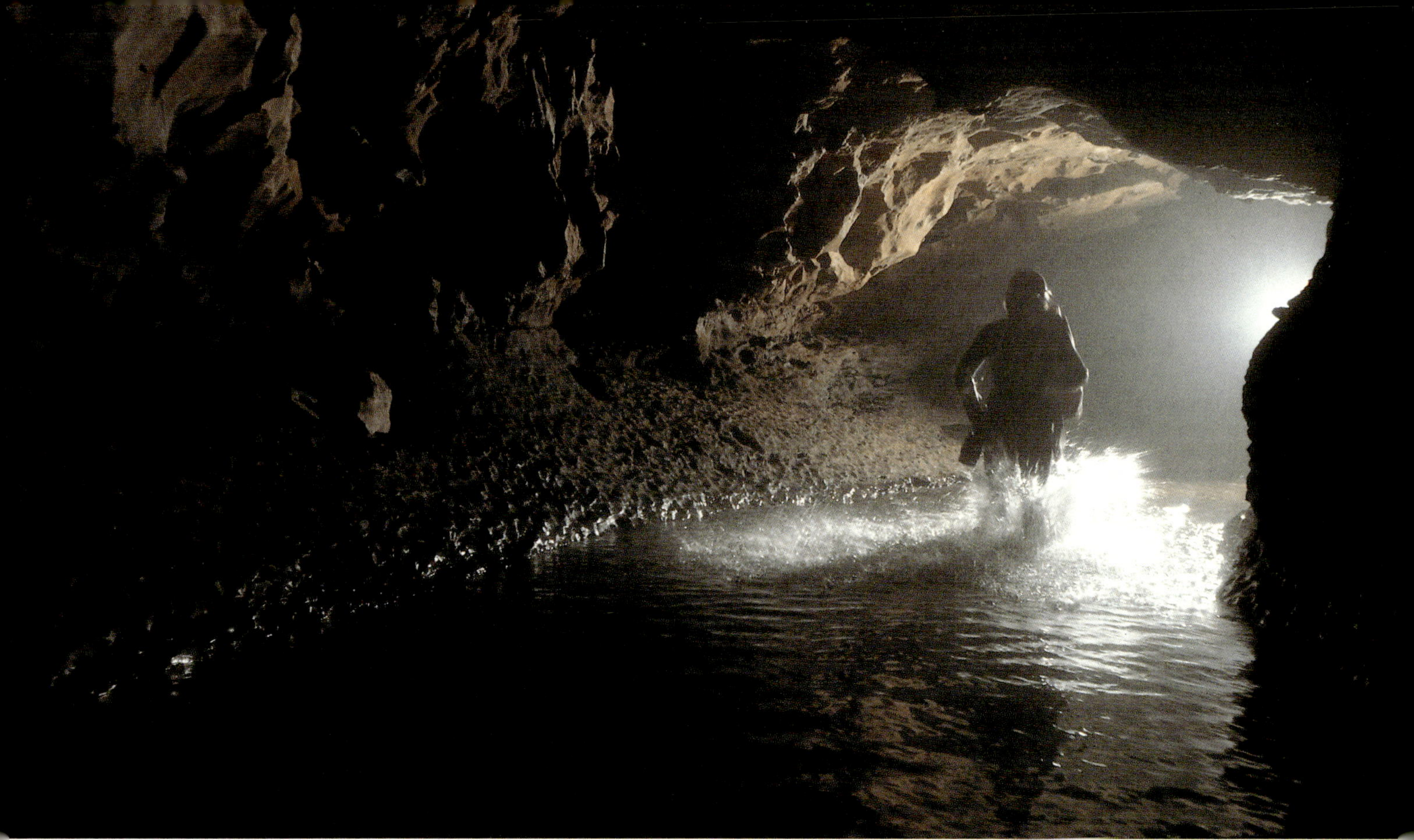

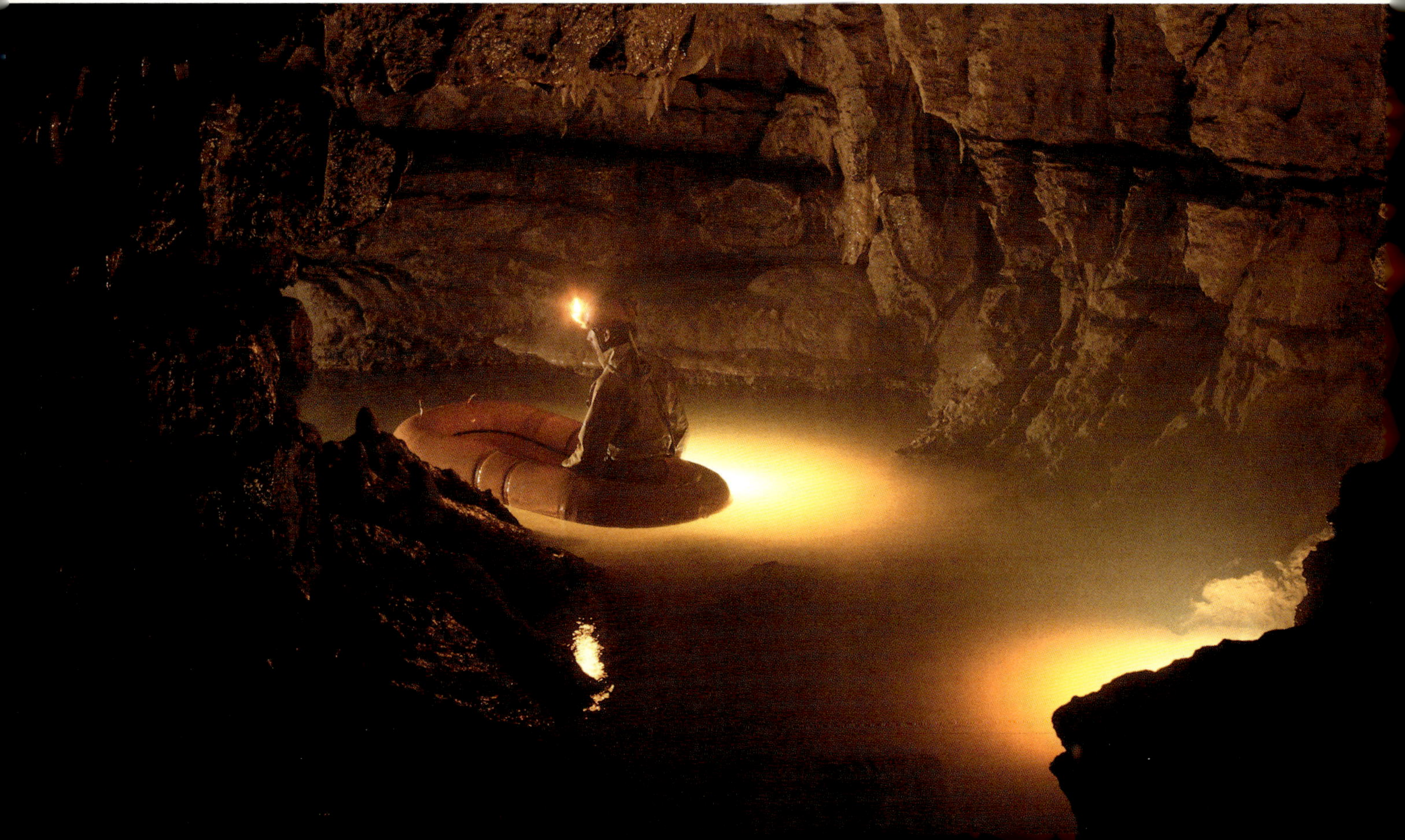

Ein Speläologe steigt in den Schacht, den er eben entdeckt hat: Er ist der erste! Ein zweiter Abbruch folgt, ein dritter... dann der Grund, 200 m tiefer. Ein kleines Stück durch einen Gang, plötzlich verharrt er, lauscht. Ein leises Murmeln schmeichelt seinem Ohr: Endlich hat er den unterirdischen Fluß gefunden, den er im Innern dieses Gebirgsstocks schon so lange suchte und der ihn nun für alle Mühen belohnt.

Links oben: In einem wenig tiefen Höhlenbach stürmt man voran, die Spritzer verdoppeln das Vergnügen (Höhlenfluß La Diau, Haute-Savoie, Frankreich).

Links unten: Für bis zu anderthalb Meter tiefes Wasser zieht man unter dem Speläologen-Overall einen Latexanzug an, der von den Füßen bis zu den Achseln trockenhält. Doch in tiefen Becken kann sich das sperrige Gummiboot als unersetzlich erweisen... (Grotte de Sainte-Catherine, Franche-Comté, Frankreich).

Rechte Seite: Der Siphon, also ein wassergefüllter Gangabschnitt, galt lange Zeit als unüberwindliches Hindernis. Als man die modernen Tauchtechniken auf wassergefüllte Höhlengänge anzuwenden begann, konnten die Grenzen erneut weiter gesteckt werden. Höhlentauchen ist ein ebenso aufregender wie gefährlicher Sport, der technisches Können und höchste Selbstbeherrschung erfordert: ein Fehler kann verhängnisvoll sein... (Quelle des Ressel, Lot, Frankreich).

Drahtseilleiter befestigt ist. Bei Distanzen über 10 m kann der Mast gespannt und damit versteift werden. Mit dieser Technik kann man einen hochgelegenen Felsvorsprung erreichen oder einen Schlot bewältigen, indem man auf Zwischenböden die Stange nachzieht und neu anstellt.

Im Sommer 1940 entdeckt und erkundet Pierre Chevalier allein vom Trou de Glaz aus einen engen Gang, der zu einem tiefen Schacht führt, wo er vorsichtigerweise umkehrt. An Pfingsten des folgenden Jahres setzt er die Erkundung mit Fernand Petzl fort, überzeugt, den einzigen Zugang zum Guiers Mort gefunden zu haben. Die Vertikale – wegen der erforderlichen Luftakrobatik beim ersten Abstieg Puits du Pendule (Pendelschacht) getauft – ist 60 m tief, und die nachfolgenden Mäander führen das Duo bis knapp vor ihr Ziel: Es fehlen nur noch 100 m Höhendifferenz! Mangels Material müssen sie zurück, kehren jedoch im August mit neuem Mut wieder. Der vorherige Endpunkt ist bald überschritten, doch der Materialmangel macht sich erneut bemerkbar und treibt Chevalier dazu, unverantwortbare Risiken einzugehen: Am Ende der Leiter angelangt, glaubt er mit einem Sprung von zwei Metern wieder auf festen Boden zu gelangen, läßt los... und findet sich vier Meter tiefer mit verstauchtem Knöchel und verletztem Fuß wieder. Einen Meter weiter draußen wäre er direkt in den nächsten Schacht gestürzt! Der Rückweg wird hart sein, doch daran denkt er jetzt nicht. Einige Hindernisse und Aufregungen später stoßen die beiden durch einen Lehmschluf, den sie zunächst vergrößern müssen, auf einen großen Gang... und eine Taschenlampenbatterie, die im Vorjahr liegenblieb: Sie haben die so lang gesuchte Verbindung geschafft! Der Kommentar ist, wie gewohnt, lakonisch: «Wir haben den Glaz bezwungen, die Verbindung ist hergestellt.» Beispielhafte Bescheidenheit angesichts großer Siege.

DIE TRAGÖDIE IN DER PIERRE SAINT-MARTIN

Norbert Casteret ist eine Schlüsselfigur der Speläologie im französischen Sprachraum. Die zweiundvierzig Bücher, in denen er seine Abenteuer bei Tausenden von Expeditionen, oft Alleingängen, in packenden Berichten schildert, haben Unzählige zur Höhlenforschung gebracht. Zu denen, die er auf die Wege im Schoß der Erde mitnahm, gehörte Marcel Loubens, um die Jahrhundertmitte ein aufgehender Stern der französischen Speläologie, dem ein großes Schicksal als Entdecker vorausgesagt wurde. Er stirbt bei einem dummen Unfall, welcher während zweier Jahre Schlagzeilen machte.

Als der siebzehnjährige Loubens 1940 Casteret kennenlernte, verfügte er bereits über einige Erfahrung in den Pyrenäen, in denen sie beide beheimatet waren. Er hatte den Gouffre de la Henne Morte in der Montagne d'Arbas entdeckt und die Höhle mit einfachsten Mitteln erforscht. Heute ist sie einer der siebenundzwanzig Eingänge eines über 1000 m tiefen und 90 km langen Systems. Die Begegnung zwischen Schüler und Lehrer ist fruchtbar und führt dazu, daß die Henne Morte nach dem Krieg als Frankreichs tiefste Schachthöhle klassiert werden kann. Loubens stößt in der Folge zum Team, das die Pierre Saint-Martin* erforscht und nimmt an der Erkundung des phantastischen Lépineux-Schachts teil: Dieser bildet eine absolute Vertikale von 300 m Tiefe und ist gleichzeitig der Zugang zu einem Höhlensystem von gigantischen Ausmaßen. 1951 passiert Loubens die Minus-500-m-Marke, und 1952 wird eine äußerst erfahrene Mannschaft zusammengestellt, an der auch Haroun Tazieff teilnimmt, welcher sich für einmal von seinen Vulkanen losreißen kann. Zum bereitgestellten Material für den Ab- und Aufstieg durch den großen Schacht gehört eine Seilwinde, zuerst mit Pedal-, dann mit elektrischem Antrieb, die vom Stratosphärenspezialisten Max Cosyns entwickelt worden ist. Das Auf und Ab in der großen Senkrechten ist von zahlreichen technischen Zwischenfällen begleitet: Stromunterbrüchen, Ausfall der Telefonverbindung, verdrehte Drahtseile, welche die daran baumelnden Höhlenforscher in pirouettendrehende Derwische verwandeln, immer wieder neue Einstellungen und Änderungen an den Geräten...

Nach einem dreitägigen Vorstoß in die Tiefe beschließt Loubens, wieder aufzusteigen, um seinen Platz und damit die Entdeckungen andern Teamgefährten zu überlassen. Alles ist bereit, die Winde zieht gleichmäßig zehn Meter Seil ein, als Tazieff, der den Aufstieg seines Gefährten filmt, im Sucher seiner Kamera plötzlich etwas aufblitzen sieht, begleitet von einem kurzen Schrei: das Verbindungsstück der Kabelklemme, mit der das

Stahlseil am Klettergurt Loubens' befestigt war, ist gebrochen. Marcel stürzt in die Tiefe, schlägt auf und wird vom Gewicht der Säcke, die er mitführte, über die Blöcke der steilen Schutthalde hinuntergerissen, von der aus er wenige Minuten zuvor gestartet war.

Die Solidarität der Höhlenforscher spielt sofort: Die Kameraden bilden im großen Schacht eine Stafette an der dünnen Drahtseilleiter, über Stunden dem unvermeidlichen Steinschlag ausgesetzt, während André Mairey, der Expeditionsarzt, sein Leben der Winde anvertraut und sich zum verunglückten Gefährten abseilt. Loubens kämpft sechsunddreißig Stunden mit dem Tod; seine sterblichen Überreste bleiben für zwei Jahre in der Höhle. Die Pierre Saint-Martin machte Schlagzeilen: die zu diesem Zeitpunkt tiefste bekannte Schachthöhle der Erde hatte ihr Opfer gefordert.

1954 verläßt ein Spezialsarg die Höhle, geborgen von José Bidegain und durch eine neue, von Corentin Queffélec entwickelte Winde hochgezogen. Queffélec ist für die nächsten dreißig Jahre die treibende Kraft bei der weiteren Erforschung der Riesenhöhle; er möchte verhindern, daß mit dieser Bergung, die nochmals Schlagzeilen machte, das letzte Wort gesprochen ist. Zwei Jahre später stellen drei der jungen Lyoner, die an der Bergung im großen Schacht teilgenommen hatten, mit der Entdeckung der Salle de la Verna einen neuen Tiefenweltrekord von 726 m auf: Die Ausmaße dieser Riesenhalle sind derart, daß sie im ersten Augenblick glauben, sie hätten mitten in der Nacht einen Ausgang aus der Höhle gefunden...

GOUFFRE BERGER: DER ERSTE SCHACHT VON –1000 M TIEFE

Die Erstbesteigung des ersten Achttausenders, des 8091 m hohen Annapurna, durch eine französische Himalaja-Expedition löste 1950 in Frankreich ein regelrechtes Fieber nach Rekorden in der Vertikalen aus. Von ähnlichem Geist beseelt und vor ebensogroße Schwierigkeiten gestellt, suchten junge Grenobler Speläologen einen Tiefenrekord aufzustellen. Ja die Übereinstimmung der beiden sportlichen Abenteuer ging so weit, daß die Methode in der Höhle – eine Expedition mit massivem Materialeinsatz und mehreren Biwaks – als «Himalajatechnik» bezeichnet wurde.

Als Konkurrent der Pierre Saint-Martin bei der Jagd nach Tiefenrekorden (auf die Rekordsucht in der Höhlenforschung werden wir später zu sprechen kommen) erschien der Gouffre Berger* zuerst als Außenseiter. Nach dem Tod von Marcel Loubens und angesichts der gewaltigen Ausmaße des Saint-Martin-Höhlensystems waren alle Blicke auf die Pyrenäen gerichtet, als ein Team junger Bergsteiger, meist Studenten, an einem uner-

In den fünfziger Jahren biwakierten junge Höhlenforscher aus Grenoble, die die «magische» 1000-m-Marke erreichen wollten, zum erstenmal in 500 m Tiefe.

warteten Ort «zuschlug». Dieses Team widmet sich der Erforschung der Cuves de Sassenage bei Grenoble, in der der Germe als Stromquelle von beachtlichen Ausmaßen entspringt. Woher kann dieses Wasser kommen? Nach sechs Jahren vergeblicher Suche, die das Team zusammenschmiedet, entdecken sie im Frühling 1953 die Schachthöhle des Gouffre Berger. Doch die jungen Höhlenforscher haben weder Material noch Geld. Mit Hilfe von Schweizer Kollegen und ihren Leitern gelangen sie auf

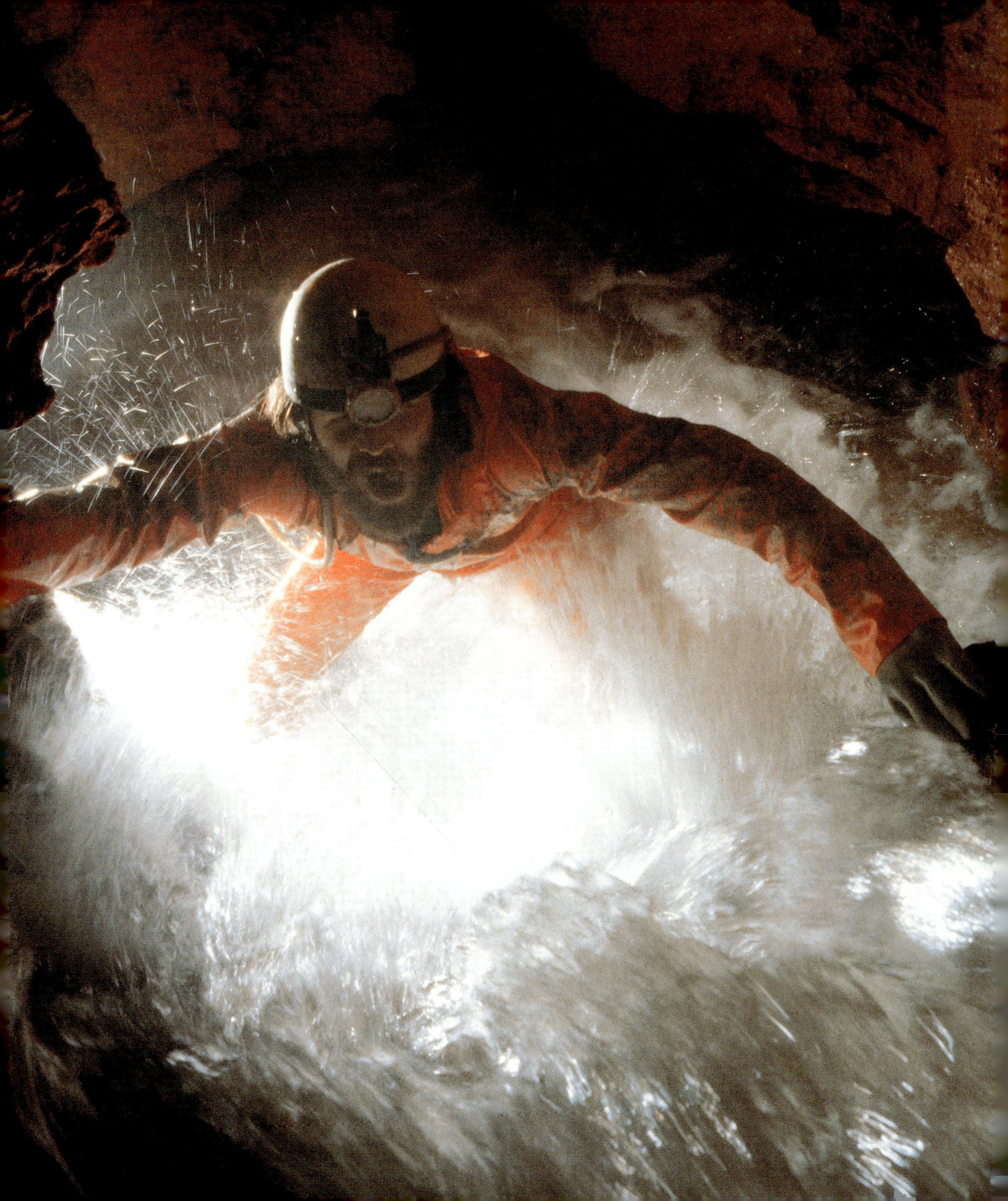

Linke Seite: Das kalkulierte Risiko ist bei der sportlich betriebenen Höhlenforschung immer dabei. Das Wasser als höhlenformende und -belebende Kraft ist der gefürchtete Gegner des Forschers. Unterirdische Hochwasser können schreckliche Folgen haben: Nicht alle, die das erfahren mußten, konnten nachher noch davon erzählen... Trotzdem üben gerade Höhlenflüsse eine besondere Faszination auf die meisten Speläologen aus (Überwindung einer Wasserfallstufe in der Grotte de Milandre, Ajoie, Jura).

Rechte Seite: Entdeckergeist hat manche dazu getrieben, die Innenwelt von Gletschern zu erforschen, insbesondere die vom oberflächlichen Schmelzwasser ausgehöhlten «Gletschermühlen». Diese Schächte wandern mit dem Gletscher, was ihre Erforschung gefährlich macht (Gletschermühle in der Mer de Glace oberhalb von Chamonix, Haute-Savoie, Frankreich).

minus 370 m und stoßen auf einen Bach, dessen Einfärbung die Identität mit dem Germe beweist, der in den Cuves de Sassenage austritt: «Ihre» Höhle ist die Richtige!

Die erste Hälfte des Jahres 1954 vergeht mit der Beschaffung von Mitteln und dem Vorbereiten des Materials; Sponsoren sind damals noch unbekannt. Ende Juli steigt eine dreizehnköpfige Mannschaft mit einer halben Tonne Material unter Leitung des erfahrenen Speläologen Fernand Petzl – er war schon im Trou du Glaz dabei – für eine Woche in die Tiefe. Das unterirdische Basislager wird in der Salle des Treize in 500 m Tiefe eingerichtet. Von hier aus geht es in ständigem Kampf gegen das eiskalte Wasser tiefer, vor dem sie sich mit den verschiedensten Mitteln zu schützen suchen: außergewöhnliche Leiternführung, um Abstand zum Wasserfall zu gewinnen, eingespannte Rohrgestänge (Stüpper), um zur andern Wand wechseln zu können, Einreiben des Körpers mit Butter als letztes Mittel. Der Abstieg ist von Etappen mit sanften weiblichen Namen gesäumt: Abelle, Claudine... die für die gefährlichsten Wasserfälle stehen, welche es unterwegs zu passieren galt. Die Expedition im Sommer 1954 endet in 712 m Tiefe, mitten in einem Wasserfall. Ein kurzer Ausflug im Herbst erweitert die vertikale Distanz zum darüberliegenden Karrenfeld auf 750 m: Die 728 Tiefenmeter der Pierre Saint-Martin* sind überschritten. Der Zauber der Zahlen wirkt: Die Aufmerksamkeit der Speläologie wendet sich von den Pyrenäen ab und richtet sich auf die Berge des Vercors.

Zwei Wochen später vermelden die Vermessungsequipen die Kote –903, über einem beeindruckenden Wasserfall, der im folgenden Jahr bezwungen wird, womit die Berger-Höhle auf minus 985 m zu stehen kommt. Die Hoffnung auf den ersten Tausender ist Wirklichkeit geworden und wird 1956 erfüllt. Das «Unterfangen –1000» ist der Annapurna der Tiefe: Drei Tonnen Material, eine vierwöchige Expedition mit nacheinander vorgetragenen Angriffswellen und einer Folge von unterirdischen Biwaks: Camp I in –500, Camp II in –750 und Camp III in –940 m Tiefe. Auf –1122 m folgt der unvermeidliche Siphon, welcher die Verwirklichung des verrückten Traums unserer Höhlenforscher verhindert, mit den Wassern des verschluckten Wildbachs in den Cuves de Sassenage wieder aufzutauchen. Der erreichte Endpunkt macht jedoch den Gouffre Berger* für lange Zeit zum Vorbild für die Eroberung tiefer Schachthöhlen. Im Film *Rivière sans étoiles* ist dieses große Abenteuer festgehalten. Der Aufwand war derart groß, daß man lange Zeit bezweifelte, je noch tiefer in die Erde vordringen zu können. Das machte erst die technische Revolution der siebziger Jahre möglich, die ebenfalls in der Region Grenoble herangereift war.

Blitz-Erforschung der Lonne-Peyret-Höhle

Im Verlauf der sechziger Jahre sollten einige junge Höhlenforscher die Techniken des Abstiegs in der Senkrechten umwälzend verändern und der Erforschung von Schachthöhlen neuen Schwung verleihen. Effizienz und Geschwindigkeit ist die Losung, und die Frage der Sicherheit gewinnt eine persönlichere, aktivere Dimension als zuvor, als man die Exploration im Alleingang als selbstmörderisches Unterfangen betrachtete. Modell-«Gelände» für diese Blitz-Eroberungen ist einmal mehr der Gebirgsstock der Pierre Saint-Martin* in den Pyrenäen. Und einmal mehr kostet der Fortschritt bei der Erforschung der unterirdischen Welt einem außergewöhnlichen Speläologen das Leben: Félix Ruiz de Arcaute, den wortgewandten Erforscher des Gouffre Berger* von 1953.

Ein unauffälliger Schacht, der seit 1957 bis in 10 m Tiefe bekannt ist, beschert zwei belgischen Speläologen einen 120 m tiefen Schacht... doch die beiden Belgier kehren nach ihrem Urlaub nach Hause zurück, ohne ein Wort darüber verlauten zu lassen. Im selben Sommer entdeckt auch Jean-Claude Dobrilla den Einstieg und erforscht die Höhle im Alleingang; am 19. und 20. August erreicht er die Marke –240 m. Am 22. stoßen die Höhlenforscher zu dritt auf –490 m vor, nachdem sie am Grund der Schachtserie ein Gangsystem von zwei Kilometern Länge begangen haben. Vom 26. bis 28. August gehen fünf junge Forscher von einem kleinen unterirdischen Biwak aus weiter: –580 m am ersten Tag, –640 am zweiten, vermessen bis –500; am 28. haben sie wieder alles Material aus der Höhle herausgeholt. Abschließend folgt eine von Grenoble aus organisierte fünftägige Expedition, bei der sich vierzehn Speläologen in kleinen Teams ablösen und unterstützen, wobei einige wegen des stark angeschwollenen Höhlenbachs für eine Nacht abgeschnitten sind. Der Grund des Schachtsystems ist mit –717 m und fünf Kilometer Ganglänge erreicht; die ganze Strecke wird vermessen, bevor sämtliches Material wieder heraufgeholt wird. Zwei Kilometer werden bachaufwärts erkundet und teilweise aufgenommen. In elf Expeditionstagen – auf einen zehntägigen Sommer- und einen einwöchigen Herbstaufenthalt verteilt – hat eine nur leicht ausgerüstete Equipe einen zehn Meter tiefen Schacht in das sechsttiefste Schachthöhlensystem Frankreichs verwandelt. Gibt es eine Erklärung für diese Leistung? Vielleicht ist es die Technik... und neue Leute, die mit dieser Technik umzugehen wissen.

Die althergebrachte Methode der Erkundung in Schächten mittels Leitern und einer Sicherungsleine ist ersetzt worden durch den Vorstoß an einem einzigen Seil mit Hilfe eines speziellen Abseilgeräts für den Abstieg und zweier Klemmen für den Aufstieg: zusammen wiegen die drei Geräte ganze 500 Gramm. Die Gewichts- und Platzersparnis ist enorm: ein 10 Kilo schwerer Forschungssack enthält genug Material, um 100 m Schachttiefe zu überwinden. Außerdem können Helfer eingespart werden: Der Höhlenforscher kann sich selbst sichern und benötigt keine Gefährten mehr, die auf jeder Zwischenstufe seine Sicherung übernehmen. Und schließlich die Zeitersparnis: Der Forschungssack ist leicht genug, daß er am Gurt angehängt oder als Rucksack getragen werden kann, was die zeitraubenden und komplizierten Material-Abseilmanöver in den Schächten erübrigt.

Auf unterirdischen Flüssen ist die Zeit der schweren, sperrigen Kanus vorbei. Man benutzt einen 500 Gramm schweren, dünnen Latexanzug, Pontonnière genannt, den man unter dem Speläologenkombi trägt, damit er nicht von scharfkantigen Steinen aufgeschlitzt wird; dank dieser Latexhülle kann man bis anderthalb Meter tiefe Wasserbecken trockenen Fußes durchwaten. Es handelt sich um eine Weiterentwicklung des Materials, das seinerzeit die Erforscher des Trou du Glaz benutzt hatten. Stößt man auf tiefere Wasserbecken, wird an der Wand ein Seil-Handlauf befestigt.

Diese technische Revolution gewann in Frankreich und innerhalb weniger Jahre in ganz Europa immer mehr Anhänger... und die neue Methode veränderte auch die Denkweise der Höhlenforscher. War der Vorstoß im Alleingang vorher die Ausnahme, wurde er nun zur Regel, und der Teamgeist gewann einen ganz anderen Stellenwert. Die menschliche Pyramide «schwerer» Expeditionen, bei denen die Helfer sich fast karikaturartig von Plattform zu Felsvorsprung folgen, um dem «Chef» den Abstieg zum Grund zu ermöglichen, macht beweglichen, unabhängigen Teams Platz, in denen jedes Mitglied an der ganzen Erkundungstätigkeit Anteil nehmen kann.

1932: Bei der Erforschung des Gouffre de Lajoux (Kanton Jura) waren zwei Winden und zahlreiche Helfer notwendig, um in eine Tiefe von 167 m vorzustoßen. Heute schafft das ein Höhlenforscher im Alleingang mit insgesamt zehn Kilo Material.

Beispielhafte Bescheidenheit im Creux-d'Enfer

Im September 1962 fand der erste nationale Kongreß der Schweizerischen Gesellschaft für Höhlenforschung (SGH) auf dem Col du Marchairuz statt, einem beliebten Ausflugsziel im Waadtländer Jura. Neben wissenschaftlichen und technischen Vorträgen konnten die Mitglieder auch an unterirdischen Exkursionen teilnehmen. Unweit des Gouffre du Petit Pré, dessen Engstelle in –305 m Tiefe auch die besten Sportler der damaligen Epoche aufhielt, trafen sich die beschaulicheren Speläologen in der Glacière de Druchaux, umringt von der strengen Felsszenerie des Creux-d'Enfer. Da diese Höhle in 19 m Tiefe von einem

Keine Höhle ist wie die andere, jede hat ihre Besonderheiten und ihr eigene Tücken. Höhlenforschung fordert totalen körperlichen Einsatz: Ausdauer und kurze Leistungsspitzen lösen einander ab. Eine Expedition kann fünfzehn, zwanzig, ja selbst dreißig Stunden unablässiger Anstrengungen abverlangen, denn je weiter die Exploration vorankommt, desto länger ist auch der Anmarschweg vom Einstieg bis zum eigentlichen Ansatzpunkt des Unterfangens.

Rechts: Fortbewegung «en opposition» in der Grotte de Bramabiau (Gard, Frankreich): Da am Grund der Spalte ein reißender Bach fließt, muß man sie in der Höhe passieren; die Unregelmäßigkeiten beider Wände liefern die nötigen Tritte und Handgriffe.

Rechts oben: Begehung eines geneigten Gangs an der Sicherungsleine in der «Innominata», dem Zugang zu den abgelegeneren Teilen des Hölloch-Systems (Kanton Schwyz).

Rechts unten: Dieser Höhlenforscher kriecht vorsichtig durch einen Schluf, der zwar nicht besonders eng ist, bei dem man aber gut daran tut, die losen Blöcke nicht zu berühren (Schülerschacht im Charetalpgebiet, Kanton Schwyz).

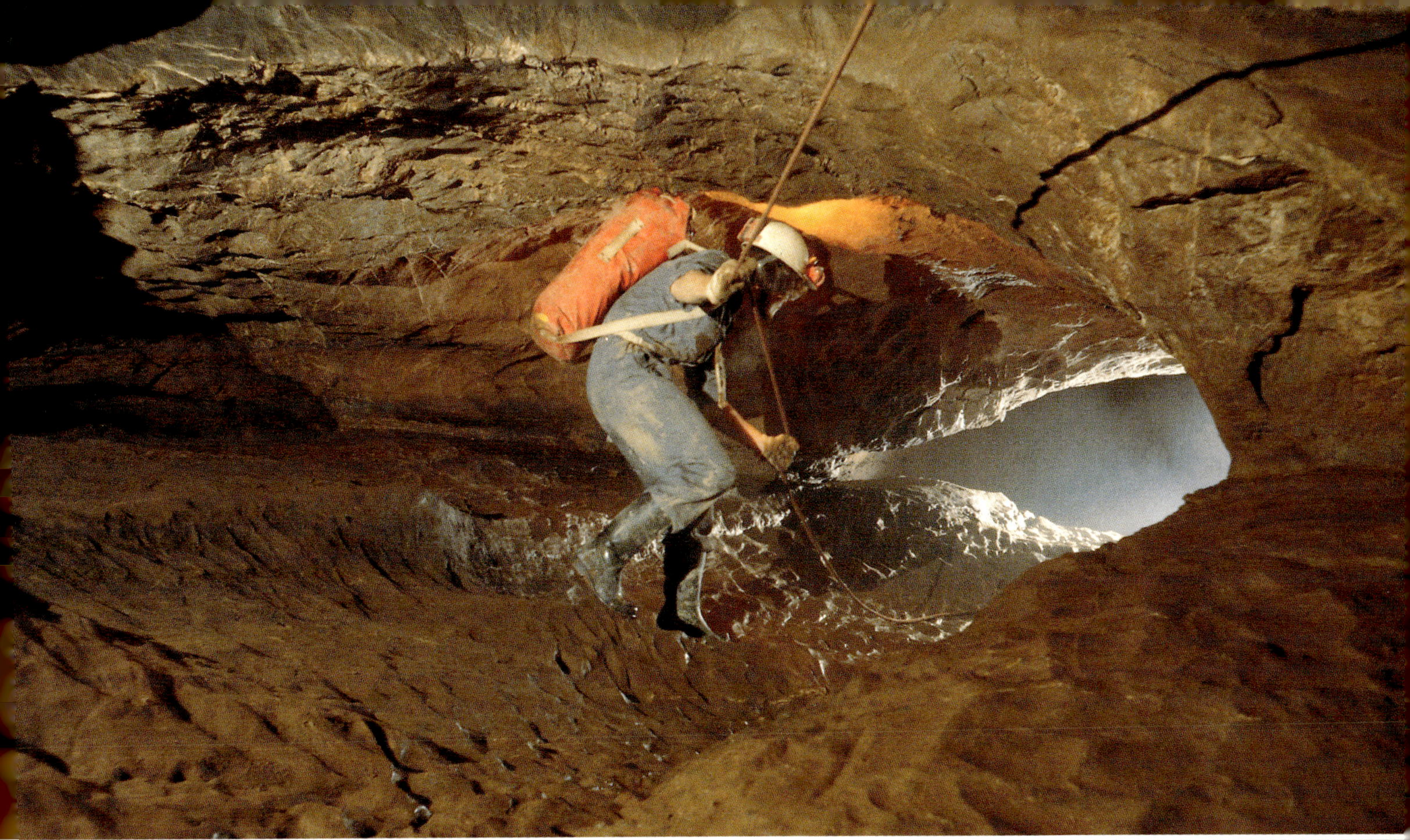

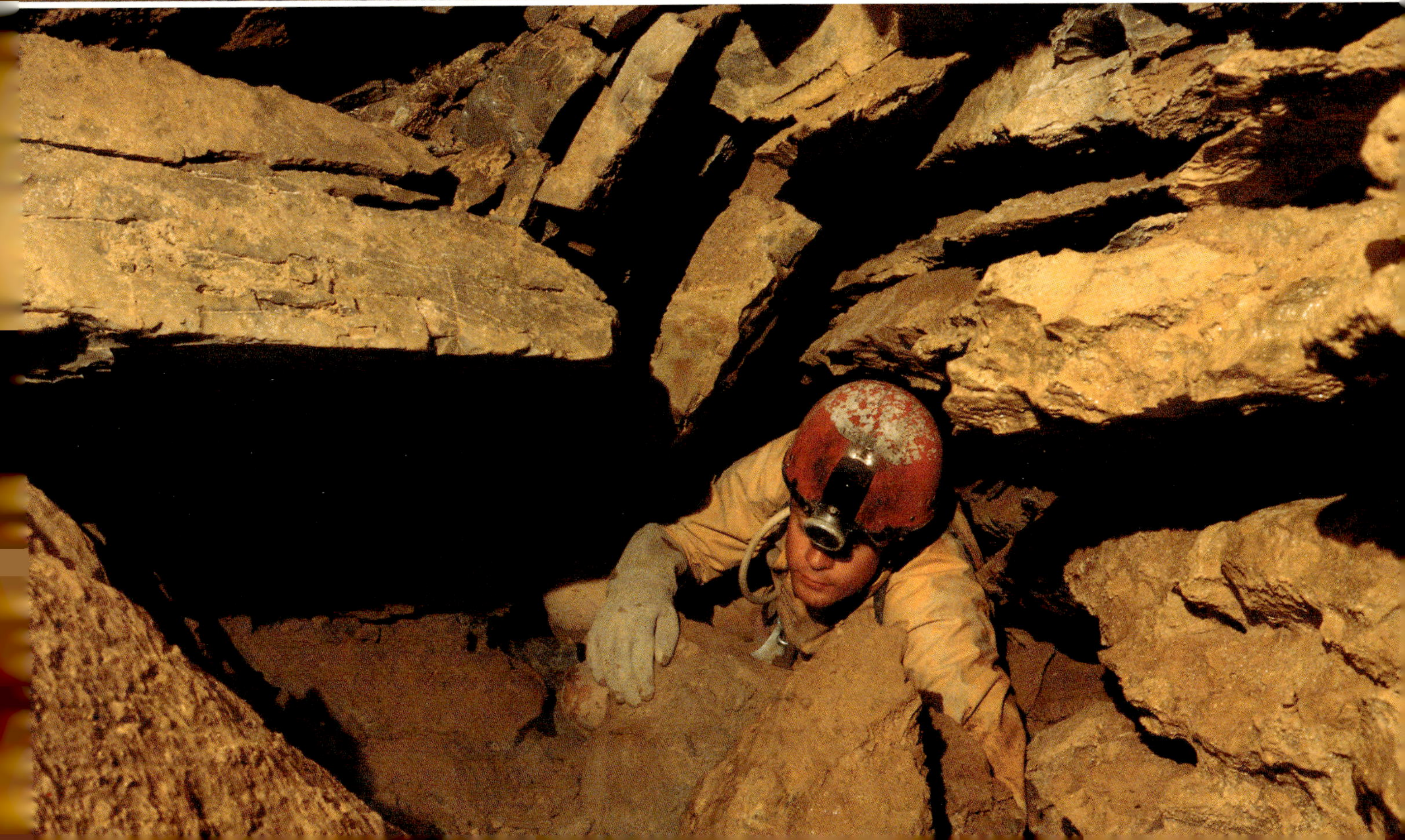

Eispfropfen verstopft ist, war sie für die Speläologen aus allen Landesgegenden vor allem von geologischem Interesse. Um so größer die Überraschung: Nach dem besonders heißen Sommer ist die Höhle bis auf die 28-m-Marke hinab begehbar.

Vierundzwanzig Jahre später ist der Eiszapfen längst wieder auf sein normales Niveau angewachsen. Doch davon lassen sich die Mitglieder des Spéléo Club de la Vallée de Joux, die weder Pickel noch Schaufel, weder Hammer noch Spitzeisen scheuen, im Herbst 1986 nicht abhalten. Und sie schaffen es, wenn auch erst nach dem Einsatz eines Preßlufthammers und einer Kettensäge (die sich im Eis als sehr wirksam erweist)! Nach einigen Hindernissen erreichen sie eine Tiefe von 70 m. Dann wird der Schachteinstieg mit Blachen abgedeckt, um ein erneutes Anwachsen der unterirdischen Eisdecke im Winter 1986/87 zu verhindern. Die Methode ist erfolgreich und wird in den folgenden Jahren wiederholt. Allmählich schmilzt das Eis, und die Erkundungen führen immer tiefer in die «neue» Höhle im Waadtländer Jura. 1987 sind die Höhlenforscher aus dem Joux-Tal wieder an der Arbeit, während sie im selben Jahr zum zweitenmal einen nationalen Kongreß der SGH durchführen. Sie greifen erneut zu Hammer und Meißel, um einige äußerst enge Passagen in der Schachtserie – bei denen man nicht mehr an «Mausefallen», sondern eher an mittelalterliche Folterinstrumente wie die «Eiserne Jungfrau» denken muß – besser dem menschlichen Umfang anzupassen. Die 400-m-Marke wird erreicht, außerdem erkunden sie mehrere voneinander getrennte Schachtsysteme.

Von technischen Mitteln offensichtlich immer mehr überzeugt, «nagelt» sich die mutige Seilschaft im folgenden Jahr über 80 m in Schloten hoch, die über einigen Gängen ihres Höhlensystems ansetzen, und zwar mit Hilfe einer elektrischen Bohrmaschine und einer ultraleichten Kletterplattform aus Aluminium. All das wegen des gebotenen ökologischen Respekts: Es geht darum, einen andern, nicht vereisten Zugang zu finden, damit der Schacht seinen natürlichen Zustand zurückgewinnen kann.

Die Bilanz von 1989: Die Glacière de Druchaux besteht aus drei Kilometer erforschten Gängen, die in drei verschiedenen Systemen 400 m in die Tiefe führen. Dieses Ergebnis hatte viel Geduld und Ausdauer unter der Erde, aber noch mehr an der Oberfläche gekostet. Denn die Equipe aus dem Joux-Tal hatte die Jura-Karrenfelder auf der Suche nach dem «großen Loch» über zehn Jahre lang minuziös abgeklopft, weil sie sich nicht mehr mit den stets gleichen, klassischen Touren in Höhlen begnügen wollte, die in den fünfziger Jahren entdeckt und erforscht worden waren. Doch das «große Loch» ließ auf sich warten. Erst dann hatten die Speläologen begonnen, die bekannten, wenig tiefen Höhlen systematisch nach Fortsetzungsmöglichkeiten zu überprüfen: unzählige Sonnen- und Regentage, um eines Tages die ersten unter der Erde zu sein! Die bescheidene Glacière de Druchaux, die sich nun als tiefste Höhle des Westschweizer Juras erwies, ist ein gutes Beispiel dafür, was ein kleines Team mit wenig Mitteln, aber viel Einsatz erreichen kann, auch wenn der Medienrummel ausbleibt.

Rekord in der Cocklebiddy Cave

Die Nullarbor Plain ist – wie der Name sagt – eine baumlose, ebene Wüste unweit der australischen Südküste, die von den 100 m tief abfallenden Bunda Cliffs begrenzt wird. Die erste Karte des Gebiets westlich von Adelaide, über der Großen Australischen Bucht, wurde 1802 erstellt, die ersten Höhlen entdeckte man 1890. Die Hoffnungen, in der Wüste Trinkwasser zu finden, werden enttäuscht: die wenigen Vorkommen sind wegen des nahen Meeres brackig. Die Aborigines, die australischen Ureinwohner, behelfen sich damit, nach starken Regenfällen den obenaufschwimmenden Süßwasserfilm der Seen mit Röhrenknochen abzusaugen. Als Folge des Goldrauschs und des allgemeinen Bergbaubooms in Westaustralien wird 1920 die Eisenbahn Sydney–Perth gebaut, welche die 3800 km lange Kamelroute als wichtigste Verbindung durch die Wüste ablöst. Von 1930 an führen Prospektionen unter dem steinharten, eintönigen Gesteinspanzer der Nullarbor Plain zur Entdeckung einiger Seen in 80 bis 100 m Tiefe, die mit Ruderbooten befahren werden können. Zu Beginn der siebziger Jahre tauchen australische Speläologen durch einen Siphon in ein wassergefülltes Gangsystem, die Cocklebiddy Cave*: 100 m weit 1972, 500 m 1974, 1000 m 1976. Dann stoßen sie auf eine erste unterirdische Halle über Wasser, wo ein Stützpunkt errichtet wird. Von hier aus dringen Großexpeditionen mit rund zwanzig Tauchern immer weiter durch das gewaltige Rohrsystem vor. Der zweite, 2500 m lange Siphon, der unmittelbar auf den 1000 m langen ersten «Wasserschlauch» folgt, wird 1982 bezwungen. Eine zweite, noch größere Halle kann erkundet werden, die in einen dritten Siphon überleitet. Für die Eroberung dieses Hindernisses bereiten die australischen Speläologen 1983 eine Riesenexpedition vor.

Gleichzeitig stellt der bekannte französische Taucher Francis Le Guen, der Erfahrung in medienwirksamen «Coups» hat, eine «leichte» Expedition (fünf Leute, jedoch drei Tonnen Material) für die Rekordjagd zusammen. Die hochwertige Ausrüstung macht die begrenzte Mitgliederzahl wett: Zwei Spitzentaucher verfügen über Tauchscooter, mit denen sie schnell vorankommen und damit die kostbare Druckluft in ihren vielen riesigen Flaschen sparen können. In einer einzigen Tauchfahrt im Alleingang erkundet Eric, der Bruder von Francis Le Guen, 1460 m Unterwassergänge jenseits der zweiten trockenen Halle. Zwei Wochen später stößt Francis noch weiter vor: Auf einer 47 Stunden dauernden Exkursion – eine dreistündige Schlafpause inbegriffen – bezwingt er zusätzliche 300 m bis zu einer Verengung, die er als unpassierbar beurteilt. Damit hat er das gesamte bekannte Gangsystem der Cocklebiddy Cave auf 6090 m verlängert, davon 5240 m unter Wasser. Vor den Fernsehkameras am Ausgang der Höhle sagt er: «Cocklebiddy ist geschafft, wir haben einen neuen Weltrekord im Siphontauchen aufgestellt.»

Einen Monat später findet wie geplant die australische Expedition statt, obwohl ihr das französische Team zuvorgekommen ist. Die australischen Taucher besitzen zwar weder Scooter noch die riesigen Hochdruckflaschen ihrer Konkurrenten, dafür sind sie zu zwanzig, angeführt von Hugh Morrison, Peter Rogers und Ron Allum. Sie schaffen sechzig Tauchflaschen in die zweite Halle und montieren sie auf raffinierten Unterwasserschlitten. Dann gehen die drei Spitzentaucher den dritten Siphon an. Am Endpunkt von Francis Le Guen angekommen, stößt Hugh Morrison mit Hilfe einer einzigen Flasche – er hat sie demontiert, damit er sie vor sich herschieben kann – die Verengung durch und schwimmt 240 m durch einen gewundenen Gang voran. Damit krönt er eine rund zehn Kilometer lange Tauchfahrt hin und zurück, die 55 Stunden gedauert hat.

...Und danach?

Was bleibt von all den Abenteuern und unzähligen Versuchen, die wir nicht erwähnt haben? Zahlen? Fragwürdige und umstrittene Rekorde? Packende Berichte? Etwas von all dem, doch auch noch einiges mehr.

Die zahlreichen Werke wissenschaftlicher und erzählerischer Art von Höhlenforschern, die mit der Feder ebensogut umzugehen wußten wie mit der Leiter, bilden das kollektive Vermächtnis, den Erfahrungsschatz der Speläologie, seit 1563 Bernard Palissy den ersten Traktat über Höhlen verfaßte.

Noch ein paar Worte zu den Rekorden, um einigen verfehlten Meinungen vorzubeugen. Höhlen sind quantifizierbar, aber einfach ist das nicht. In diesem Sinne lassen sich einige Größenwerte bestimmen. Die totale Höhendifferenz zwischen dem höchsten und tiefsten Punkt einer Höhle, häufig als Tiefe bezeichnet, ist ein absoluter, klar definierbarer Wert. Die Gesamtlänge ergibt sich durch Addition sämtlicher Strecken, die sich in ein und derselben Höhle begehen lassen, sämtliche Abzweigungen und Sackgassen inbegriffen. Hier besteht bereits Anlaß zu Zweifeln, hängt diese Zahl doch vom Weg ab, den die Vermessungsgruppe eingeschlagen hat. Lobenswert ist, daß man bei den speläologischen Rekorden im allgemeinen nur von den Höhlen, nicht von den Forschern spricht. Damit vermeidet man die Verlockung von Rekordjagd und Medienrummel, wie sie im Hochleistungssport gang und gäbe sind: Der Ruhm gehört einzig und allein der Höhle. Außerdem gibt es ja genug Schachthöhlen, die vielleicht nur 300 m tief, aber weit schwieriger zu bezwingen sind als häufig begangene 1000-m-Schächte.

Félix Ruiz de Arcaute sagte seinerzeit: «In der Waagrechten mag die Demokratie genügen, aber für die Senkrechte braucht es die Diktatur.»

Die technische Entwicklung hat ihm Unrecht gegeben, kann man doch heute tiefe Schächte im Alleingang überwinden. Doch eine seiner anderen griffigen Formulierungen, welche die Kontinuität der Höhlenforschung aufs schönste versinnbildlicht, stimmt nach wie vor: «Das Glied ist nichts, nur die Kette zählt.»

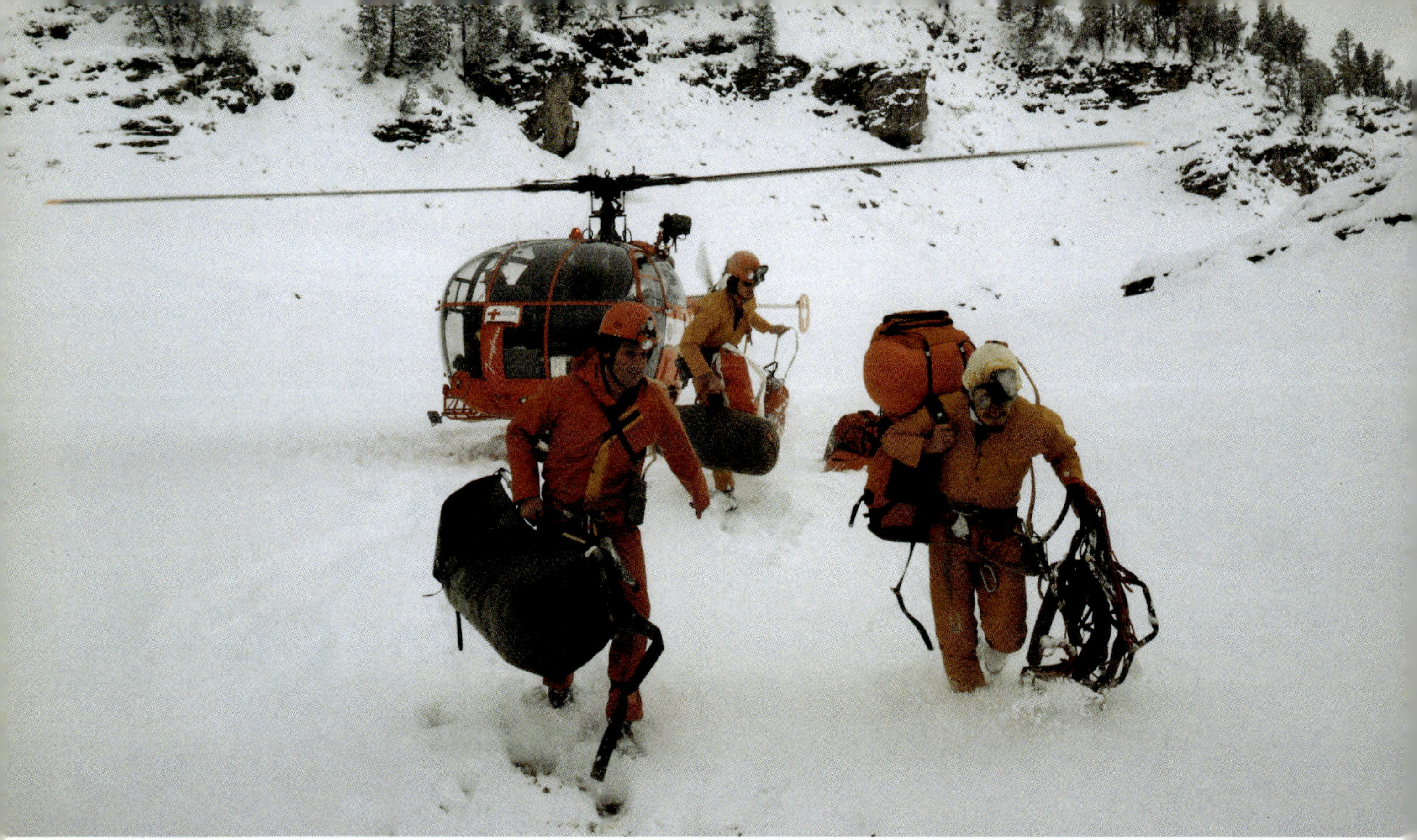

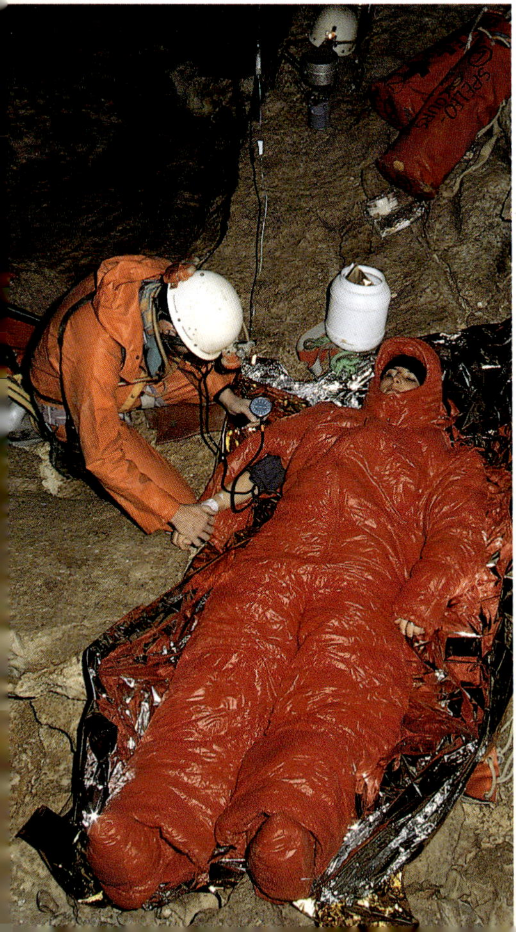

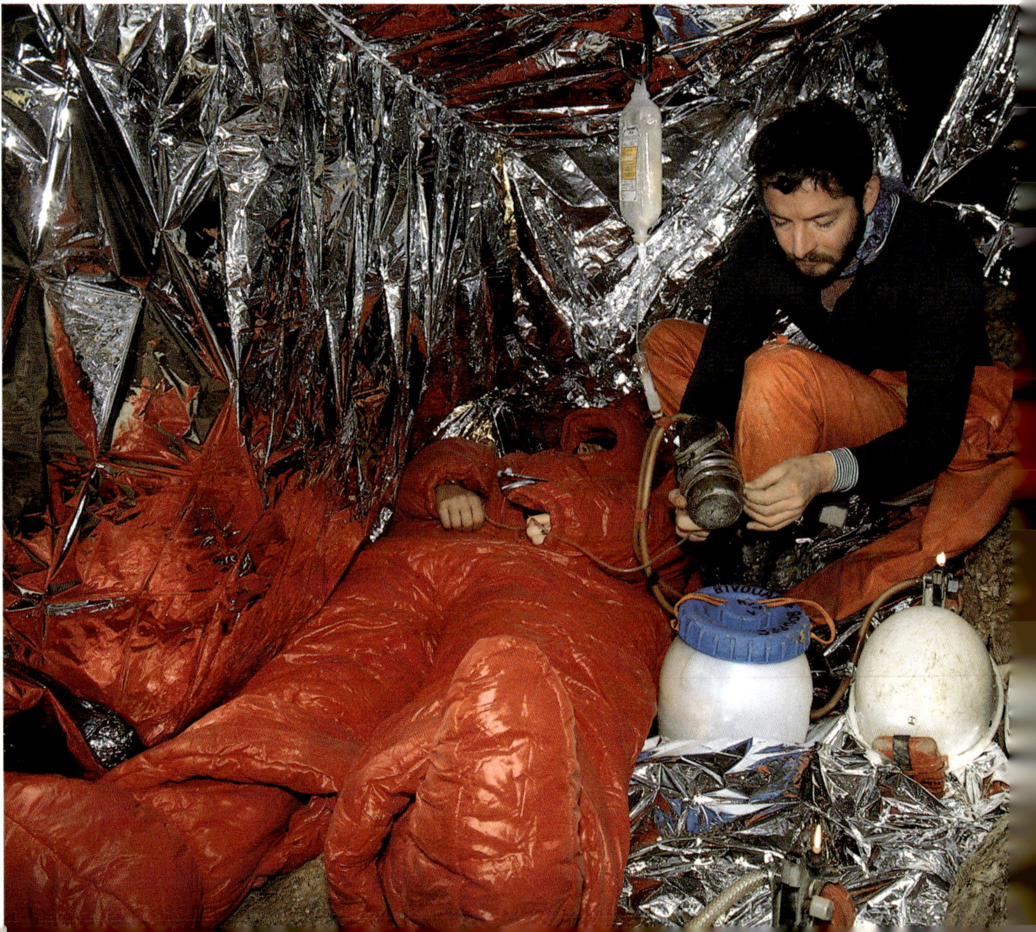

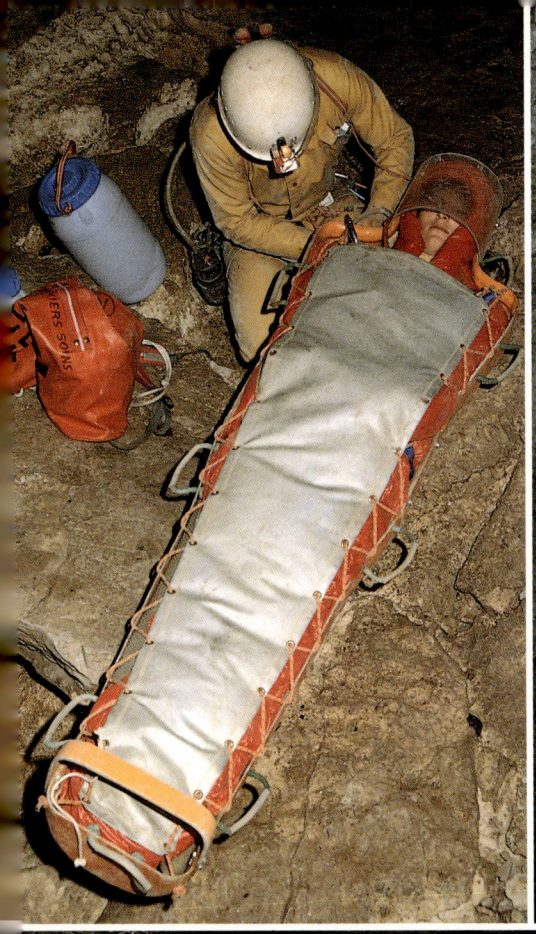

Eine negative Folge der wachsenden Zahl von Höhlenforschern und der Verbesserung der Explorationstechniken war, daß sich die Unfälle häuften, obwohl Höhlenforscher auch proportional weniger oft verunglücken als Bergsteiger. In verschiedenen Ländern haben die Speläologenvereinigungen eigene Höhlenrettungsdienste geschaffen. Der Spéléo-Secours Schweiz arbeitet mit der Schweizerischen Rettungsflugwacht zusammen, um bei Höhlenunfällen rasche Hilfe bringen zu können. Die Rettungen sind oft sehr zeitaufwendig; häufig benötigen Dutzende von Helfern zwei, drei Tage, um von Hochwässern eingeschlossene Höhlenforscher zu befreien oder einen Schwerverletzten an die Oberfläche zu schaffen.

1: Der Transport der Rettungsmannschaft mit dem Helikopter bis zum Einstiegsschacht hilft kostbare Zeit sparen (hier im Sieben-Hengste-Massiv, Kanton Bern).

2–3: Der Spéléo-Secours kann auf ein gutes Dutzend Ärzte zählen, die unter der Erde Hilfe leisten können.

4: Um den Verletzten bestmöglich vor Stößen zu schützen, wurde eine Spezialbahre konstruiert.

5: Hochziehen eines Verletzten in einem Schacht.

6: Noch engere Passagen als diese hier müssen durch Sprengungen erweitert werden, damit die Bahre durchkommt.

6. Kapitel

Ein höchst verletzliches Ökosystem

Vor just drei Jahrhunderten wurde erstmals ein Tier beschrieben, das ausschließlich in Höhlen lebt. 1689 erschien nämlich *Die Ehre des Herzogthums Crain* von Johann Weichard von Valvassor. Der Verfasser schildert darin, wie eines Tages der Posthalter von Oberlaibach (heute Vrhnika, eine Kleinstadt 35 km südwestlich von Ljubljana), ein passionierter Forellenangler, einem seiner Opfer bis in die Karstquelle des Flüßchens Lintvern nachstellte (es handelte sich dabei um eine sogenannte Heber- oder intermittierende Quelle, bei der die Schüttung wegen eines Überlauf-Saugsystems im unterirdischen Bereich regelmäßig aussetzt). Um seine Beute zu fangen, verschob er einige große Blöcke, so daß das gestaute Wasser in einem Schwall nachfloß und ein merkwürdiges weißliches, etwa dreißig Zentimeter langes Tier mitriß, das wie eine riesige Molchlarve aussah. Da sich die Dörfler den rhythmischen Unterbruch der Heberquelle mit dem Vorhandensein eines Drachen erklärten, der in einem unterirdischen See hause und diesen durch seine Bewegungen zum Überlaufen bringe, wurde das merkwürdige Tier selbstverständlich als Drachenbaby betrachtet. Die wissenschaftliche Beschreibung des Grottenolms, wie dieser riesige Schwanzlurch mit seinen larvenähnlichen Merkmalen — insbesondere den äußeren Büschelkiemen — später getauft wurde, erfolgte 1768 unter dem Namen *Proteus anguineus* durch Laurenti in seiner *Synopsis Reptilium*. Damit entdeckte die Wissenschaft das Vorhandensein einer Höhlenfauna; zuvor hätte sich niemand vorstellen können, daß in einem derart lebensfeindlichen Milieu Tiere hausen könnten.

1799 besuchte der große deutsche Naturforscher Freiherr Alexander von Humboldt während seiner fünfjährigen Südamerikareise in Venezuela eine Höhle und stieß dort auf eine Kolonie von Vögeln, welche den Indios seit langem als Guáchero bekannt waren. Diese im Aussehen an große Nachtschwalben erinnernden Vögel leben tagsüber mehrere hundert Meter tief im Höhleninnern und fliegen nur nachts auf der Suche nach bestimmten Palmfrüchten ins Freie.

1831 klaubte Luc Cec, der Entdecker der Adelsberger Grotten (heute Postojnska jama*, dreißig Kilometer südlich der Fundstelle des Grottenolms) ein augenloses, bräunliches, käferartiges Insekt, das einer großen Ameise glich, von einer versinterten Wand dieses ausgedehnten Höhlensystems und brachte es dem Freiherrn Franz von Hohenwart, der sich für die unterirdische Welt interessierte. Der Naturforscher Ferdinand Schmidt bestimmte das außergewöhnliche Insekt — es handelte sich tatsächlich um einen Käfer — und taufte es *Leptodirus hohenwarti*. Damit waren im jugoslawischen Karst zwei Lebewesen entdeckt worden, die noch heute als charakteristische Vertreter der Höhlenfauna gelten. 1849 veröffentlichte der dänische Biologe Schiödte sein Werk *Specimen Faunae subterraneae* mit zahlreichen Darstellungen von Insekten, Spinnen- und Krebstieren, die er alle in derselben Postojnska jama* gefunden hatte, welche damit eine außergewöhnliche Faunenvielfalt offenbarte. Schiödtes Werk ist sozusagen die Geburtsurkunde einer neuen Wissenschaft, der Biospeläologie.

In der Folge fand man in einer Grotte im französischen Pyrenäendepartement Ariège einen Auerochsenknochen mit einer eingravierten Zeichnung, die mit überraschender Originaltreue die Höhlenheuschrecke *Troglophilus* mit ihren überlangen Fühlern darstellt. Der Autor dieser Gravur, ein Jäger der Magdalénien-Zeit, der vor rund 10 000 Jahren lebte, kann damit als erster bekannter Biospeläologe bezeichnet werden!

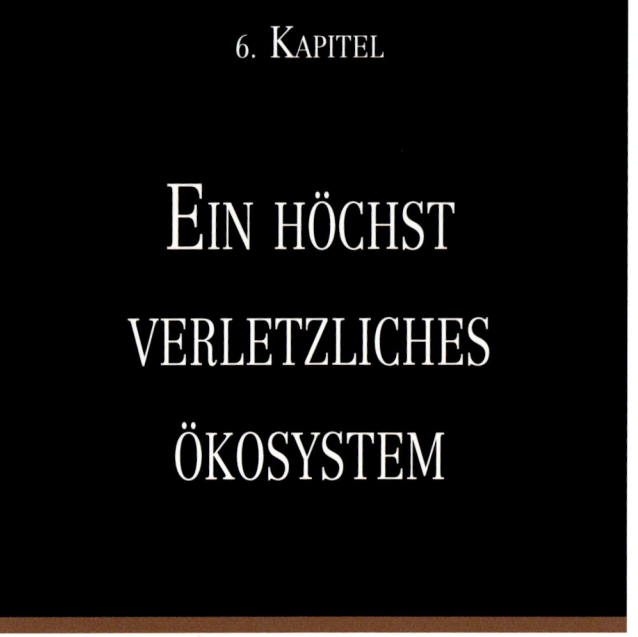

Die junge Wissenschaft gelangte vor allem durch das Wirken eines französisch-rumänischen Quartetts zu Ehren: Emile Racovitza, Louis Fage, Pierre-Alfred Chappuis und René Jeannel. Von 1907 an geben sie die Zeitschrift *Biospeologica* heraus, die eine unvergleichliche Fülle von Beobachtungen und Studien enthält. Der letzte der Gruppe, René Jeannel, prägte den Begriff «lebende Fossilien» für die Vertreter der Höhlenfauna. Tatsächlich wird die Biospeläologie zu einem der bevorzugten Gebiete für die Überprüfung der von Charles Darwin begründeten Evolutionslehre. Denn die typischsten und diesem Milieu bestangepaßten Vertreter können als «Relikte ausgestorbener oberirdisch lebender Tierarten betrachtet» werden.

Die Idee, Höhlenlaboratorien einzurichten, entsteht aus dem Wunsch, die Anpassungsfähigkeit dieser Tiere an ihre spezifische Umwelt bestmöglich erforschen zu können. Das erste, zu Ende des 19. Jahrhunderts in den Pariser Katakomben gegründet, wurde durch das außergewöhnliche Seine-Hochwasser von 1910 vollständig zerstört. 1948 entstand dann das Centre national de la recherche scientifique (CNRS) von Moulis im bereits erwähnten Departement Ariège, das noch heute als beispielhaft gilt. Es ermöglichte zahlreiche Untersuchungen und Entdeckungen, nicht nur im Bereich der Höhlenfauna, sondern auch der Karsthydrographie und der Geophysik. Das unterirdische Laboratorium hat eine Fläche von mehreren hundert Quadratmetern in einer natürlichen, zu diesem Zweck hergerichteten Höhle, die von einem Höhlenbach durchflossen wird. Terrarien, Aquarien und Aufzuchtbecken beherbergen eine vielfältige Tierwelt, deren Fortpflanzung, Entwicklung und Verhalten unter beinahe natürlichen Bedingungen studiert werden können: konstante Temperatur von elf Grad sowie Dunkelheit (abgesehen von den Beobachtungszeiten, in denen mit gedämpftem Licht gearbeitet wird). Entscheidend an diesem Studium vor Ort ist der ökologische Aspekt, insbesondere der Einfluß des Lebensraums auf seine Bewohner bei gelegentlicher wie dauernder Benutzung. Das Wachstum der Tiere wird über Jahre, ja Jahrzehnte verfolgt, was bei bestimmten Arten mit langer Entwicklungszeit wie dem Grottenolm unerläßlich ist.

Dank dem durchdachten Aufbau der Forschungen ist übrigens ein zwar kleines, aber unrühmliches Handwerk aus der Höhlenwelt verschwunden: das des Höhlentierfängers. Als Lieferanten für Privatsammlungen wie für staatliche Museen lockten diese Fänger ihre Beute mit ausgelegten Schinken- oder Käsehäppchen an. Je seltener das Tier, desto teurer... Zu Beginn des Jahrhunderts zahlten Liebhaber für einen Blindlaufkäfer der Art *Aphaenops bucephalus* ein Goldstück!

Verletzliche lebende Fossilien

Dank gründlicher Studien über die Anpassung der Höhlentiere sowohl während ihrer Wachstumsphase wie in entwicklungsgeschichtlicher Hinsicht kann heute besser abgegrenzt werden, welche von ihnen wirklich als «lebende Fossilien» be-

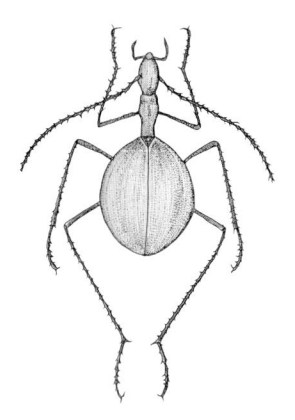

Leptodirus hohenwarti: ein blinder Höhlenkäfer, der 1831 als erstes Höhleninsekt entdeckt wurde.

zeichnet werden können. Man erkennt sie an gewissen gestaltmäßigen und anatomischen Gemeinsamkeiten: verkümmerte oder verlorene Augen, Verlust der Haut-Farbpigmente (in manchen Fällen werden sie beim Kontakt mit Licht wieder gebildet), Entwicklung der Geruchs- sowie der Sinnesorgane für die Wahrnehmung von Luft- oder Wasserbewegungen, um den Verlust der Augen wettzumachen. Daneben sind einige biologische Eigenheiten feststellbar: Verlangsamung des Lebenszyklus, Rückbildung des Atmungsstoffwechsels im Verbund mit bescheidenerem Energieverbrauch, geringere Fruchtbarkeit, die teilweise durch eine Zunahme der Eigröße wettgemacht wird. Schließlich weicht das Verhalten der Höhlentiere wegen des fehlenden Tag-Nacht-Wechsels von dem ihrer Verwandten in der Außenwelt ab. Man spricht vom Verschwinden der zirkadischen Aktivitäts-

Das Höhlenlabor des CNRS Moulis in den französischen Pyrenäen (Departement Ariège) wurde 1948 im zugänglichen Teil einer Höhle eingerichtet, die von einem Bach durchflossen wird. Der Ausbau ist auf ein Minimum beschränkt worden, um die Höhlenfauna unter möglichst natürlichen Bedingungen erforschen zu können.

Rechte Seite, links oben: Ein Teil dieser Höhlenfauna besiedelt die Wände unterirdischer Hohlräume, so *Meta menardi*, eine Spinne, die in fast sämtlichen Höhlen der Welt vorkommt. Sie jagt Insekten an den Höhlenwänden und heftet ihre rund fünfzig Eier in einem seidenen Kokon an die Decke (oben rechts). Diese Spinnenart besitzt äußerst wirkungsvolle Giftdrüsen, doch ihre Kieferklauen sind zu schwach, um die menschliche Haut zu verletzen.

Rechte Seite, unten: Der Nachtfalter *Triphosa sabaudiata* ist ein zeitweiliger Gast in Höhlen. Gut getarnt an der Wand sitzend, überdauert er Spätherbst und Winter im vergleichsweise warmen, konstanten Höhlenklima.

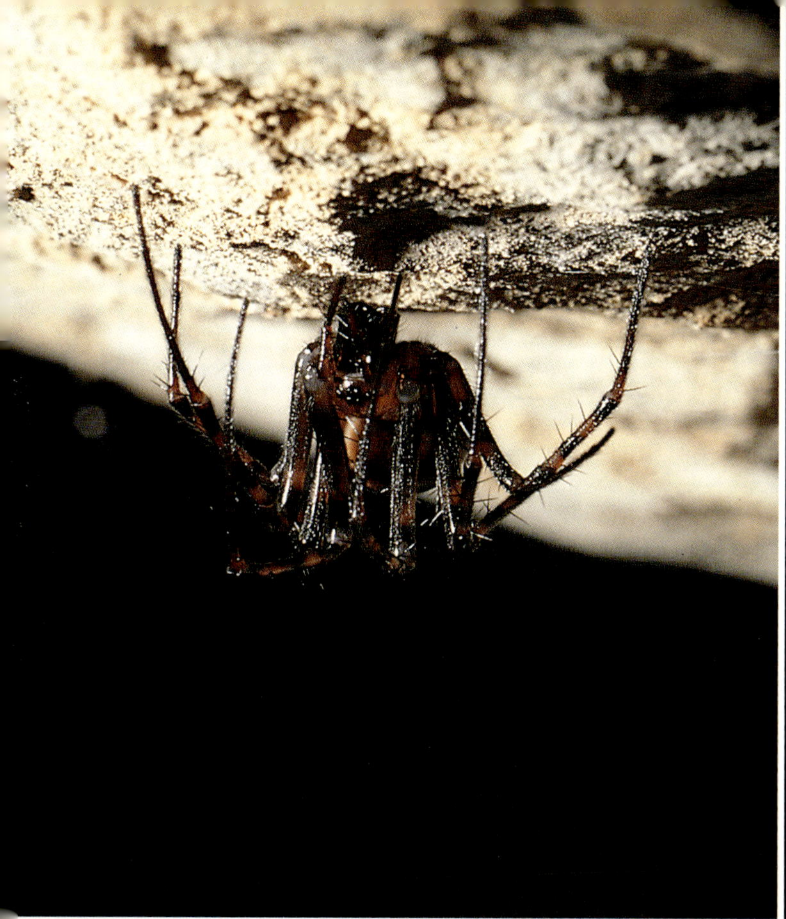
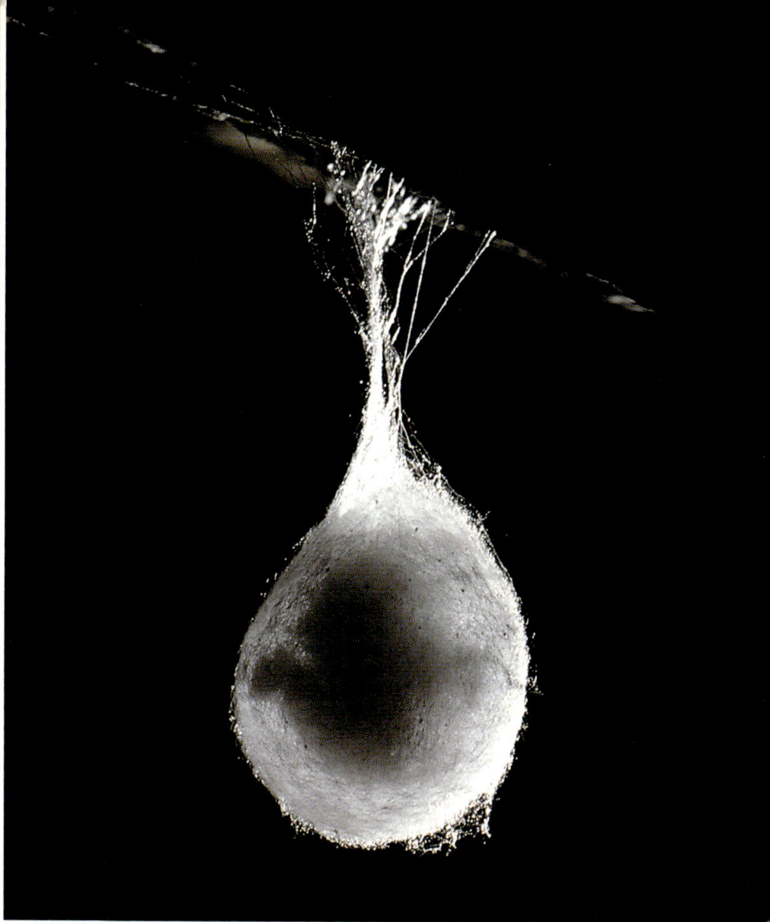
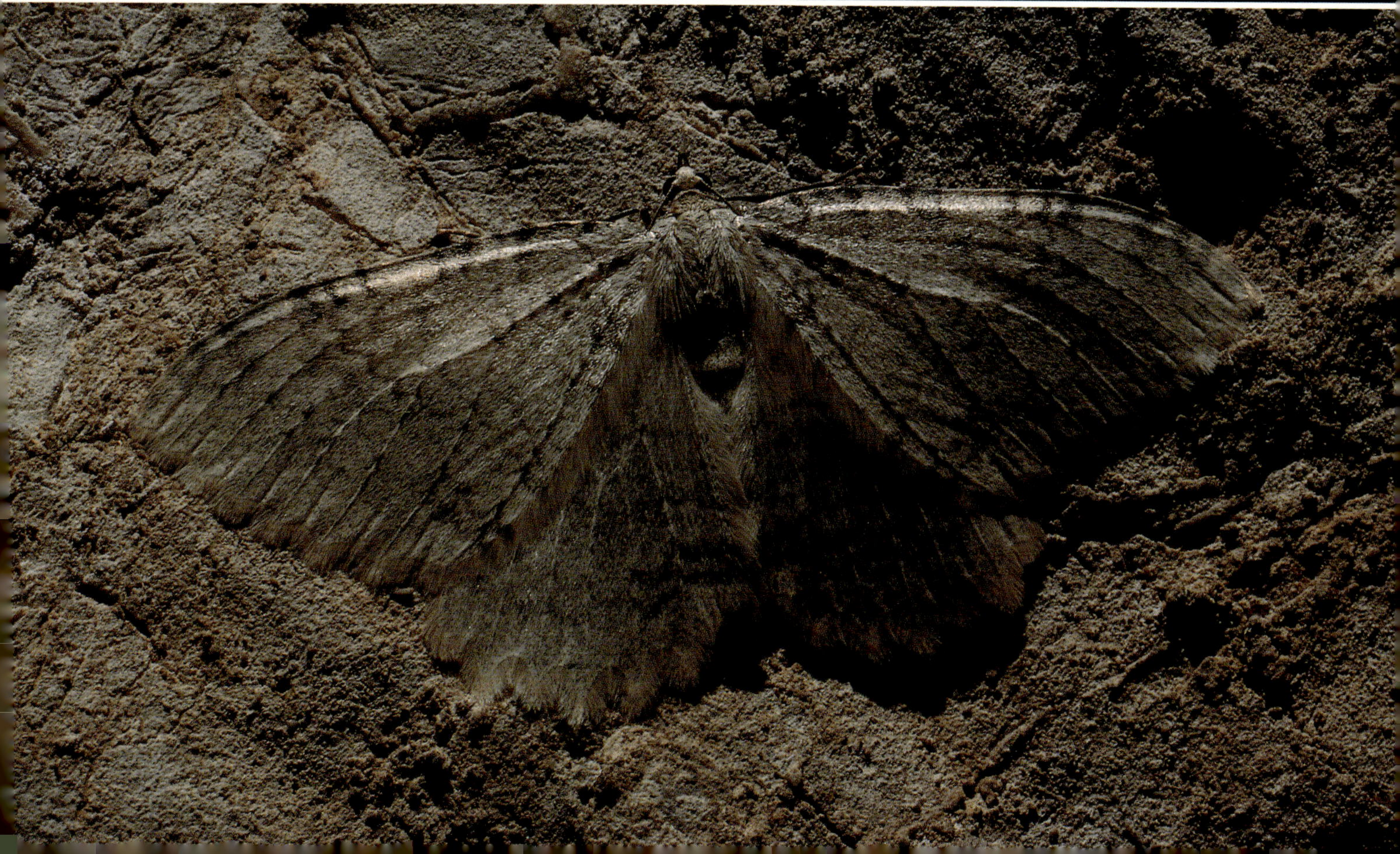

rhythmen: Innerhalb von vierundzwanzig Stunden sind mehrere relativ kurze Aktivitätsphasen festzustellen. Auch die saisonalen Unterschiede sind in der Höhle nur noch stark gedämpft wirksam: Für diese Bewohner des ewigen Dunkels bleibt die Temperatur das ganze Jahr praktisch gleich, nur Änderungen der Windrichtung und die periodischen Hochwässer, die Futter herantragen, gliedern den Jahreslauf.

Schauen wir uns den vielleicht ungewöhnlichsten Vertreter der europäischen Höhlenfauna genauer an, den Grottenolm. Um die fossilen Vorfahren dieses höhlenbewohnenden Lurchs zu finden, muß man rund 140 Millionen Jahre in die Vergangenheit zurückgehen und die Sümpfe Nordeuropas erforschen. Hier teilte er seinen Lebensraum beispielsweise mit dem Iguanodon, einem bis acht Meter langen und fünf Meter hohen, känguruhartig auf mächtigen Hinterbeinen gehenden, pflanzenfressenden Dinosaurier. Vor 65 Millionen Jahren – in der Zeit, als sich die Alpen bilden – sterben zahlreiche Tierarten mehr oder weniger unvermittelt aus. Die Vorfahren des Grottenolms flüchten in den Untergrund, wo sie vor den klimatischen Veränderungen und dem Druck der natürlichen Auslese geschützt sind. Von den großen Eiszeiten nach Süden abgedrängt, finden sie ihre letzte und möglicherweise einzige Zufluchtstätte in den Flüssen der großen Höhlensysteme im jugoslawischen Karst. Dank dort eingefangenen Grottenolmen konnten die Forscher im CNRS Moulis Fortpflanzung und Entwicklung dieser seltsamen Amphibien studieren. Aus dem befruchteten Ei schlüpft nach vier Monaten eine bereits mehrere Zentimeter lange Lurchlarve. Sie besitzt Hautpigmente und winzige Augen, überflüssige Zeugen aus einer Zeit, als die Vorgänger der Grottenolme ähnlich wie unsere bekannten Kammolche lebten. Allerdings waren sie stärker ans Wasser gebunden, da auch sie schon die schleichenartige Gestalt mit den winzigen, fast verkümmerten Beinen besaßen. Wie eine Molchlarve atmet der Grottenolm anfangs nur durch außenstehende Büschelkiemen, im Gegensatz zum Molch behält er sie jedoch zeitlebens, bildet aber zusätzlich einfache Lungen für die Atmung an Land aus. Augen und Färbung (Pigmentation) verschwinden während des Wachstums; die ausgewachsenen Tiere sind blind und weißlich, mit durchschimmernder rötlicher Äderung, und werden etwa dreißig Zentimeter lang. Die Fortpflanzungsreife erreicht der Grottenolm erst mit fünfzehn bis achtzehn Jahren, dafür kann er auch über ein halbes Jahrhundert alt werden, da ihn kein Freßfeind in seiner beschaulichen Lebensweise bedrängt.

Der nächste Verwandte des heutigen Grottenolms ist ein Lurch aus Nordamerika, der jedoch nicht in Höhlen lebt: Die Existenz dieser beiden Vettern auf beiden Seiten des Atlantischen Ozeans ist leicht verständlich, wenn man bedenkt, daß Europa und Nordamerika einmal miteinander verbunden waren. Damit gehört der Grottenolm zu den vielen Argumenten, welche für die im 3. Kapitel erwähnte Kontinentaldrift sprechen.

Harmlose vampire

Andere erstaunliche Geschöpfe, denen man in Höhlen begegnet und vor denen sich viele zu Unrecht fürchten, sind die Fledermäuse. Sie haben übrigens nichts mit Mäusen zu tun, sondern bilden mit den Flughunden die überaus artenreiche, flugfähige Säugetierordnung der dämmerungs- und nachtaktiven Chiropteren, deutsch Flattertiere oder Handflügler genannt. Die Fledermaus – bei Speläologenklubs ein beliebtes Emblem – ist ein geschickter Flieger; Wanderflüge über mehrere hundert Kilometer sind von vielen Arten bekannt.

Unter den weltweit rund tausend Handflüglerarten schlafen oder überwintern nur einige Dutzend in Höhlen. In unseren europäischen Breiten finden sich selten große Kolonien dieser geselligen Tiere – zumal ihr Lebensraum hier immer knapper wird –, manche Höhlen in Texas oder New Mexiko hingegen beherbergen bis zu hundert Millionen Fledermäuse ein und derselben Art. Wenn sie in der Dämmerung auf die Jagd nach Fluginsekten gehen, bilden sie über dem Eingangsschacht eine dunkle Säule, die an den Rauchschlot eines Vulkans erinnert, wenn sie den Himmel nicht gar völlig verfinstern.

Fledermäuse sind vor allem bekannt wegen ihres hochentwickelten Schallorientierungssystems; die normal entwickelten Augen genügen in der Dunkelheit nicht, um Hindernisse oder Beutetiere rechtzeitig zu sehen. Das überaus leistungsfähige, raffinierte Sonar- oder Echolotsystem ist häufig mit einem natürli-

Das Braune Langohr, *Plecotus auritus*, bewohnt die Höhlen unserer Regionen als Tagquartier.

Die Fledermaus dirigiert Insekten, welche sie mit ihrem Echolotsystem geortet hat, mit ihren Hautflügeln in die zum Fangsack gewölbte Schwanzmembran, wo sie sie mit ihrem spitzzähnigen Maul packt.

chen Radar verglichen worden, was nicht genau zutrifft. Die Entdeckung dieser biologischen Besonderheit geht auf das Jahr 1794 zurück: Damals schloß Lazzaro Spallanzani aus der Tatsache, daß auch blinde Fledermäuse ohne anzustoßen zwischen Hindernissen durchfliegen und anscheinend ohne Schwierigkeiten Insekten fangen können, auf das Vorhandensein eines sechsten Sinns. Doch erst Hartridge entdeckte dann 1920, daß Fledermäuse mit Hilfe von Zunge und Kehlkopf ganz kurze Schreie – von ungefähr einer Tausendstelsekunde Dauer – im Ultraschallwellenbereich ausstoßen. Prallen diese Schallwellen auf Hindernisse oder Beutetiere, werden sie als Echo zurückgeworfen, von den extrem leistungsfähigen Ohren (bei der Hufeisennase vor allem vom Nasenaufsatz) aufgefangen, vom Fledermausgehirn ausgewertet und in Flugsteuerungs-Nervensignale umgesetzt. In einer unbekannten Höhle werden die Ultraschallsignale kontinuierlich erzeugt, in bekannten Gängen genügen gelegentliche Kontrollrufe. Vor einem unvorhergesehenen Hindernis wird sofort wieder auf «dauernde Sendung geschaltet», und ein Alarmruf warnt die Artgenossen. Neuere Forschungen haben gezeigt, daß das Echolotsystem der Fledermäuse offenbar nicht auf der Messung des Zeitraums zwischen Senden und Empfangen des Signals beruht, sondern eher auf der unterschiedlichen Länge der ausgehenden und der zurückkommenden Schallwellen. Wie dem auch sei, der Orientierungssinn der Fledermäuse ist derart hervorragend, daß sie viel zu geschickt fliegen, um sich je in unserem Haar zu verfangen, wie es der Volksglaube wahrhaben will. Selbst in engsten Gängen haben uns die lautlos vorbeihuschenden Flatterer nie gestreift.

Lebensraum und Verhalten der Fledermaus zeigen, daß sie eigentlich keine Höhlentiere im Sinne lebender Fossilien, sondern hochentwickelte Säugetiere sind. Höhlenbewohnende Fledermausarten haben sich dabei auf einen bestimmten Wohnraumtyp spezialisiert, den sie übrigens ganz unterschiedlich nutzen. Als «Mutterhöhle» wird diejenige Grotte bezeichnet, in der die Kolonie überwintert. Daneben kennt man eigentliche «Wochenstuben», in denen die Weibchen ihr einzelnes Junges gebären, das sich sofort an der Mutter festklammert und immer mitgetragen wird. Diese verschiedenen Höhlen können relativ weit voneinander entfernt sein, was auf das Vorhandensein eines ausgeprägten Orientierungssinns hinweist (nicht zu verwechseln mit dem Echolotsystem). Das Studium der Fledermauswanderungen wurde durch systematische Beringung möglich. Am Vorderarm wird eine leichte, numerierte Aluminiumklammer befestigt, anhand deren das Tier leicht identifiziert werden kann, die es jedoch in keiner Weise behindert.

Der bekannte, aus den französischen Pyrenäen stammende Speläologe Norbert Casteret war einer der ersten, die das Verhalten höhlenbewohnender Fledermäuse studierten. Ganze Nächte verbrachte er vor den Eingängen, um Zeit und Zahl ihrer Aus- und Einflüge festzuhalten. Dann führte er weitergehende Versuche mit dem Großen Mausohr *(Myotis myotis)* durch.

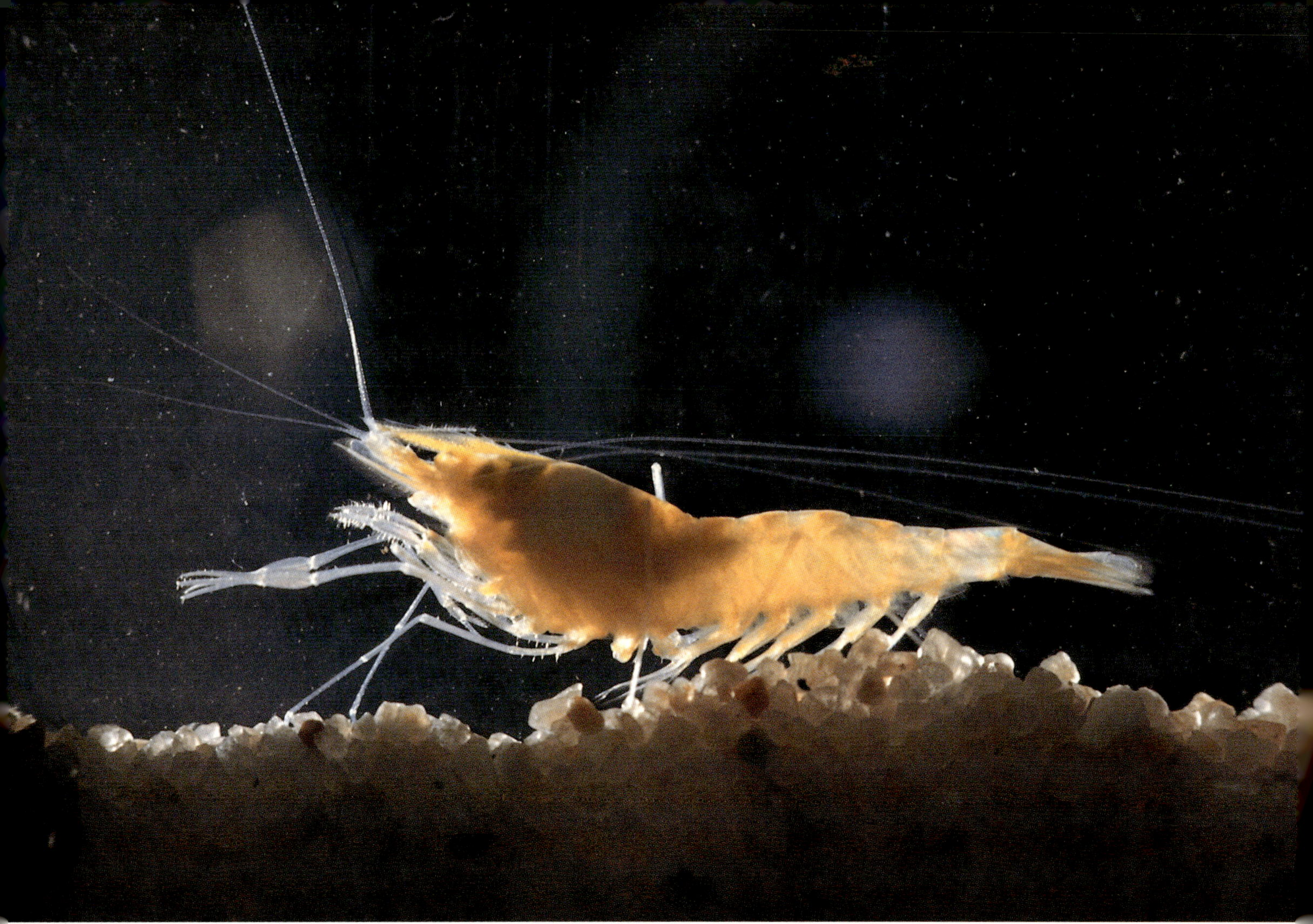
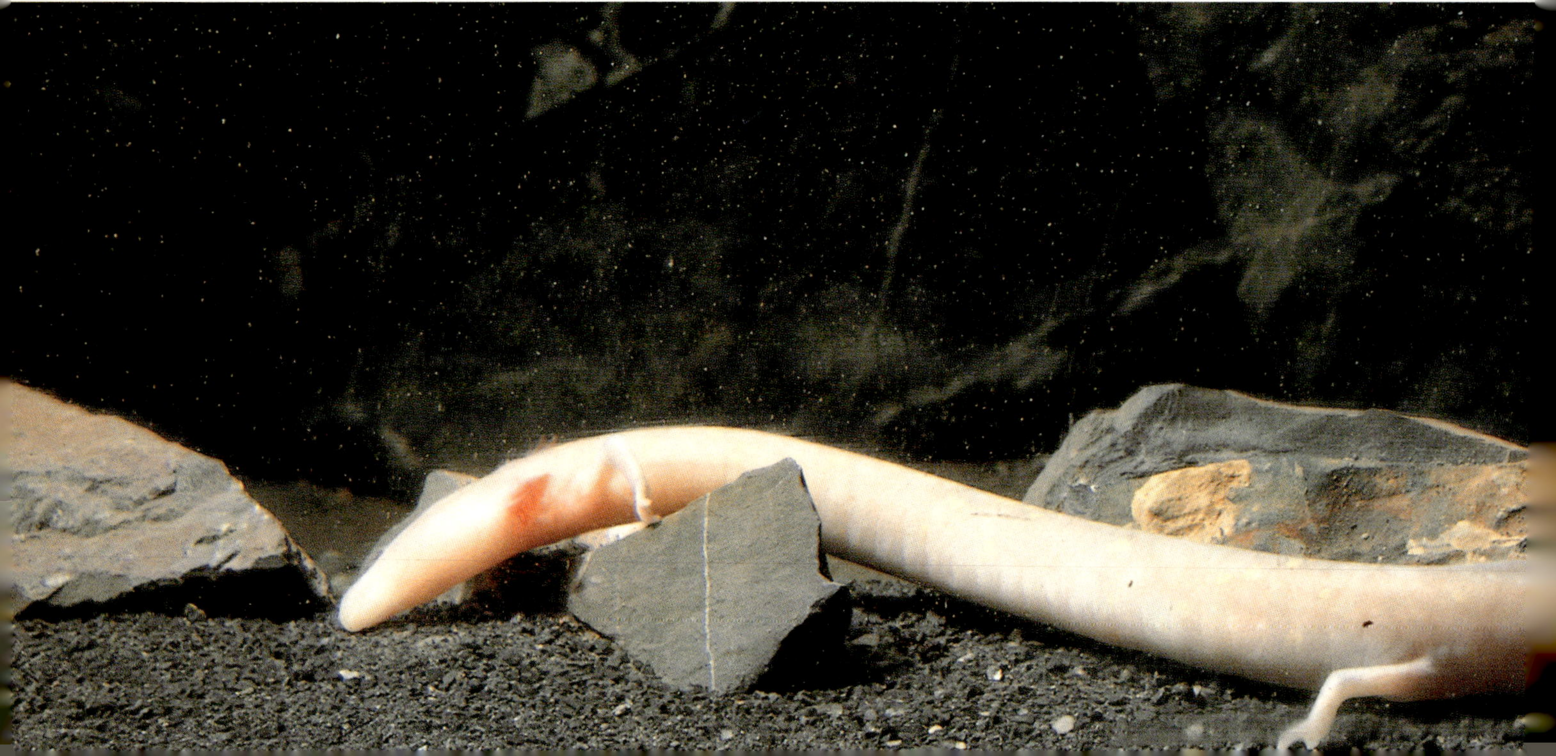

Links oben: *Troglocubanus,* ein Verwandter der durchscheinenden, im Grundwasser und in Höhlen lebenden Flohkrebschen der Gattung Brunnenkrebse *(Niphargus)* unserer Regionen, bewohnt die Höhlengewässer der Insel Kuba. Das mehrere Zentimeter lange, garnelenartige Krebschen kann nicht in feinste Spalten vordringen wie sein europäischer Verwandter, und man findet es vor allem in größeren Becken. Zahlreiche Vertreter derselben Krebsfamilie haben die Tiefsee besiedelt.

Rechts oben: Zur selben Klasse der Zehnfußkrebse gehörend, ist *Typhlopseudothelphusa* eine der wenigen Krabbenarten, die ständig im unterirdischen Lebensraum hausen. Dieses Exemplar wurde in einer Höhle in Guatemala entdeckt, aus Mexiko ist ein naher Verwandter bekannt.

Unten: Das Verbreitungsgebiet des Grottenolms *(Proteus anguinus)* beschränkt sich auf den dinarischen Karst in Jugoslawien. Dieser seltsame Lurch, der bis 40 cm lang und 50 Jahre alt werden kann, sieht aus wie eine riesige Molchlarve. Im Höhlenlabor Moulis pflanzten sich Grottenolme erfolgreich fort.

In ihrer Mutterhöhle eingefangene Tiere wurden nach dem Beringen in Säcken in immer größere Entfernung transportiert und freigelassen. Als würde sie über einen Kompaß verfügen, schlug jede Fledermaus ohne Zögern den Heimweg ein. «Nach einigen großen Runden über der Abflugstelle stieg sie höher und verschwand gegen Osten, genau in der Richtung ihrer fernen Höhle.» Die meisten der so verfrachteten Flatterer kehrten nach wenigen Tagen in ihre heimatliche Schlafhöhle zurück, selbst über Entfernungen von mehreren hundert Kilometern.

Die außergewöhnlichen Sinnesleistungen der Fledermäuse sollten uns diese hochentwickelten Säugetiere eigentlich sympathisch machen. Doch Aberglaube, Angst und Unwissen waren

Troglochaetus beranecki: ein nicht ganz zwei Millimeter langer, wasserbewohnender Wurm europäischer Höhlen.

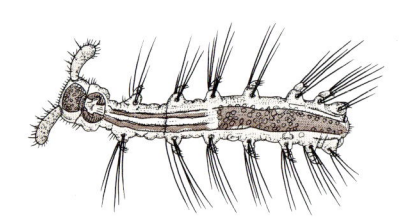

lange Zeit dafür verantwortlich, daß man Fledermäuse lebend an Scheunentüren nagelte, wo sie Hexen abhalten sollten. Heute ist der Mensch ihr gefährlichster Feind: Höhlen werden verschlossen oder industriell genutzt, geeignete Schlafräume für andere Arten, etwa Kirchen- und Scheunendächer in Holzbauweise, sind immer seltener oder mit Insektiziden behandelt... die Gründe für den dramatischen Rückgang vieler Fledermausarten sind vielfältig.

Übrigens: Bei den höhlenbewohnenden Fledermäusen scheinen gerade die allzu häufigen Störungen durch Besucher und übermäßige Beringungskampagnen durch Wissenschaftler entscheidend dazu beigetragen zu haben.

Seltsame siedler

Nach dem Grottenolm als ständigem Bewohner der unterirdischen Gefilde haben wir die Fledermaus vorgestellt, die nur einen Teil ihres Lebens in Höhlen verbringt. Das führt uns zur Unterscheidung der Höhlentiere nach ihrer Lebensweise in Troglobionten, Troglophile und Trogloxene. Biologen, die sich mit der Faunazusammensetzung bestimmter Lebensräume beschäftigen, unterscheiden meist drei große Gruppen. Die erste umfaßt mehrere Arten, die derart an einen bestimmten Lebensraum angepaßt sind, daß sie nirgendwo sonst überleben könnten: Sie sind die charakteristischen Vertreter dieses Milieus, sozusagen die Einheimischen. Zur zweiten Gruppe gehören Arten, die sowohl im erforschten Lebensraum wie in anders zusammengesetzten Biotopen vorkommen; sie sind nicht an unsern bestimmten Lebensraum gebunden, können sich aber hier ohne weiteres ernähren und fortpflanzen: Sie sind Ubiquisten, welche sich verschiedenen Bedingungen anpassen können. In der dritten Gruppe schließlich werden Arten zusammengefaßt, die nur zufällig hierher geraten sind, sich sozusagen verirrt haben: Sie sind Fremdlinge.

Spricht man von der Höhle als Lebensraum, muß man diesen Begriff in seinem weitesten Sinn verstehen, reicht er doch vom kleinsten Riß bis zur riesigen Halle, von der Karsthöhle bis zur Lavaröhre, den Zwischenräumen im Blockwerk einer Schutthalde bis zu untermeerischen Tunneln. In dieser Welt findet sich die vorgängig beschriebene Faunen-Dreigliederung genauso wie in andern Lebensräumen. Troglobionten sind ausschließliche Höhlenbewohner, die im Epigaion, dem oberirdischen Lebensraum mit den von der Sonne beherrschten Tag-Nacht- und Jahreszeitenwechseln, nicht existieren könnten. Gewisse Arten sind erst kürzlich in das außergewöhnliche unterirdische Biotop abgewandert, andere vor mehreren Millionen Jahren, wie wir im Abschnitt über die lebenden Fossilien erwähnt haben; oft finden sich heute an der Oberfläche keine vergleichbaren Vertreter mehr. Troglophile können sowohl in Höhlen wie an der Oberfläche leben, und manchmal ist der Wechsel vom einen zum andern Lebensraum jahreszeitlich bedingt. Sie verfügen im allgemeinen nicht über so ausgeprägte Anpassungen an die absolute Finsternis wie troglobe Arten. Bei den Trogloxenen wiederum handelt es sich um verirrte Besucher, die meist passiv in die Höhle gelangt sind, indem sie durch Wasserläufe eingeschwemmt wurden oder in Schächte fielen. In der Höhle, außerhalb ihres gewohnten Biotops, überleben sie je nach Art mehr oder weniger lang, pflanzen sich jedoch nicht erfolgreich fort. Dennoch gehören sie zum unterirdischen Lebenszyklus, da ihre Überreste von den Troglobionten gefressen werden. Zu dieser dritten Kategorie gehören insbesondere Lurche, andere Kleintiere und verschiedenste Insekten.

Doch wieso und wie entscheiden sich Tierarten, vom Leben an der Sonne auf die große Reise in die ewige Nacht zu gehen? Wenn die Lebensbedingungen in einem bestimmten Biotop abrupt ändern, haben seine Bewohner ihren Fähigkeiten entsprechend die «Wahl» zwischen dem Tod, der Anpassung an die neuen Bedingungen oder dem Auswandern. Unter denjenigen, die die Flucht vor großen geologischen oder klimatischen Veränderungen ergreifen, können die einen an der Oberfläche großräumig ausweichen, andere gehen in den Untergrund, sofern sie durch ihre vorherige Lebensweise im oberflächennahen Bereich oder im Wasser bereits für eine solche Änderung des Milieus gerüstet waren. Unter der Erde erfolgte dann im Verlauf geologischer Zeiträume die Anpassung unter dem Druck der natürlichen Auslese. Spezifische Mutationen, wie die Rückbildung der Augen und der Hautpigmente, erweisen sich nicht als Behinderung, ja sogar als Vorteil. In der Höhle vermehren sich die mutierten Tiere ebensogut wie die andern, während sie an der Oberfläche gegenüber ihren sehenden und durch die Hautfärbung getarnten Artgenossen im Nachteil wären.

Eine andere auffallende Eigenschaft der Höhlenfauna sind die großen Unterschiede zwischen den Individuen ein und derselben Art in verschiedenen, aber nicht unbedingt weit auseinanderliegenden Höhlensystemen. Besuche zwischen Nachbarn sind eben angesichts der vielen Schranken schwierig! Dieses Phänomen ist ein weiteres Anwendungsgebiet der Evolutionstheorie, die hier von Gendrift spricht. Die Population jeder Höhle entwickelt sich in verschiedener Richtung, da sie sich notgedrungen innerhalb der «Familie» fortpflanzt und damit Inzucht betreibt. Ein bißchen wie manche europäischen Herrscherhäuser, die durch die Verarmung ihres genetischen Kapitals und verschiedene Degenerationserscheinungen als Folge häufiger Heiraten unter Blutsverwandten berühmt wurden.

Der folgende kurze Überblick über die Höhlentierwelt kann nur eine Andeutung ihrer Vielfalt vermitteln. Unter den Krebstieren ist der Vergleich zweier eng verwandter Gattungen besonders interessant: *Sphaeromides* ist ein ausschließlicher Höhlenbewohner, während *Bathynomius* in der Tiefsee lebt: Beide sind Relikte einer Linie von Krebstieren, deren übrige Arten vor 60 Millionen Jahren ausstarben, während sie in besonders isolierten Rückzugsgebieten überlebten.

Pseudo- oder Afterskorpione sehen aus wie winzige, echte Skorpione ohne Schwanz und Giftstachel. Ungeachtet ihrer geringen Größe – die «Riesenformen» erreichen einige Millimeter Länge – sind sie die gefräßigsten Raubtiere der Höhlenwelt. Ihren nahen Verwandten, den Höhlenspinnen, fehlen die künstleri-

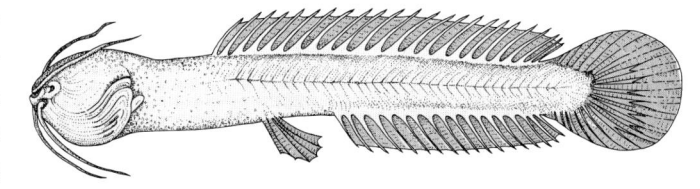

Horoglanis krishnai, ein kleiner indischer Höhlenfisch.

schen Fähigkeiten der oberirdischen Radnetzspinnen: Ihre Netze bestehen aus wenigen gekreuzten Fäden.

Die auffällige große Höhlenschrecke *(Troglophilus neglectus)*, deren Körper bis drei Zentimeter lang wird, frißt Grünpflanzen und kommt deshalb nachts ins Freie. Ein gewitzter Speläologe nutzte dies, indem er den frühmorgens heimkehrenden Schrecken folgte, um die Öffnung eines Kamins ausfindig zu machen, den er in einer Höhle entdeckt hatte.

Einzelne Vertreter der mottenähnlichen Köcherfliegen (Phryganidae) mit düster-bräunlichen Flügeln, deren raupenförmige Larven köcherartige Gehäuse aus Pflanzenteilen, Sand oder Steinchen zusammenkitten, verbringen einen Teil ihres Lebenszyklus in Höhlen. Die Larven dieser Köcherfliegen entwickeln sich im Frühjahr in oberirdischen Wasserläufen; dann wandern sie im Sommer in Höhlen ab, wo sie sich verpuppen. Im Herbst steigen dann die geschlechtsreifen Köcherfliegen von der Wasseroberfläche auf und fliegen ins Freie, wo sie Hochzeit feiern, die Eier in Gewässer ablegen und sterben.

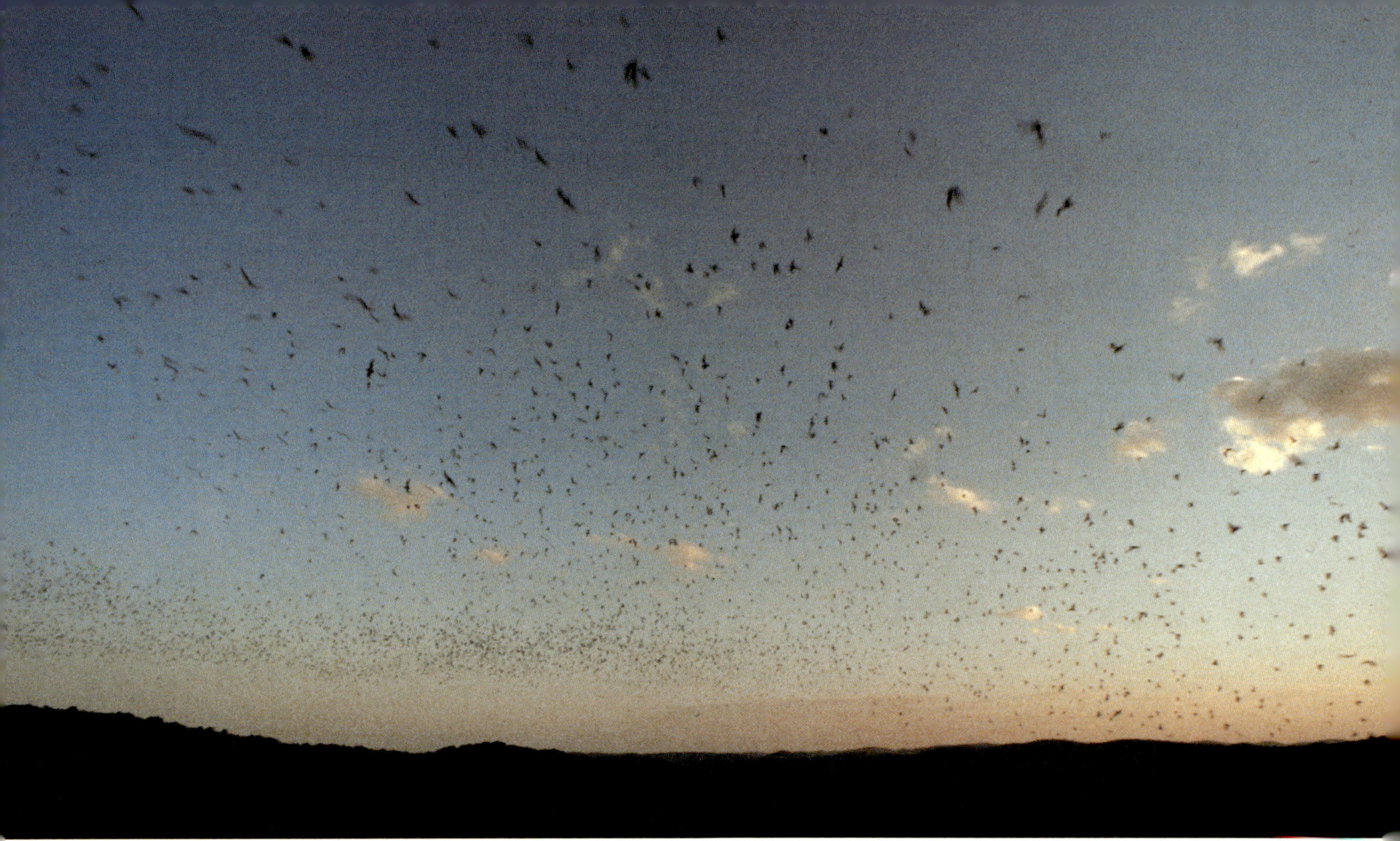

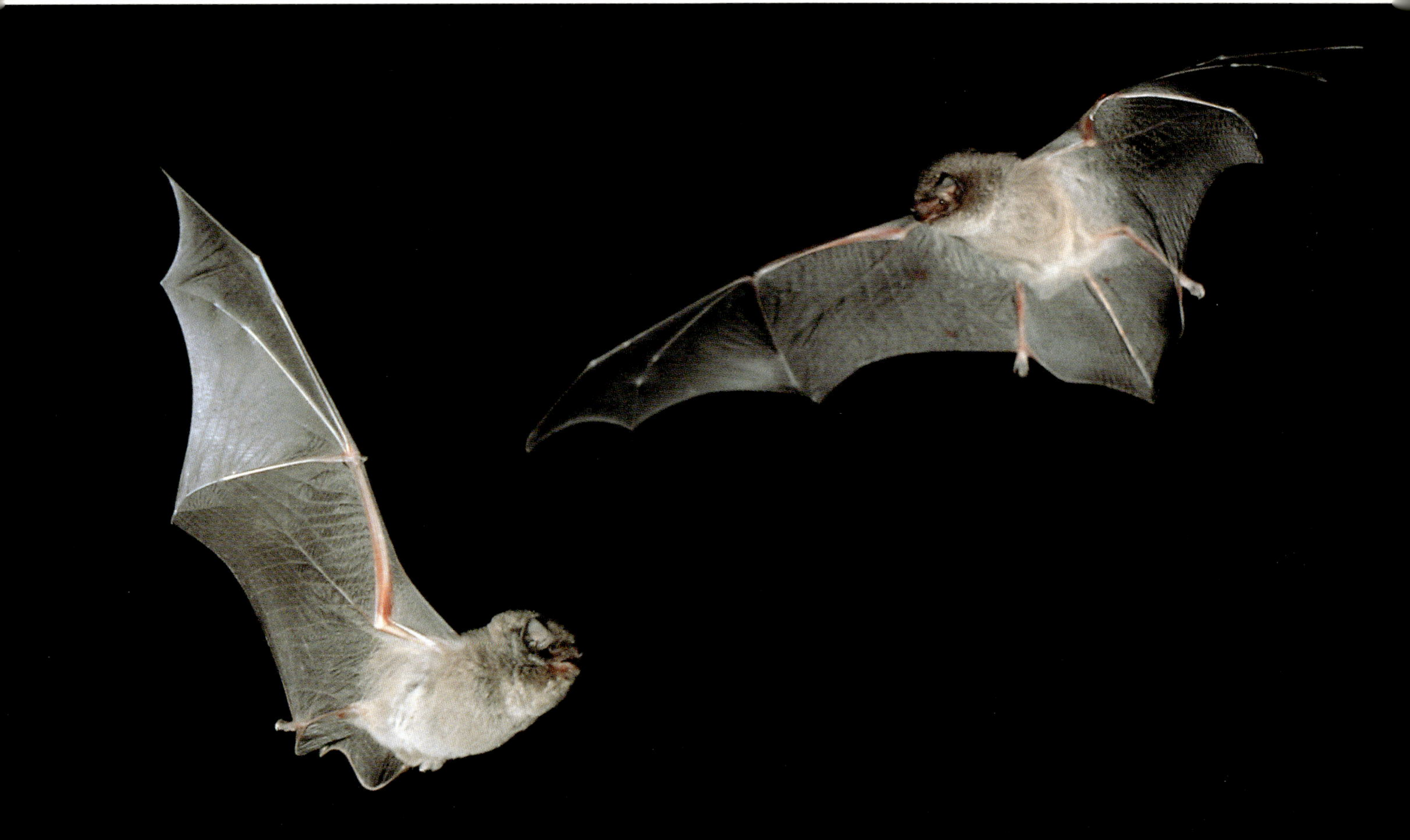

Höhlenbewohnende Fledermäuse, beliebte Wappentiere von Höhlenvereinen, benutzen diesen Lebensraum tagsüber als Schlafplatz, aber auch als Wochenstube oder zum Überwintern. Bei Einbruch der Dämmerung fliegen sie auf der Jagd nach Insekten aus, kleine höhlenbewohnende afrikanische Flughunde auf der Suche nach Früchten. Fledermäuse weichen Hindernissen dank ihrem äußerst leistungsfähigen Echolotsystem aus und orten so auch ihre Beute. Gut ausgebildet ist auch der Ortssinn beziehungsweise das Heimfindungsvermögen: Bei Versuchen kehrten sie über Distanzen von mehreren hundert Kilometern in wenigen Tagen zur angestammten Höhle zurück. Andere Arten wandern jahreszeitlich bedingt über weite Entfernungen von Höhle zu Höhle oder beziehen für die Wochenstube besondere Grotten.

Links oben: Wenn in der Bracken Bat Cave in Texas Tausende von Bulldoggfledermäusen (Gattung Molossidae) gleichzeitig ausfliegen, scheint eine Rauchsäule in den Abendhimmel aufzusteigen.

Links unten: Zwei Fledermäuse der Gattung Miniopterus beim Flug in einer europäischen Höhle.

Rechte Seite: Diese Pharaonenfledermaus (Familie Rhinopomatidae) ist in einer Höhle in den Vereinigten Arabischen Emiraten fotografiert worden. Typisch für die Vertreter dieser Familie ist der lange dünne Schwanz; sie klammern sich außerdem gern sowohl mit den Hinterfüßen wie mit dem Daumenhaken an der Wand fest, wie dies einheimische Fledermäuse beim Klettern tun. Höhlen sind zwar der angestammte Schlafraum der Pharaonenfledermäuse, sie haben sich aber auch in Bauwerken eingenistet, zum Beispiel in ägyptischen Pyramiden und Grabmälern oder indischen Palästen und Tempeln.

Arachnocampa luminosa ist eine Mückenart, die einen Teil ihres Lebens in Höhlen verbringt. Ihre leuchtenden Maden sind in Neuseeland als Glühwürmer bekannt und bilden die touristische Hauptattraktion der Waitomo-Grotte.

Bei den Wirbeltieren gehören neben dem Grottenolm und Fledermäusen einige Vogelarten zu den Höhlenbewohnern. Der bereits erwähnte Guácharo oder Fettschwalm ist ein naher Verwandter des Ziegenmelkers, unserer Nachtschwalbe. Erstmals in Venezuela entdeckt, wurde er in der Folge auch in Kolumbien, Ecuador, Peru und Guayana sowie 1916 vom früheren Präsidenten der Vereinigten Staaten, Theodore Roosevelt, auf der Antilleninsel Trinidad beobachtet. Der Guácharo hat ein rostrotes Gefieder mit herzförmigen weißen, schwarz gerandeten Punkten. Seine Körperlänge beträgt bis fünfzig Zentimeter,

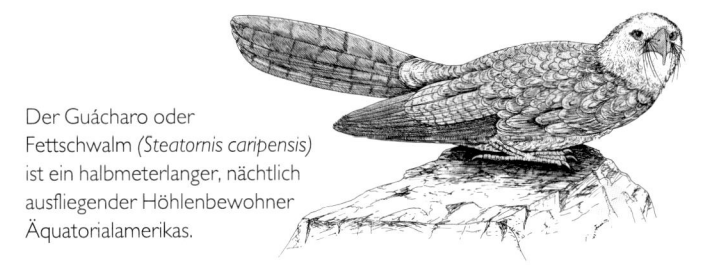

Der Guácharo oder Fettschwalm *(Steatornis caripensis)* ist ein halbmeterlanger, nächtlich ausfliegender Höhlenbewohner Äquatorialamerikas.

die Spannweite über einen Meter. Er ernährt sich von Früchten, die er ganz hinunterschluckt; die Samen und Kerne würgt er in der Höhle wieder aus, so daß dort häufig Schößlinge keimen, aber mangels Licht wieder eingehen. Der Guácharo orientiert sich in der Höhle wie die Fledermäuse mit einem Echolotsystem, allerdings nicht im Ultraschallbereich: Seine klickenden Schreie sind deutlich hörbar.

Die Salanganen wiederum gleichen unseren Mauerseglern, mit denen sie auch verwandt sind; sie kommen von Indien über Polynesien bis Australien vor; manche Arten schlafen und brüten in Höhlen, und zwar in beträchtlicher Entfernung von den Eingängen, wobei sie den Weg ebenfalls mittels Echolot-Orientierung finden. Mit ihrem zementartig erhärtenden Speichel bauen sie Nestschalen, die als «Schwalbennester» eine begehrte Spezialität der asiatischen Küche sind.

Vernetztes Ökosystem

Die Höhle ist kein völlig geschlossener Lebensraum, sondern eine Übergangszone. Dennoch hat sie ihr eigenes Ökosystem, aus dem wir nur zwei Aspekte herausgreifen wollen: Ernährung und Fortpflanzung.

Bei der Nahrung von Höhlenlebewesen muß man zwangsläufig auf Tiergesellschaften und Nahrungswettbewerb zu sprechen kommen. Dabei ist zwischen autotrophen und heterotrophen Lebewesen zu unterscheiden. Die ersten, zu denen die Grünpflanzen gehören, können ihren Nahrungsbedarf ausschließlich durch anorganische Stoffe decken: Damit erzeugen sie aus unbelebter Materie Biomasse, und zwar mittels der Fotosynthese, deren Motor das Sonnenlicht ist. Unter den Heterotrophen oder Konsumenten – die als Beute oder Leichen selbstverständlich ebenfalls wieder Nahrungsproduzenten sind – finden wir die Tiere und einige Pflanzen, insbesondere Pilze. Sie sind zu ihrer Ernährung auf autotrophe Lebewesen angewiesen, entweder direkt als Pflanzen- oder indirekt als Fleischfresser. Nimmt man noch die Zersetzer hinzu, also Bakterien, die alle organischen Stoffe wieder in ihre mineralischen Bestandteile zerlegen, ist der Lebenskreislauf geschlossen.

In der Höhle fehlt das Sonnenlicht, und deshalb fehlen auch Grünpflanzen. Dieser Lebensraum ist – abgesehen vom spärlich beleuchteten Eingangsbereich – ausschließlich den heterotrophen Konsumenten vorbehalten, weshalb die Grundlage der Nahrungskette in der Höhle von außen kommen muß. Der Eintrag von Biomasse kann in verschiedener Form erfolgen, durch die Wasser- oder Luftströmung sowie durch troglophile und trogloxene Tiere als unerläßliche Bindeglieder zur Außenwelt.

Das Wasser transportiert am meisten Nahrung in die Höhle, vor allem während der jahreszeitlichen Hochwässer; es schwemmt lebende oder tote Tiere und pflanzliche Stoffe, aufgelöste Aminosäuren und Schlamm herein. Die biologische Rolle des Schlamms in den Höhlen wurde lange Zeit vernachlässigt. Nehmen wir zum Beispiel *Niphargus*, ein durchsichtiges, garnelenartiges Flohkrebschen der europäischen Höhlengewässer, das man häufiger sehen würde, wenn es nicht so durchscheinend wäre! Es errichtet im Schlamm auf dem Grund des Höhlenbachs einen Bau, in dem es sich vor möglichen Trockenzeiten schützt. Gleichzeitig dient der Schlamm *Niphargus* aber auch als unersetzliches Nahrungsmittel. Laboruntersuchungen haben nämlich gezeigt, daß das Krebschen ohne den Schlamm auch bei ausreichender Ernährung stirbt. Es findet darin die für sein Wachstum erforderlichen Spurenelemente. Ein anderes Beispiel: Einige Grottenolme, die 1914 in einem aufgegebenen Laboratorium sich selbst überlassen wurden, fand man fünf Jahre später gesund und munter wieder. Der Schlamm auf dem Grund ihres Aquariums hatte ihnen zum Überleben genügt!

Die Luft kann Pollen und Sporen in die Höhlenwelt eintragen; und Tiere können in begrenzten Zonen eine äußerst wichtige Rolle als Nahrungslieferanten spielen. Dabei handelt es sich selbstverständlich um jene beiden Gruppen, die auch oder vor allem in der Außenwelt leben. Die meisten von ihnen sind zu groß, als daß sie die feinsten Spalten mit Nahrung versorgen könnten. Dabei beherbergen gerade diese zahlreiche Kleinstlebewesen, die sich mit dem Nahrungseintrag durch Sickerwasser zufriedengeben müssen.

«Höhlengelage» finden deshalb vor allem an Kadavern statt, aber auch am Kot von Fledermäusen und Vögeln. Bei Guanohaufen in Höhlen konnten die vielleicht dichtesten Ansammlungen von Lebewesen überhaupt beobachtet werden. René Jeannel hat in dieser Hinsicht packende Erfahrungen in einer Höhle in Kenia gemacht, wo er an einem Köder aus verwesendem Fleisch innerhalb von zehn Minuten mehrere tausend Krebse sammeln konnte! Der Anblick muß unbeschreiblich gewesen sein: eine dicke Guanoschicht, die von derart vielen Tieren bedeckt war, daß sie wie in Bewegung wirkte: «Die ganze Höhle scheint zu leben.» Die Nahrung ist unter der Erde jedoch nicht immer Anlaß zu friedlichen Gelagen, sondern kann auch zu Auseinandersetzungen führen. Hier liefern zwei amerikanische Höhlenkrebse ein gutes Beispiel. Ihre heutige Koexistenz verdanken *Troglocambarus* und *Procambarus* einem langen Konkurrenzkampf. *Troglocambarus* hatte das Höhlenmilieu als erster besiedelt und jagte am Gewässergrund sowie an den Wänden nach Nahrung. Dann kam der größere und kräftigere *Procambarus*, der den Gewässergrund besetzte und *Troglocambarus* daraus verdrängte. Nur die leichtesten Vertreter dieser Art überlebten, da ihre Behendigkeit ihnen erlaubte, an den Wänden und Decken genügend Nahrung zu finden. Die Nahrungskonkurrenz hat also dazu geführt, daß die beiden Arten sich entscheidend spezialisierten.

Auch eine andere lebenswichtige Funktion hat sich dem Höhlenmilieu angepaßt: die Fortpflanzung. Wie bereits erwähnt, läuft der Lebenszyklus troglobiontischer Tiere stark verlangsamt ab. So wird das Flohkrebschen *Niphargus* erst mit drei Jahren geschlechtsreif, während sein oberirdischer Verwandter *Gammarus* dazu nur sieben Monate benötigt. Man nimmt übrigens an, daß die Abweichung der Lebensdauer eng verwandter oberirdischer und unterirdischer Arten Aufschluß über den unterschiedlichen Anpassungsgrad an das Höhlenleben gibt. So haben jene Arten, die am frühesten Höhlen besiedelten und deshalb als lebende Fossilien betrachtet werden, eine höhere Lebenserwartung als später «untergetauchte» Arten.

Ein weiteres charakteristisches Unterscheidungsmerkmal betrifft Größe und Zahl der Eier: Bei Troglobionten sind sie größer, manchmal wird gar nur eines gelegt. Ein großes Ei enthält mehr Dotter und kann den Embryo länger ernähren. Dieser entwickelt sich in seiner «Schale», ohne hungern zu müssen. Die Vermehrungsrate ist damit weniger groß, und die Gefahr ist gering, daß für Feinschmecker auf der Suche nach Ausgefallenem *Niphargus*-Zuchten aufgebaut würden! Diese bescheidene Vermehrungsrate ist eine weise Anpassung an das überaus beschränkte Nahrungsangebot in der Höhle. Überhaupt ist das ökologische Gleichgewicht hier äußerst stabil, solange es nicht durch äußerliche Einwirkungen gestört wird, ja neigt dazu, stehenzubleiben: eine Art Paradies der Trägheit...

Der dreck im dunkel

Die Welt der Höhlen ist ein kleines Ökosystem innerhalb des großen Ökosystems Erde. Das eine wie das andere befindet sich im Gleichgewicht, doch braucht es sehr wenig, daß sich die Waagschalen verschieben. Beim Ökosystem Höhle ist der wichtigste Stabilitätsfaktor das Wasser.

Wie schon mehrfach erwähnt, hängt das Überleben der

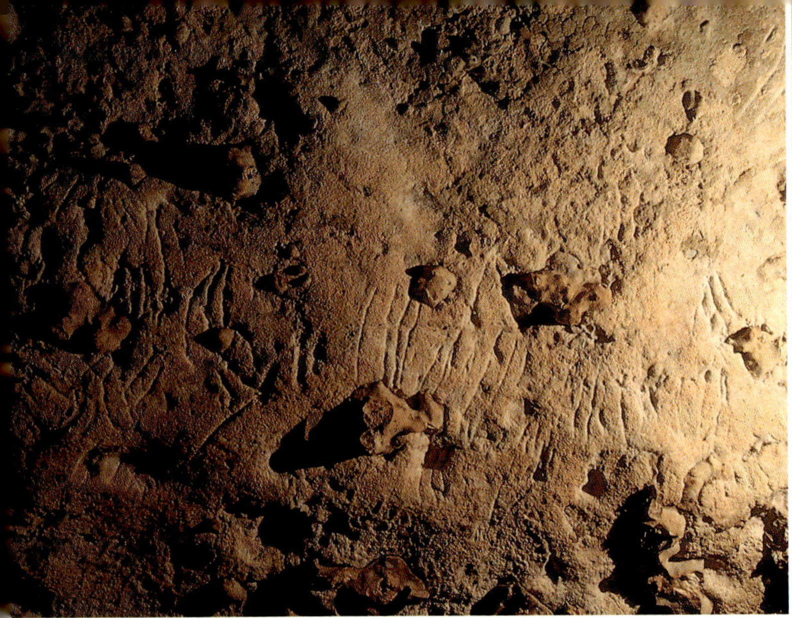
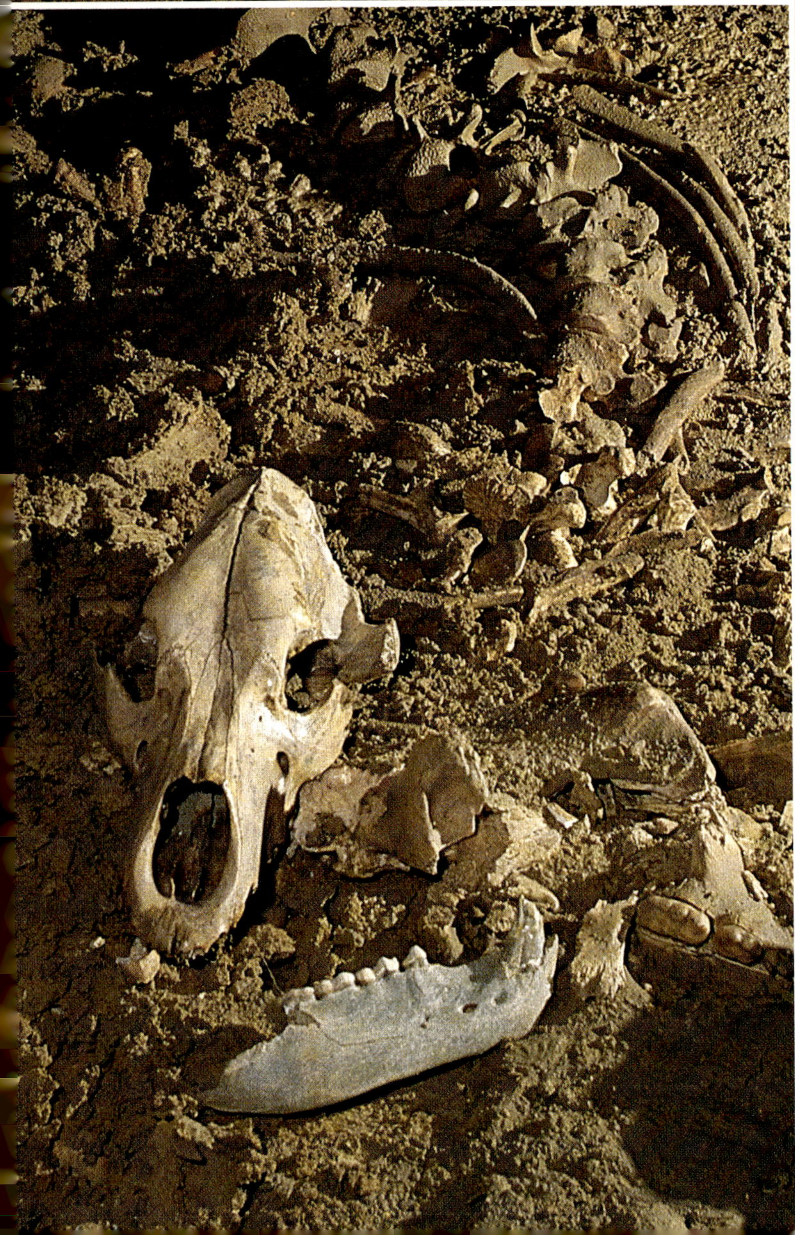
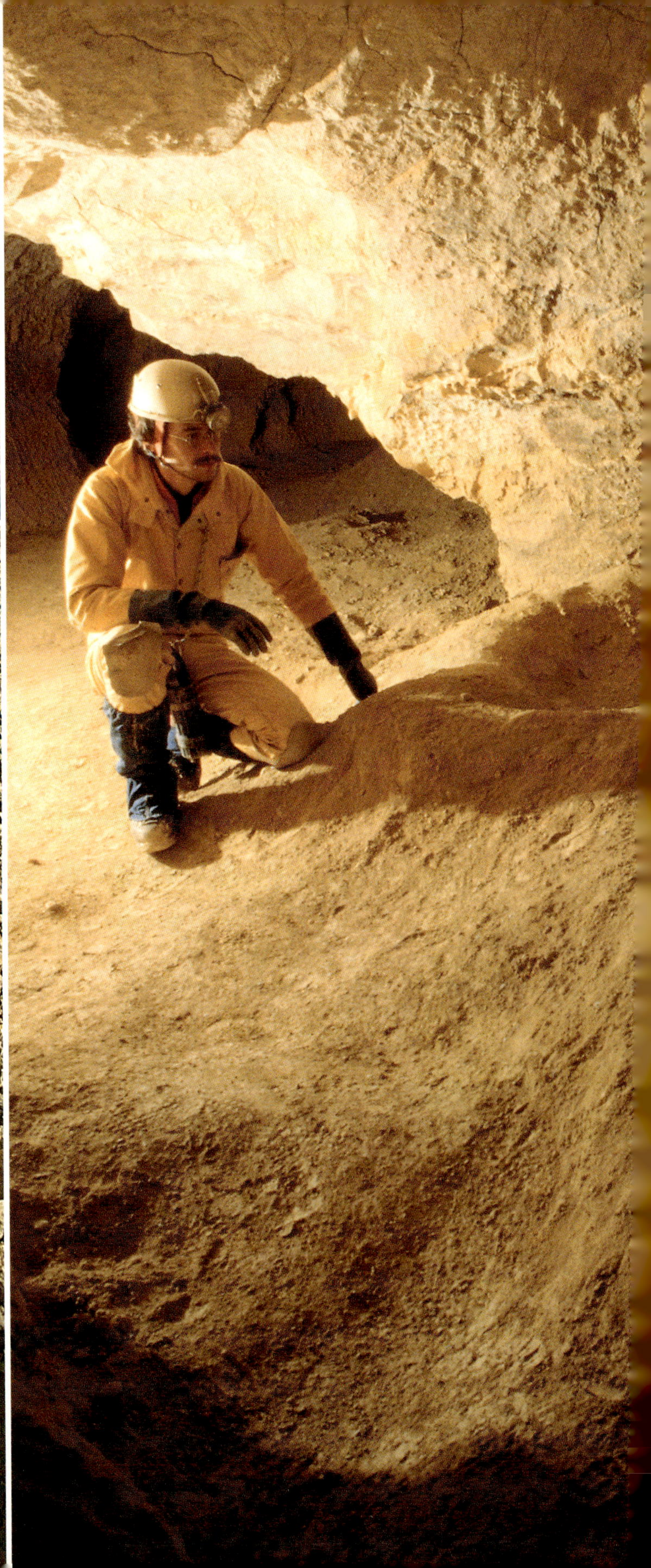

Diese Kratzspuren eines Bären auf einer Höhlenwand sind mindestens 20 000 Jahre alt und damit älter als die benachbarten Felsbilder in der Grotte de Bara-Bahau (Dordogne, Frankreich). Der Höhlenbär und der Mensch haben jedoch gleichzeitig gelebt, wobei letzterer Höhlen sorgsam vermieden haben dürfte, die von dem mächtigen Raubtier bewohnt waren.

Der Höhlenbär *(Ursus spelaeus)* starb vor rund zehntausend Jahren aus, und zwar möglicherweise wegen der einschneidenden Klima- und damit Vegetationsveränderung. Sie führten zu einer derartigen Beschränkung des Lebensraums, daß die Höhlenbären durch Inzucht degenerierten. Höhlenbärenfriedhöfe wie jener in einer Grotte im Chartreusemassiv (Savoyen, Frankreich) sind zufällig entstanden, ohne menschliches Zutun oder einen eigentlichen «Höhlenbärenkult», den manche Forscher darin erkennen wollten.

Der Europäische Braunbär *(Ursus arctos)* ist in der Schweiz seit rund einem Jahrhundert ausgestorben. Er baut sich mehr oder weniger tiefe Erdnester, in denen er bei reduzierter Körpertätigkeit überwintert und von seinen Fettreserven zehrt. Vor Niederschlägen geschützte Winterlager, wie hier in einer Höhle der Voralpen, erhalten sich länger als andere.

Höhlenfauna vom Nahrungseintrag ab, die unterirdische Selbstversorgung genügt nicht. Doch diese Abhängigkeit geht noch weiter: Zu viele Nährstoffe – zum Beispiel die Abwässer von Käsereien oder Tierkadaver, die in Höhlenschächte geworfen werden – können ein ganzes Höhlensystem in oft schlimmster Weise verschmutzen. Die unterirdische Welt verdaut allzu üppige Mahlzeiten, die ihr von oben geschickt werden, nur langsam und manchmal gar nicht, vor allem wenn ein als intelligent geltender Zweibeiner für diese Gaben sorgt.

Am 14. Juli 1891 entdeckt der berühmte französische Speläologe Edouard-Alfred Martel im Bett eines unterirdischen Höhlenflusses in der La-Berrie-Höhle bei Cahors in Südwestfrankreich in 34 m Tiefe einen Kalbskadaver. Einige Stunden später trinkt er mit seinen Gefährten das klare Wasser der Quelle von Graudenc. Sie ist in Luftlinie 250 m von dem Kadaver entfernt, eine Verbindung zwischen den beiden Wasserstellen scheint jedoch möglich. Zwar bleibt diese Unvorsichtigkeit für zwei der Forscher folgenlos, doch die beiden andern kamen nur mit viel Glück davon: Ihre Vergiftung hatte typhusähnlichen Charakter. Die Lektion in Sachen Hygiene wurde als interessant beurteilt.

Am 29. November 1897 läßt derselbe Martel der französischen Akademie der Wissenschaften eine vielbeachtete Mitteilung bezüglich des Städtchens Sauve im südfranzösischen Departement Gard zukommen. Er weist darin unwiderlegbar nach, daß die Bewohner ihr eigenes Abwasser trinken: Natürliche Schächte, in die das Straßenwasser und die Jauche der Ställe geleitet wird, vergiften die Quelle des Städtchens. Dann bringt er die Angelegenheit vor das Parlament, das am 15. Februar 1902 ein Gesetz über das Gesundheitswesen erläßt, in dem endlich rund um Wasserfassungen eine Schutzzone festgelegt und verboten wird, Kadaver und Abfälle in Schächte und Schlucklöcher zu werfen. Dieser lange als Loi Martel bezeichnete Gesetzestext gab den Anstoß für eine ganze Reihe vergleichbarer Regelungen in den Nachbarländern. Damit hat man erkannt, wie gefährdet unterirdische Wasserläufe und das Grundwasser überhaupt durch Verseuchung von oben sind; ja daß das unterirdische Milieu keinen bakteriologischen Filter bildet. Damit gilt als erwiesen, daß die Praxis des «Alles ins Tobel» Höhlengewässer und Karstquellen verseuchen und das prekäre Gleichgewicht des Höhlenlebens gefährden kann.

Die Auswirkungen dieser unüberlegten Gewohnheiten der Bauern in den Causses, die Martel zu Ende des 19. Jahrhunderts anprangerte, finden heute eine Entsprechung in den Karstgebieten des Jura. Die Umweltverschmutzung ist dort seit der massiven Verwendung von phosphathaltigen Waschmitteln, den vielen Kohlenwasserstoffen, den Industrie-, Landwirtschafts- und Haushaltsabfällen aller Art immer schlimmer geworden. Unsere vom Profitdenken bestimmte Zivilisation betrachtet es noch immer als finanzielle Verschwendung, Abwässer zu reinigen, bevor sie wieder dem natürlichen Kreislauf zugeführt werden. In manchen Fällen ist der Zusammenhang direkt nachzuweisen: Wenn beispielsweise eine Käserei ihre Abwässer, in denen es von Bakterien wimmelt, direkt in die Spalten des Karstplateaus fließen läßt, auf dem sie steht. Oder wenn ein von der Straße aus leicht zugänglicher Schacht als öffentliche Deponie genutzt wird, in der abgelaufene Medikamente neben rostenden Autokarkassen liegen, aus deren Motorblöcken Schmieröl tropft. Und noch in jüngster Zeit wurde in manchen Gemeinden der Wahlkampf mit dem Verweis auf das neuerbaute Kanalisationsnetz geführt... das man heimlich in einen nahegelegenen, unauffälligen Schacht münden ließ!

Das leben schützen

Das unterirdische Ökosystem ist jedoch nicht nur ein schützenswertes Museum von Tierarten, deren oberirdische Vertreter längst ausgestorben sind. Die darin gespeicherten Trinkwasservorräte sind auch ein Schatz, der sich zwar erneuert, jedoch nicht unter allen Umständen. Man muß längst nicht mehr ans andere Ende der Welt reisen, um eine Hepatitis einzufangen: Gerade in den Kalkregionen kennt die Alte Welt – in ihren eigenen Augen beispielgebend für Kultur und Hygiene – in den letzten Jahren wieder einen Zuwachs an derartigen Epidemien.

Um das Leben in den Höhlen schützen zu können, muß zuerst das Ausmaß der Schäden festgestellt werden, die

Verschmutzung unterirdischer Wasserläufe

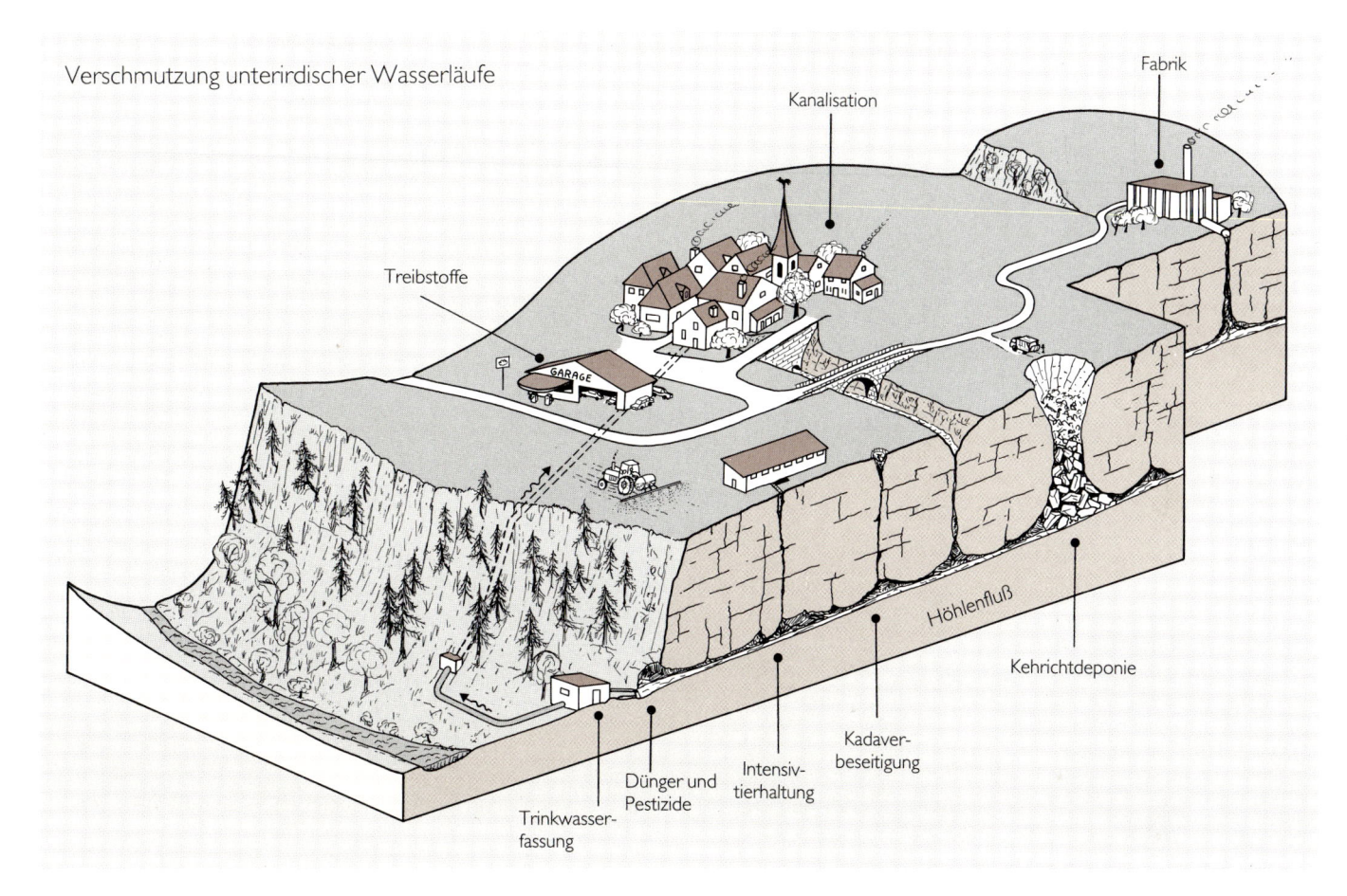

Die Ursachen der Verschmutzung von Höhlengewässern sind vielfältig. Die Durchlaufzeit des Wassers ist kurz, so daß praktisch keine natürliche Reinigung erfolgt. Das Fassen von Karstquellen für die Trinkwasserversorgung kann gefährlich sein, wenn man nicht geeignete Vorsichtsmaßnahmen trifft.

häufig aus bloßer Unkenntnis oder Nachlässigkeit angerichtet wurden und werden. Hier können Höhlenforscher eine wichtige Aufgabe erfüllen, indem sie auf solche Verstöße aufmerksam machen oder in schweren Fällen die Verantwortlichen anzeigen. Seit einigen Jahren haben die Neuenburger Speläologen systematisch alle Schäden in den Höhlen ihrer Region aufgenommen. Ihre Bemühungen wurden von der Kantonsregierung anerkannt, und sie gewährt ihnen wirksame gesetzliche Unterstützung. Dieses Vorgehen ist beispielhaft und nachahmenswert, jedoch nur in Zusammenarbeit von Behörden und freiwilligen Erforschern des Untergrunds möglich.

Und da man immer zuerst vor der eigenen Tür wischen sollte, sei auch die Belastung nicht verschwiegen, welche die Speläologen selbst für ihren liebsten Spielgrund bedeuten. Die Sitten haben sich im übrigen geändert oder beginnen sich zumindest zu ändern. Heute gilt das Gebot, alles wieder herauszuschaffen, was man in die Höhlen hineingebracht hat, insbesondere die eigenen Abfälle, so beschwerlich oder unappetitlich deren Transport auch sein mag. Höhlenforschung erfordert eine Selbstdisziplin, die auf der fundamentalen Achtung vor dem unterirdischen Ökosystem beruht, dessen Verletzlichkeit aufgezeigt wurde. Diesen Eintrittspreis muß die Spezies *Homo* entrichten, will sie sich harmonisch in eine Welt einfügen, die sich lange vor ihrem eigenen Auftritt gebildet hat.

Nach dem Motto «Aus den Augen, aus dem Sinn» eignen sich Höhlen ideal zur heimlichen Abfallbeseitigung. Doch der Speläologe stößt nur zu häufig auf Abfall, der fahrlässig in einen Schacht geworfen wurde, wo man ihn für immer beseitigt hielt. Zuerst müssen Anzeigen die Behörden aufrütteln, damit konkrete Schutzmaßnahmen ergriffen werden.

Rechts: Der Gouffre de la Petite-Joux (Kanton Neuenburg) bietet das traurige Bild einer unterirdischen Müllhalde.

Rechte Seite, oben links: Im Gouffre de Jardel (Doubs) hat die französische Armee nach dem Ersten Weltkrieg mehrere hundert Tonnen Senfgasgranaten «beseitigt». Es ist nur eine Frage der Zeit, bis sie eines Tages durchgerostet sind...

Rechte Seite, oben rechts: Große, unappetitliche Schaumberge sind auf den Höhlenbächen im Schweizer und im Französischen Jura häufig anzutreffen und zeugen vor allem von Überdüngung (Grotte du Moulin de la Roche, Doubs, Frankreich).

Rechte Seite, unten rechts: Auch die Speläologen selbst tragen zur Verschmutzung der Höhlen bei, vor allem durch die Rückstände des zur Beleuchtung benutzten Karbids. Dank Aufklärungskampagnen mehrerer nationaler Vereinigungen wird diese Praxis glücklicherweise seltener, und das Abfallkarbid wird aus der Höhle herausgenommen (Grotte de Bournois, Doubs, Frankreich).

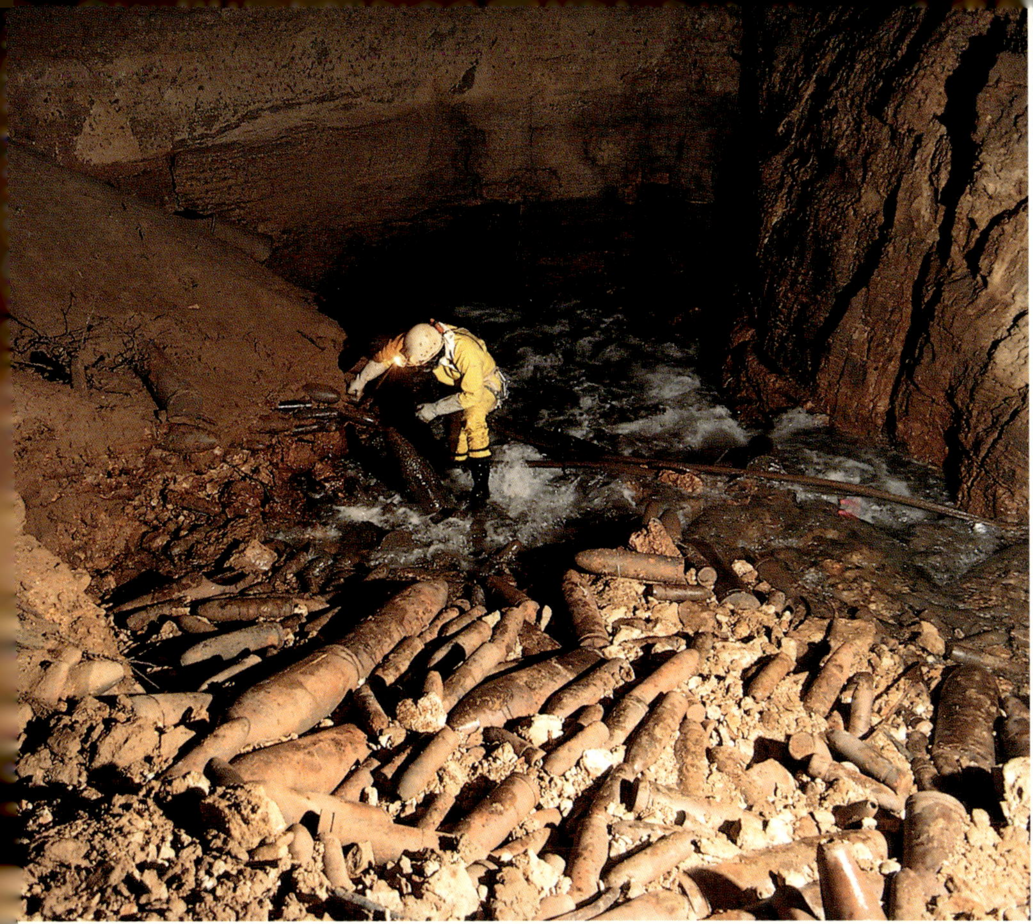

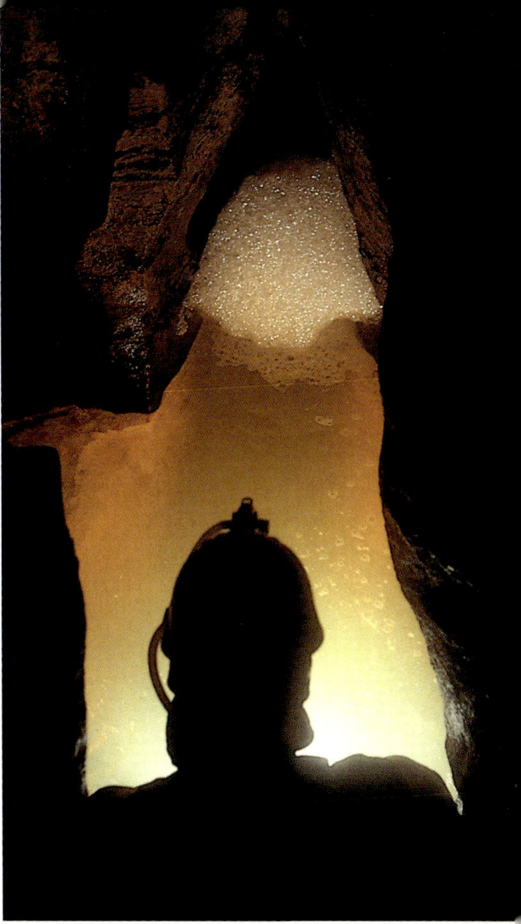

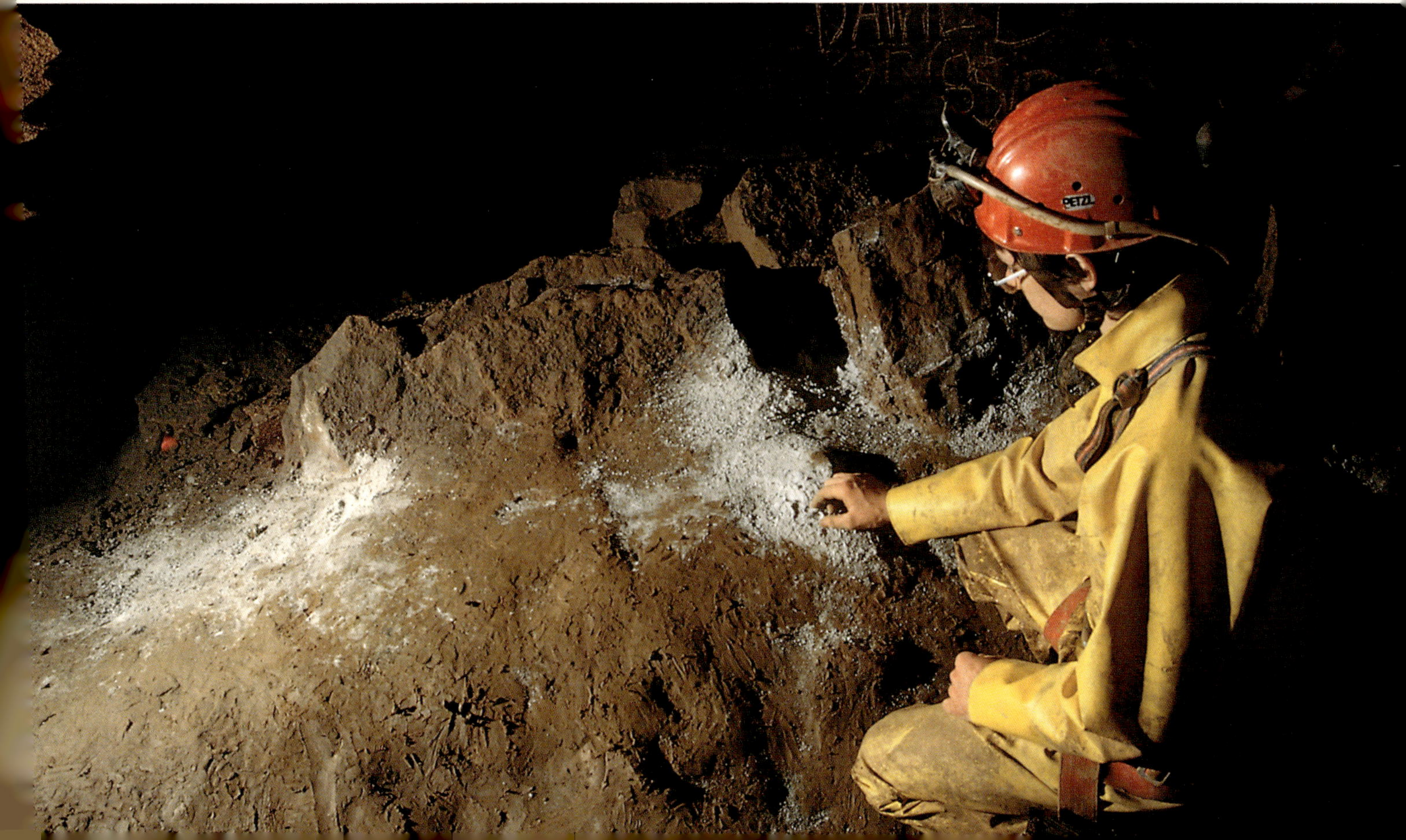
PETZL

7. Kapitel

Lebendiges Wasser und Kristalle der Nacht

Höhlen haben einen festangestellten Innenarchitekten, der alles nach eigenem Gutdünken macht: das Wasser. Es nagt an den Wänden, damit die Höhle überhaupt entsteht und sich entwickelt, und es dekoriert sie nach Lust und Zeit. Wenden wir uns noch einmal diesem auf den ersten Blick alltäglichen Element zu, in dem so viele Fähigkeiten stecken.

Das Wasser ist auf unserem Planeten in verschiedenen Formen und an verschiedenen Orten verteilt. Die Ozeane machen dabei nicht weniger als 97 Prozent aus. Nimmt man die restlichen 3 Prozent, das Süßwasser, wieder als Ganzes, sind davon 77 Prozent in den Gletschern, 23 Prozent in den oberen Anteilen der Erdkruste, 0,03 Prozent als Wasserdampf in der Atmosphäre und nur gerade 0,003 Prozent in Seen und Flüssen gespeichert. Ein großer Teil unserer Trinkwasserreserven befindet sich also unter dem Erdboden. Auf der Suche nach einer Erklärung für dieses unterirdische Wasser haben zahlreiche alte und modernere Denker eine blühende Phantasie an den Tag gelegt.

Wie bereits Platon sehen Johannes Kepler (1571–1630) und auch René Descartes (1596–1650) den Ursprung des Grundwassers in den Meeren, deren in der Tiefe versickerndes Wasser unter der Einwirkung des «Kernfeuers» destilliert werde: Unser Planet wäre damit nichts anderes als eine riesige Brennblase! Da dürften wir gigantische, angenehm warme Höhlen erwarten, ausgekleidet mit dem beim Destillieren zurückbleibenden Meersalz...

Doch schon ein Jahrhundert vor Kepler und Descartes hatten andere richtigere Einsichten gehabt: Georg Agricola (1494–1555) lehnte zwar das platonische Kredo nicht ab, glaubte aber, daß auch das versickernde Regenwasser zur Speisung der unterirdischen Brunnen beitrage. Und sein etwas jüngerer Zeitgenosse, der französische Kunsttöpfer und Schriftsteller Bernard Palissy (um 1510–um 1590), der die Vorstellungen des römischen Baumeisters Vitruv aus dem 1. Jahrhundert n. Chr. aufgreift, die moderne Hydrogeologie, die Lehre vom Wasserhaushalt des Bodens. Sein Modell beruht auf dem Versickern der Niederschläge, die in die Tiefe rinnen, bis sie auf eine undurchlässige Schicht stoßen, auf der sie sich sammeln und schließlich wieder als Quellen an die Oberfläche gelangen. Gemäß diesem Grundsatz sind die unterirdischen Wasservorkommen also ein selbstverständlicher Teil des sogenannten großen Wasserkreislaufs, und ihr Vorhandensein hat überhaupt nichts Ungewöhnliches an sich. Doch nicht alle Niederschläge versickern im Boden: Ein Teil, der je nach Klima zwischen 10 und 90 Prozent betragen kann, regnet über Wasserflächen ab, verdunstet direkt oder wird von den Pflanzen, die ihn mit den Wurzeln aufnehmen, wieder an die Atmosphäre abgegeben. Damit nimmt er am kleinen Wasserkreislauf teil.

Dieses einfache und überzeugende Modell wurde von den folgenden Wissenschaftlergenerationen verinnerlicht, bis es für manche zum Dogma wurde. In den Augen von Edouard-Alfred Martel, der so viel zur Erforschung der Höhlen beitrug, waren alle andern Vorstellungen nichts als Hirngespinste. Dabei gibt es tatsächlich eine zusätzliche Quelle für unterirdische Wasservorkommen, die in manchen Fällen einen beachtlichen Anteil erreichen kann: die interne Kondensation. Wir haben beim Höhlenklima von den starken Luftströmungen gesprochen, die im Sommer bei den oberen Öffnungen als Warmluft angesaugt und unten als Kaltluft wieder abgegeben werden. Warmluft kann jedoch mehr Wasserdampf aufnehmen als Kaltluft, ein Phänomen, mit dem Brillenträger im Winter unliebsam Bekanntschaft machen, wenn sie in einen geheizten Raum treten und sich ihre Brille beschlägt. Beim Beispiel der Höhle verliert warme Sommerluft von 25 Grad bei einer relativen Luftfeuchtigkeit von 75 Prozent, wenn sie im Innern des Gebirgsstocks auf 5 Grad abgekühlt wird, 10 Gramm Wasser pro Kubikmeter, das sich als Kondensation auf den Höhlenwänden niederschlägt. Anders läßt sich die Sommer-Wasserführung mancher Höhlenbäche in den obersten Bereichen unterirdischer Systeme nicht erklären.

Dessenungeachtet sind selbstverständlich versickernde Niederschläge der Hauptlieferant der Grundwasservorkommen und damit auch der Höhlenwasserläufe. Was geschieht dabei?

Von unterirdischen Wildbächen

D er Verlauf, den das Wasser im Boden nimmt, kann ganz einfach, aber auch unglaublich kompliziert und unvorhersehbar sein. Oft ist der Ursprung unterirdischer Wasserläufe bis heute von Rätseln umgeben. Das Einzugsgebiet eines Höhlenflusses ist nicht immer leicht zu bestimmen: Die unterirdischen Wasserläufe kümmern sich wenig um das Relief der Oberfläche und gehorchen einzig den geologischen Strukturen des Untergrunds, die selten mit ersterem übereinstimmt.

Ein anderes Charakteristikum unterirdischer Flüsse ist die äußerst unregelmäßige Wasserführung oder Schüttung, die für die ständige Nutzung hinderlich ist und den Höhlenforschern gefährlich wird. Ein unterirdisches Hochwasser erleben (und überleben!) ist ein prägendes Erlebnis: Das Wasser kann nicht auf eine Ebene ausweichen, und die unzähligen Zuflüsse lassen es zu einer meterhohen Flutwelle anschwellen, die alles mitreißt.

Studiert man die Schüttungskurve einer Karstquelle über längere Zeit, zeigt sich das unvermittelte Anschwellen bei Hochwasser, aber auch das langsame Abnehmen der Wasserführung, dessen Gründe wir bereits in Kapitel 3, Abschnitt «Die organisierte Leere», beschrieben haben. Dieses Modell des Gesteinsschwamms mit großen Gängen, durch die das Zuviel an Wasser schnell abfließt, während es in den gesättigten Kapillaren noch lange gespeichert wird, gilt nur für karstfähige Gesteine. Bei Lockergesteinen wie Sand und Kies ist die Sache wieder anders: Größere Ablaufsysteme fehlen, dafür wird hier das Wasser in Milliarden mikroskopischer Zwischenräume festgehalten. Hier bilden sich zusammenhängende Grundwasservorkommen, deren Wasser langsam den Quellen zufließt.

Dem Wasser von der Versickerungsstelle bis zum Wiederaustritt auf der Spur zu bleiben ist keine leichte Sache. Ihm genau zu folgen ist in den meisten Fällen unmöglich, weshalb zu anderen Mitteln gegriffen werden muß. Legenden aus Karstgebieten handeln oft davon, wie «der unwiderlegliche Beweis» erbracht wurde, daß ein bestimmtes Schluckloch mit der oder jener Quelle in Verbindung steht. Nehmen wir zwei Beispiele aus Überlieferungen der Causses und Cevennen Südfrankreichs. Dort erzählt man sich, daß Enten, die in Camprieu von der Strömung mitgerissen worden seien, nach einigen Stunden bei Bramabiau zwar gerupft, aber lebend wieder zum Vorschein gekommen seien! Und auf dem Causse Méjan ist die Legende von dem Hirten zu hören, der jeden Monat eines der ihm anvertrauten Schafe in die benachbarte Schlucht trieb, damit seine Mutter bei der fernen Quelle des Höhlenbachs am Fuß des Vallée de la Jonte genug zu essen hatte. Die Geschichte endet schlecht, denn eines Tages findet die Mutter ihren toten Sohn statt des erhofften Schafs: Der Besitzer war dem ungetreuen Hirten auf die Spur gekommen und hatte kurzen Prozeß gemacht.

Die moderne Wissenschaft arbeitete oft ebenfalls mit natürlichen Hilfsmitteln: So wurde die Herkunft des in der Timavo-Quelle bei Triest austretenden Wassers 1954 nachgewiesen, indem man bei der Skocjanske jama* markierte Aale in die Reka einsetzte, die 55 Tage für den rund 55 km langen unterirdischen Verlauf brauchten (die Rolle der Reka in der Geschichte der Höhlenforschung haben wir bereits in Kapitel 5 beschrieben). Heute setzt man wirksame Techniken ein, in denen das Wasser ebenfalls als Transportmittel genutzt wird: Taucht ein in ein Schluckloch gegebenes Mittel an einer Karstquelle wieder auf, ist die Verbindung erwiesen. Gelegentlich werden als Markierungsstoffe (Tracer) unschädliche Bakterien benutzt. So konnte mittels Bierhefe die Herkunft der Grundwasservorkommen nachgewiesen werden, welche Paris versorgen. Österreichische Speläologen haben interessante Versuche mit unterschiedlich

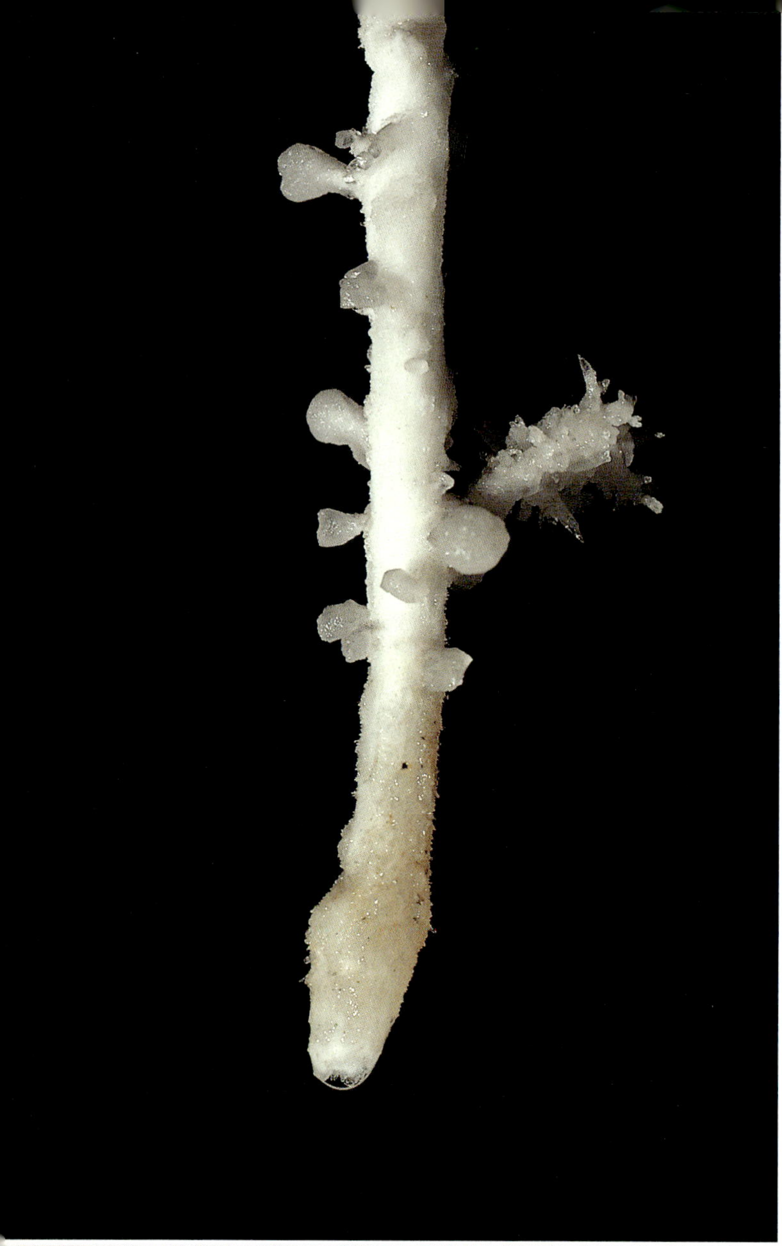

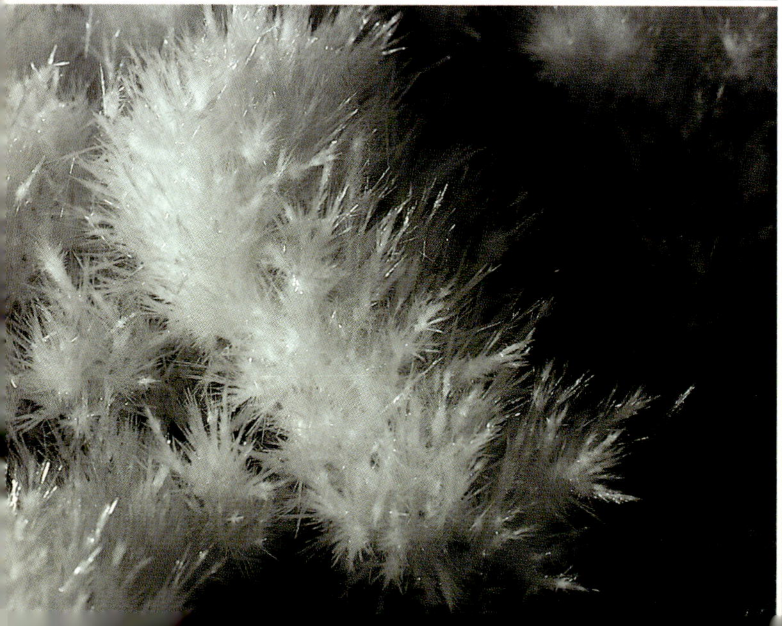

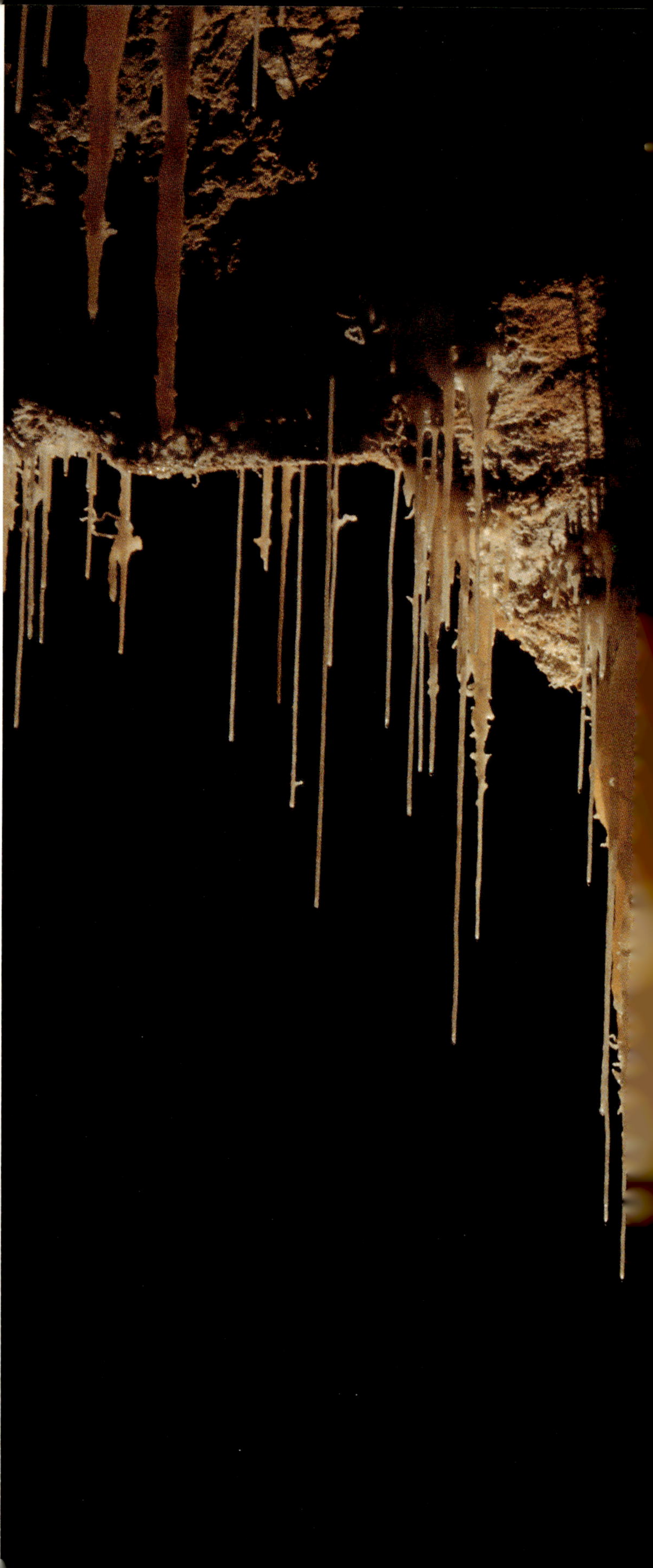

Links oben: Der Wassertropfen, der an der Spitze des Stalaktiten hängt, ist zusammen mit all seinen Vorgängern für die Entstehung des Tropfsteins verantwortlich. Er lagert hier einige Kalziumkarbonatmoleküle ab, die er beim Durchfließen des Kalkmassivs aufgenommen hat, doch in reinerer, kristallisch geordneter Form, dem Kalzit (Grotte d'En-Gorner, Pyrénées-Orientales, Frankreich).

Links unten: Unter anderen physikalischen Bedingungen, beispielsweise in einer Höhle mit starkem Luftzug, kristallisiert das Kalziumkarbonat als Aragonit aus, der lange, feine Nadelbüschel bildet (Grotte d'En-Gorner, Pyrénées-Orientales, Frankreich).

Großes Bild: Ist die Decke regelmäßig von Haarrissen durchzogen, wirkt sie wie ein Sieb: Unzählige mit Kalziumkarbonat angereicherte Tropfstellen bauen Gitter von Makkaronistalaktiten auf: Röhrchen von wenigen Millimetern Durchmesser. Sobald der innere Kanal verstopft, sucht sich das Wasser einen Weg durch Schwachstellen des Röhrchens, so daß der Tropfstein zu «knospen» beginnt beziehungsweise an Umfang zunimmt (Carlsbad Cavern, New Mexico, USA).

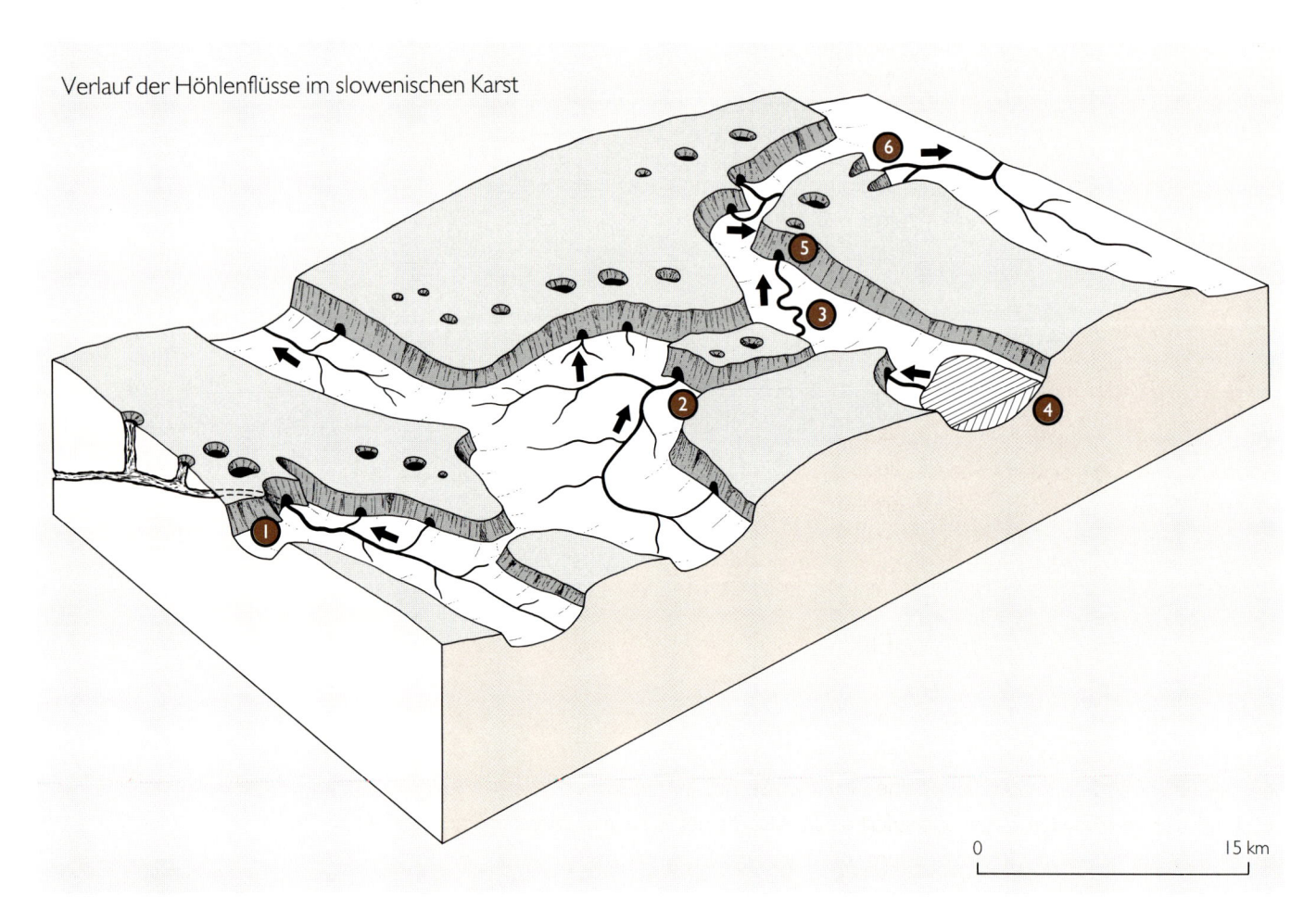

Verlauf der Höhlenflüsse im slowenischen Karst

0   15 km

Der Verlauf von Höhlengewässern ist komplex und schwer voraussehbar, wie dieser Ausschnitt des slowenischen Karsts beweist. Die Reka verschwindet in der Skocjanske jama* (1), und der weitere unterirdische Verlauf ist in zwei großen Dolinen auf dem Kalkplateau zu beobachten (die Geschichte der Reka-Erforschung ist in Kapitel 5 beschrieben). Einige Kilometer davon entfernt verschwindet die Piuka in der Postojnska jama* (2), und kommt in Planina (3) als Unica wieder zum Vorschein, nachdem sie als unterirdischen Zufluß das Wasser des temporären Sees von Cerknica (4) aufgenommen hat. Dann verschwindet die Unica ihrerseits in der Malograska jama (5), um schließlich in der Vhrnika-Höhle (6) ans Tageslicht zu kommen: Den dritten Abschnitt im Freien durchfließt sie als Ljubljanica.

gefärbten Pilzsporen gemacht, um die verschiedenen Infiltrationsstellen ein und derselben Quelle nachzuweisen. Ein solcher Beweis kann auch zufällig erbracht werden: In diesem Zusammenhang wird häufig die «Färbung» der Loue im französischen Jura zitiert, die 1901 nach einem Brand in der Pernod-Fabrik in Pontarlier zustande kam: Der Quelle entströmte ein derart lieblicher Anisgeruch, daß die Vermutung eindeutig bestätigt wurde, daß sie von einem zuvor unbekannten Schluckloch im Flußbett des Doubs gespeist wird.

Gegenwärtig setzen Hydrogeologen fast ausschließlich Färbemittel als Tracer ein, insbesondere Fluorescein, dessen Verfärbung von bloßem Auge in einer Konzentration von einem Gramm auf zehn Kubikmeter Wasser erkennbar und mit dem Fluorometer selbst bei einer Verdünnung von einem Gramm auf 10 000 Kubikmeter nachweisbar bleibt. Dieser Farbstoff, der aufgelöst ein schönes fluoreszierendes Smaragdgrün erzeugt, ist völlig ungiftig. Dosen von einigen Kilogramm genügen, wobei die exakte Menge nach der Entfernung zwischen Schluckloch und dem angenommenen Austritt, Durchflußzeit und dem Vorkommen von Lehmschichten, welche den Farbstoff binden können, bestimmt wird. Die Durchflußzeiten sind äußerst unterschiedlich: mehrere hundert Meter pro Stunde bei großen Gangzügen mit schnellfließendem Höhlenbach, weniger als fünf Meter, wenn der unterirdische Wasserlauf aus großen Becken mit geringer Zirkulation besteht. Unterschiede in einem bestimmten Grundwassernetz lassen sich selbstverständlich auch entsprechend den Jahreszeiten beziehungsweise der Niederschlagshöhe feststellen: Bei Niederwasser kann die Durchflußgeschwindigkeit hundertmal kleiner sein als bei Hochwasser.

Dank solchen Markierungen kann das Einzugsgebiet einer Karstquelle recht genau bestimmt werden. Dies ist beispielsweise dann von höchster Bedeutung, wenn man sie für die Trinkwasserversorgung fassen will.

Speicher, die betreut sein wollen

Eine Karstquelle kann nur unter bestimmten Bedingungen in ein Leitungsnetz eingespeist werden und stellt die Brunnenmeister vor andere Probleme als eine Grundwasserquelle. Diese läßt sich relativ leicht fassen und liefert ein im allgemeinen sauberes Wasser in regelmäßiger Schüttung. Bei der Karstquelle hingegen muß die Fassung unbedingt der Geländeform angepaßt und häufig in großer Tiefe gesetzt werden. Die Schüttung ist wegen des erwähnten raschen Abflusses durch die großen Gangsysteme unregelmäßig, so daß ein Überlauf vorgesehen werden muß, um Hochwässer abzuleiten. Allerdings kann das erwähnte Kapillarennetz der kleinsten Risse – das die großen Hohlräume an Fassungsvermögen übertrifft – speichernd und regulierend wirken, so daß die Quelle das ganze Jahr hindurch Wasser liefert.

Die bakteriologische Qualität des Wassers kann ein gewaltiges Problem darstellen, denn die rasch durchfließenden Mengen werden nur ungenügend gefiltert. Deshalb dürfen sich im Einzugsgebiet keine bakteriellen Verseuchungsherde befinden. Man wird deshalb zumindest darauf verzichten, Karstquellen für Trinkwasserzwecke zu nutzen, zu deren Einzugsgebiet umweltbelastende Industrien, Weiden, Käsereien, größere Siedlungen gehören. Und in jedem Fall ist die Wasserqualität durch regelmäßige bakterielle Analysen zu überprüfen.

In hochliegenden, wenig besiedelten Karstgebirgen stellt die Beweidung das einzige Problem dar, doch bereits auf der mittleren und tiefen Karststufe, wie im Jura, liegen die Bedingungen anders, sind doch hier Siedlungsdichte und industrielle oder landwirtschaftliche Konzentration hoch. Einziger Ausweg ist, via Gesetz für die gründliche Reinigung aller Abwässer vor ihrer Wiedereinleitung in den Boden zu sorgen. Denn hier ist die Erdschicht über dem Sieb der darunterliegenden Kalkformationen viel zu dünn, um mit verschmutzten Wässern fertigzuwerden.

Aufbauen und abtragen

Wir haben das Wasser am Werk gesehen, wie es den Kalk korrodiert, erodiert und Höhlensysteme ins Gestein frißt. Dasselbe Wasser kann durch ein Zusammenspiel subtiler chemischer Vorgänge seine Last an gelösten mineralischen Stoffen wieder ablagern und die Grotte mit einem kristallinen Märchendekor überziehen. Bevor wir von diesen verschiedenen Ablagerungen sprechen, die den Dekor der Höhle bilden, wollen wir zeigen, was dabei im Wasser vorgeht, und die unsichtbaren chemischen Gleichgewichte beschreiben, die darin herrschen. Die Atome als kleinste Materieeinheit, von der für einen Meter Länge mehrere Milliarden aneinandergereiht werden müßten, neigen dazu, sich in kleinen Gruppen zusammenzuballen: den Ionen und den Molekülen. Unter den rund hundert verschiedenen Atomen beziehungsweise Elementen, aus denen das Universum besteht, genügen vier, um viele Erscheinungen derjenigen Welt zu erklären, die uns hier beschäftigt: Sauerstoff (chemisches Zeichen O), Wasserstoff (H), Kohlenstoff (C) und Kalzium (Ca). Ein Kohlenstoff- und zwei Sauerstoffatome bilden zusammen Kohlendioxyd (CO_2), ein Gas, das bei allen Verbrennungsvorgängen entsteht und frei in der Luft in Konzentrationen zwischen 0,03 und 0,04 Prozent vorkommt. Durch seine Auflösung im Wasser (H_2O) entsteht in geringer Menge die schwach ätzende Kohlensäure (H_2CO_3). Erstes Gleichgewicht: Je mehr Kohlendioxyd

Das Prinzip, wie Konkretionen oder Versinterungen entstehen, ist einfach und einzigartig, das Ergebnis jedoch von unglaublicher Vielfalt. Zeit und Zufall erfinden phantastische Kristallpaläste und unvergleichliche Schmuckstücke.
Vor solchen Meisterwerken geduldigster mineralischer Juwelierkunst ist unbedingte Achtung geboten: Eine unbedachte Geste kann in wenigen Sekunden die Arbeit von Jahrhunderten, ja Jahrtausenden zerstören.

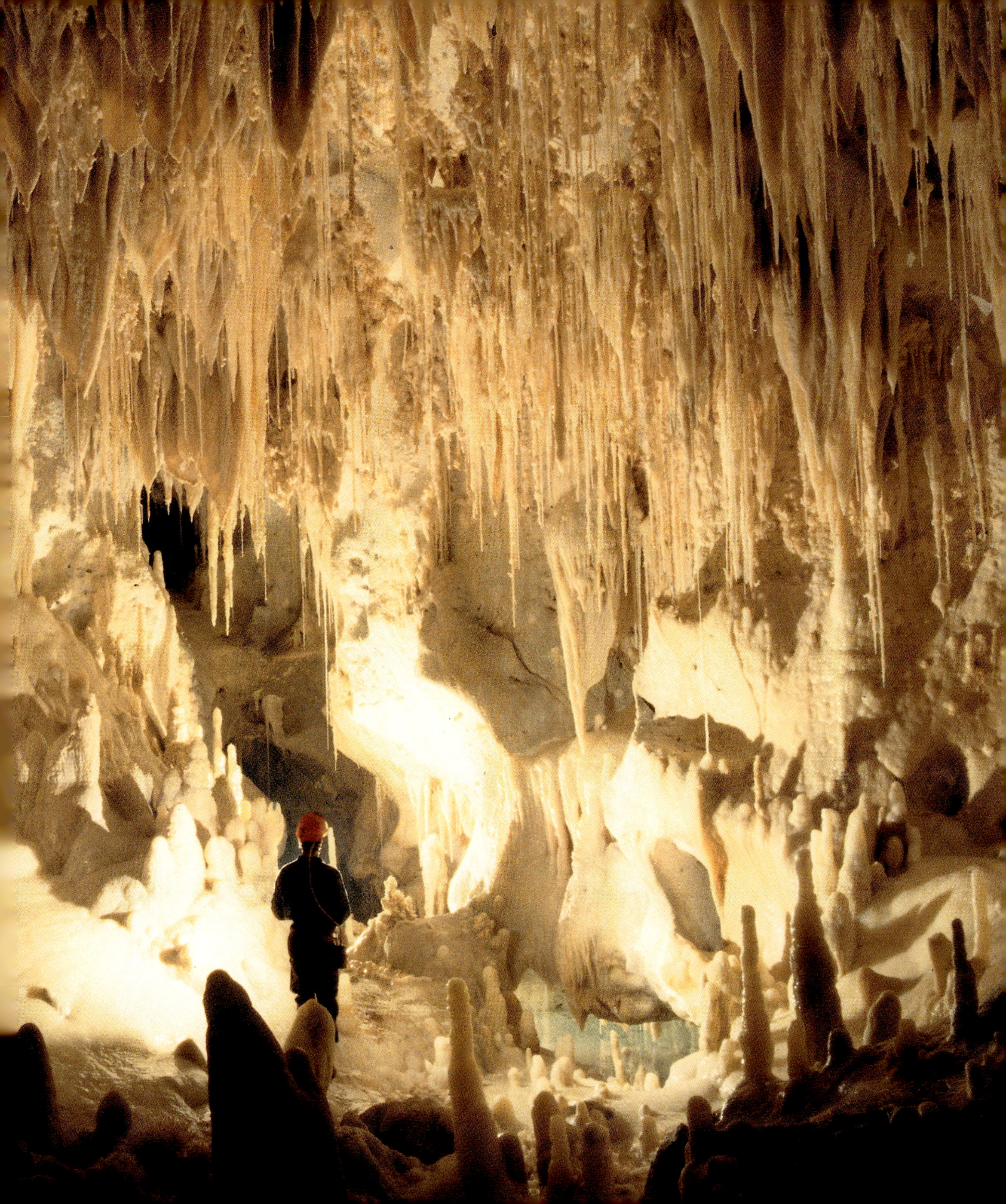

in der Atmosphäre vorhanden ist, desto saurer und ätzender wird das Wasser. Eine kohlendioxydarme Luft hingegen bewirkt die Ausfällung des gelösten Kalks in Form von Kalkbelägen.

Kalkstein besteht im wesentlichen aus Kalziumkarbonat (kohlensaurem Kalk), einem Molekül aus je einem Kalzium- und Kohlenstoff- sowie drei Sauerstoffatomen ($CaCO_3$). Diese Moleküle ballen sich in Myriaden zu Kristallen zusammen, beispielsweise Kalzit.

Wasser enthält keine oder wenig Moleküle, sondern vor allem Ionen, die sich nicht miteinander verbinden, einander jedoch durch ihre entgegengesetzte elektrische Ladung anziehen. Zu diesen Ionen gehören einige Kalziumatome, die Elektronen verloren haben, einige wenige Karbonate und recht viele Bikarbonate. Die Umwandlung des Kalziumkarbonatmoleküls in Kalzium- und Bikarbonat-Ionen wird durch das Vorhandensein von Kohlensäure ausgelöst: Auf diese Weise löst sich Kalk am einfachsten auf. Zweites Gleichgewicht: Je saurer das Wasser ist, desto mehr Karbonatgestein wandelt es in gelöste Bikarbonate um, desto stärker greift es also den Kalk an. Ein kalkgesättigtes Wasser hingegen wird Kalk ablagern oder Kalzit auskristallisieren. Dabei müssen wir uns vor Augen halten, daß der Motor dieser beiden miteinander verketteten Gleichgewichte der mehr oder weniger große Kohlendioxydgehalt der Atmosphäre ist. Im Kontakt mit dem stark kohlendioxydhaltigen Humus wird das Niederschlagswasser also stark ätzend. An der Mündung eines Haarrisses in der Höhlendecke oder am Fuß eines Wasserfalls entweicht das Kohlendioxyd dem plötzlich entspannten Wasser: Dieses kann nicht mehr allen gelösten Kalk binden, was zur Ablagerung führt.

Die vielfältige Färbung der Sinterablagerungen kann darauf beruhen, daß die Kalziumatome ganz oder teilweise durch Magnesium-, Eisen-, Kupfer- oder Manganatome ersetzt sind. Andere chemische Substanzen wie Sulfate oder Nitrate stammen meist aus dem Umgebungsgestein, sie können Farbe und Form der Ablagerungen ebenfalls beeinflussen.

Für den Wissenschaftler ist das Verständnis all dieser Reaktionen, die hier nur gestreift werden konnten, eine mathematische Knacknuß: Die Natur hält sich nicht gern an vom Menschen formulierte Naturgesetze. Aus diesen vielfältigen, geheimnisvollen

Die meisten Sinterbildungen bestehen aus Kalzit, auch Kalkspat genannt. Drei Hauptfaktoren sind an der Entstehung dieses mineralischen Schmucks beteiligt: Niederschlagswasser, Kohlendioxyd und das Kalziumkarbonat, aus dem das Kalkgestein im wesentlichen besteht. Regenwasser reichert sich in der Atmosphäre und im Boden mit Kohlendioxyd an. Im Kontakt mit dem Kalkgestein löst es durch Korrosion Kalzit, den es unter bestimmten Bedingungen in den Höhlen als Sinterbildungen wieder ablagert. Das Ausmaß dieser Versinterungen hängt nicht zuletzt von der Stärke der Pflanzendecke ab, deren Wurzelwerk Kohlendioxyd erzeugt.

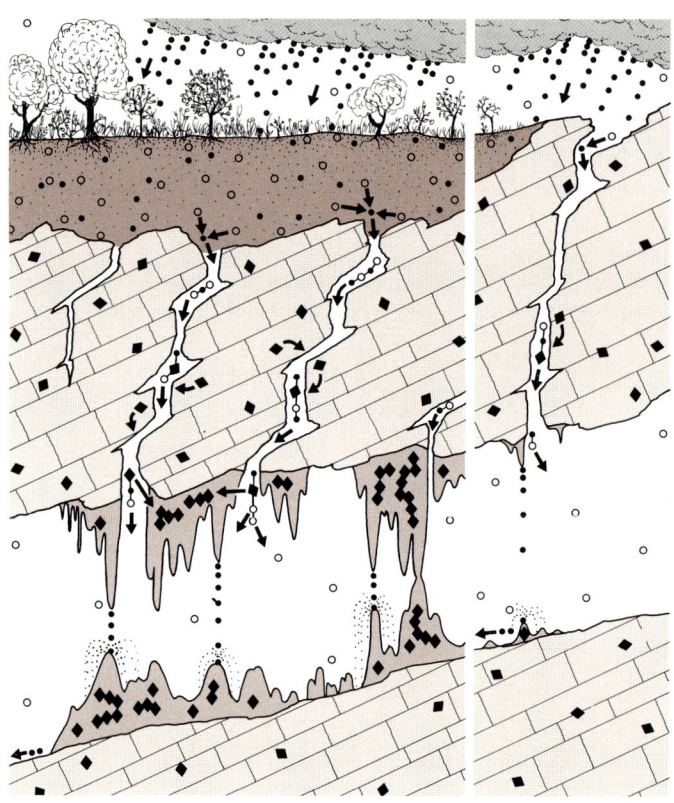

Region mit dichter Vegetation: z.B. Tropen

Geringe Pflanzendecke (z.B. Alpen)

Niederschlagswasser (•), das bereits einen gewissen Anteil Kohlendioxyd (○) enthält, sickert durch einen mehr oder weniger mit organischen Stoffen angereicherten Grund, der es zusätzlich versäuert, so daß es Kalziumkarbonat (♦) aufzulösen vermag. Das so mineralisierte Wasser dringt durch die Decke eines Höhlenraums, dessen Luft relativ kohlendioxydarm ist; es kommt zu einem Gasaustausch, worauf das etwas entsäuerte Wasser nicht mehr alles gelöste Kalziumkarbonat halten kann. Der überschüssige Anteil lagert sich in Form von Kalzit (♦♦) (Kalkspat) ab, einer reineren, kristallin geordneteren Form des Kalksteins: Unter dem entstehenden Stalaktiten wächst ein Stalagmit in die Höhe.

chemischen Vorgängen, die sich im Wasser abspielen, wird der prachtvolle, abwechslungsreiche Dekor aufgebaut, den der Höhlenforscher und der Tourist bestaunen können.

So läßt sich das lange Leben einer Höhle mit vierundzwanzig Stunden im Leben Penelopes vergleichen, Odysseus' getreuer Gattin, die nachts auflöste, was sie tagsüber gewebt hatte, um die von ihren Freiern geforderte neue Vermählung hinauszuzögern. Während hunderttausend oder mehr «Tages»-Jahren höhlt das einsickernde Wasser den Kalk unermüdlich aus. Myriaden von kleinsten Wasserbahnen sowie einige große unterirdische Abflüsse bilden sich aus. Allmählich jedoch beginnt es «einzunachten»: Das Wasser ist weniger ätzend und vermag das Chaos aus Geröll, angeschwemmtem Sand und Lehm nicht mehr wegzuschaffen. Das Tropf- und Sickerwasser löst den Kalk nicht mehr auf, sondern wandelt das gelöste Bikarbonat in festes Karbonat um. Ganz «nutzlos» ist der Vorgang jedoch nicht: Das Wasser lagert nicht einfach wieder rohen, ungestalten Kalkstein ab, sondern rein auskristallisierten Kalzit. Die Höhle schafft sich ihren eigenen prachtvollen Dekor, bis der Vorhang fällt, der gezogen werden muß, bevor alles wieder dem steinernen Vergessen anheimfällt. Ein weiterer natürlicher Kreislauf schließt sich, ebenso unumstößlich und unerbittlich wie die andern. Doch bevor der Mensch lernte, diese natürliche Vielschichtigkeit durch vordergründig einfache chemische Formeln zu erklären, schrieb er die unterirdischen Ablagerungen dem Walten phantastischer Kräfte zu. Zerstörte die Wissenschaft diesen Traum? Oder verhalf sie ihm zu neuem Leben?

Steinerne Gewächse

Die älteste Darstellung eines Stalagmiten stammt aus Assyrien und zeigt den Besuch von König Salmanassar III. an der Tigrisquelle im Jahr 852 v. Chr. Auf der in seinem Palast gefundenen Bronzetafel hat der Künstler die von der Höhlendecke fallenden Wassertropfen eingraviert, welche die Konkretion aufbauen. Eine ausführliche Beschreibung dieser «Versteinerungen» lieferte der römische Schriftsteller Plinius der Ältere 77 n. Chr., als er eine Höhle in der Nähe von Rhodos beschrieb.

Die Theorien, welche diese Natursehenswürdigkeiten zu erklären suchen, können in drei Gruppen eingeteilt werden: Die «Versteinerungen» beziehungsweise Ablagerungen wachsen wie Pflanzen und sind eine niederere Form des Lebens; unterirdische Dämpfe schlagen sich nieder oder sind die Nahrung, dank der die steinernen Gewächse gedeihen; das Tropfwasser baut die Stalagmiten durch Gefrieren oder mittels seiner gesteinsbildenden Eigenschaften auf.

Die Vorstellung, daß die Mineralien einen dritten belebten Bereich bilden, unterhalb des Pflanzenreichs, das wiederum unter dem Tierreich steht, bleibt in zahlreichen Schriften bis ins 17. Jahrhundert erhalten. 1676 wendet Beaumont, 1704 Tournefort diese Theorie auf das Wachstum der Sinterformationen an. Beide sehen ihre Wurzeln im Gestein: Das jahrringartige Wachsen des «Stamms» dieser steinernen Bäume war eines der überzeugendsten Argumente für diese Meinung. Tournefort verdanken wir deshalb eine überschwengliche Beschreibung einer Höhle auf der griechischen Kykladeninsel Andiparos. In seinen Fußstapfen stellte Louis Patrin 1801 fest, daß das Wasser aus dem Innern der Stalaktiten tröpfelt (wir werden sehen, daß das nicht falsch ist), daß die Oberfläche der Stalaktiten meist trocken ist und manche Versinterungen nicht nur in der Senkrechten, sondern in alle Richtungen wachsen. Daraus schloß er auf eine einfachere Form des Lebens, auf halbem Weg zwischen Mineralien und Pflanzen.

In der Zeit, als einige Autoren die Herkunft der unterirdischen Wässer auf aufsteigende Dämpfe zurückführten, wandten andere diese auf Platon zurückgehende Vorstellung auch auf die Entstehung der Tropfsteine an. Insbesondere Etienne de Clave arbeitete 1635 eine Theorie aus, ohne offenbar je Stalaktiten beobachtet zu haben. Seiner Meinung nach erwärmt sich das im Boden versickerte Wasser und verdampft in der Nähe des Erdmittelpunkts; es reichert sich dort mit Mineralsalzen an und steigt wieder zur Oberfläche, wo die kühlere Bodentemperatur als Kondensator wirkt: Aus diesem Gegensatz von Kälte und Hitze entstehen laut Clave die Sinterformationen.

Zahlreiche Theorien suchen die Herkunft des Sinters im Sickerwasser. Manche Autoren sehen darin eine Verfestigung

Neben den klassischen Sinterbildungen aus Kalzit und Aragonit finden sich in Höhlen auch seltenere Mineralien.

Linke Seite: Gips – für den Chemiker wasserhaltiges Kalziumsulfat – kann sich bilden, wenn das Gestein etwas Schwefel, zum Beispiel in Form von Pyriteinschlüssen, enthält. Dann entstehen eigentliche Gipsblüten, welche ähnlich wachsen wie Farntriebe, die sich entrollen. Pflücken verboten: Sie würden sie mit Sicherheit zerbrechen! Und dann könnte sie niemand mehr bewundern.

Rechte Seite, links oben: Fundstellen solcher Kalzitdreiecke sind selten. Diese absolut gleichschenkligen, hohlen Formen wachsen in untiefen, völlig unbewegten Wasserbecken, so zum Beispiel in der touristisch erschlossenen Grotte du Grand-Roc, Dordogne.

Sogenannte Exzentriker oder Helictiten kümmern sich nicht um die Gesetze Newtons: In dem feinen Kanal, durch den das Wasser zur Spitze fließt, ist die Adhäsionkraft der Kapillarität stärker als die Erdanziehungskraft.

Es gibt verschiedene kugelige Versinterungen, vom Knöpfchensinter bis zur Höhlenperle und blumenkohlartigen Auswüchsen. All diese Formen entstehen durch die regelmäßige Benetzung mit bewegtem Wasser.

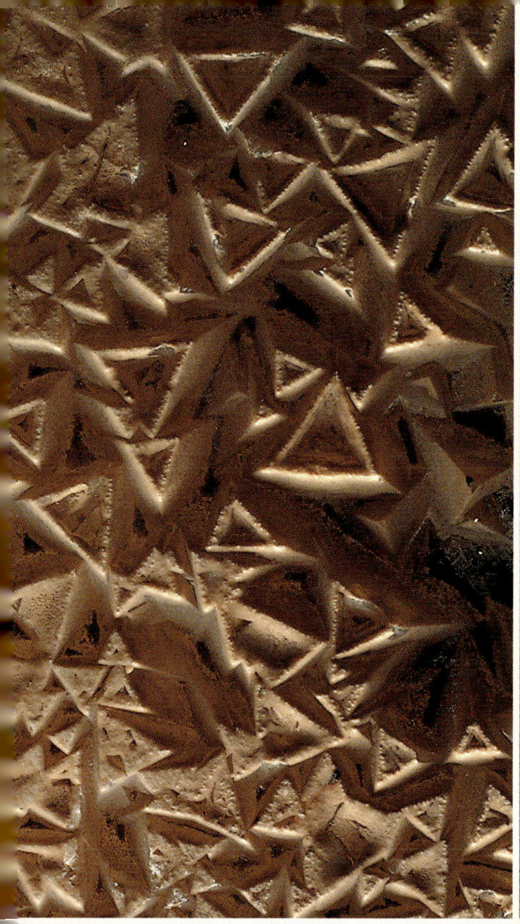
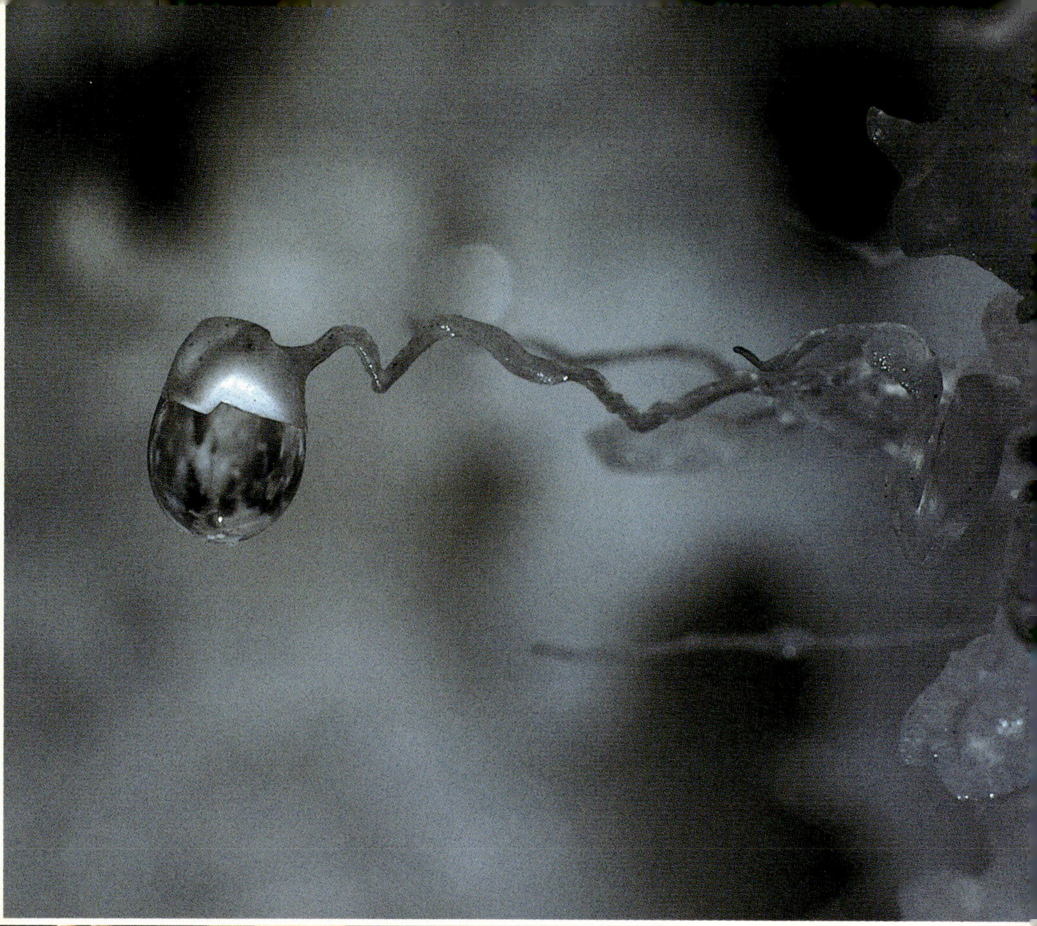
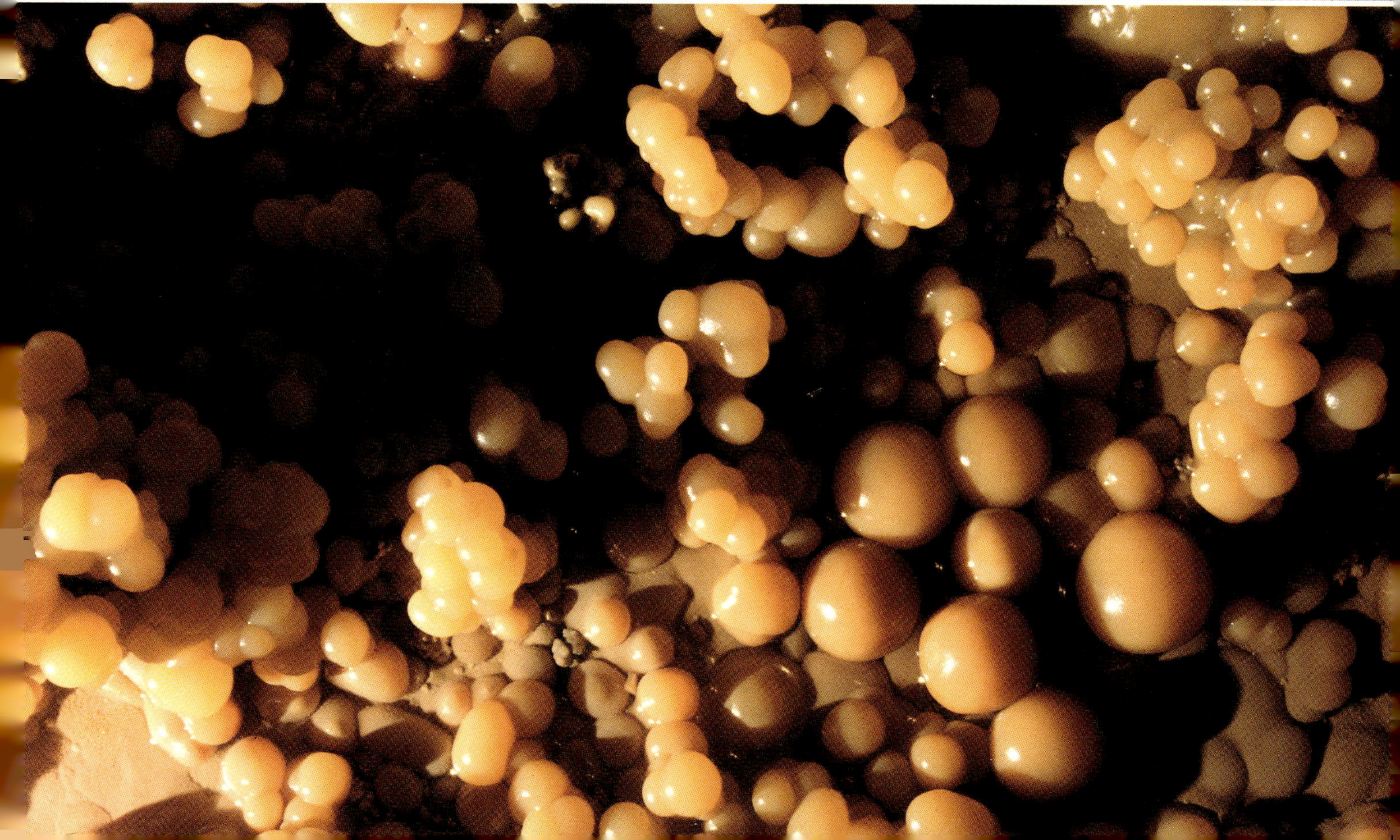

des Wassers, andere die Wirkung eines «Steinsafts» *(succus lapidescens)*, und für wieder andere sind es die aufgelösten oder eingeschwemmten mineralischen Stoffe, die auskristallisieren oder sich ablagern. Die Entdeckung der korrosiven Wirkung der Kohlensäure wird diese letzten Theorien vervollkommnen und das heutige Modell vorbereiten.

In einer arabischen Handschrift des 11. Jahrhunderts findet sich die Hypothese, daß das Gestein aus gefrierendem Wasser entsteht. Andere Autoren kommen später zum selben Schluß, doch die vorgebrachten Ursachen des Gefrierens sind verschieden. Der eine spricht von einer versteinernden Kraft: beispielsweise Dämpfen aus dem Erdinnern, wie sie Platon vermutete. Ein anderer denkt ganz einfach an die Kälte: Im Mittelalter war man allgemein der Auffassung, daß Quarz aus Wasser entstehe, das bei sehr tiefen Temperaturen gefriere. Ein dritter gibt vor, es genüge, daß Wasser völlig unbewegt bleibe, um sich zu Stein zu verfestigen... und wo wäre dies eher möglich als im Innern des Gesteins?

Auf den bereits erwähnten *succus lapidescens* war Giovanni Giorgio Trissino 1537 gekommen; er sagte zwar nichts über dessen Zusammensetzung aus, schrieb ihm jedoch die Kraft zu, Wasser rasch versteinern zu lassen. Das Interessante an dieser These ist, daß jene, die sie später wieder aufgriffen, allmählich zur Auffassung gelangten, der «Steinsaft» bestehe aus Wasser, in dem die sich ablagernden Stoffe enthalten seien.

Einmal mehr ist es der Pariser Kunsttöpfer Bernard Palissy, der 1564 als erster erkennt, daß die im Wasser gelösten Salze sich unter gewissen Bedingungen absetzen können. Zwar benützt er den Begriff «gefrieren» statt «kristallisieren», doch die Art, wie er den Vorgang beschreibt, beweist, daß er das Wesentliche verstanden hat. Doch man muß das Jahr 1812 und Georges Cuvier abwarten – vor allem bekannt als einer der Väter der modernen Paläontologie –, bis der Einfluß des im Wasser gelösten Kohlendioxyds endlich bestätigt wird. Damit war der Weg frei für die Ausarbeitung der modernen Theorie der Karbonatgleichgewichte, wie sie vorgängig verallgemeinernd dargestellt wurde. Es fehlten nur noch einige Erkenntnisse über die chemische Zusammensetzung von Lösungen sowie vielfältige Beobachtungen und Messungen unter der Erde.

Die Juweliersvitrine

Praktisch alle Sinterablagerungen bestehen zur Hauptsache aus Kalzit, einem Mineral mit identischer chemischer Zusammensetzung wie Kalkgestein, aber ohne dessen Unreinheiten in Form von Beimengungen und Einschlüssen. Vereinfacht gesagt löst Wasser Kalziumkarbonat als Hauptbestandteil des Kalks auf und lagert dieselbe Substanz in reinerer Form anderweitig wieder ab. Der einzige echte Unterschied besteht in der Anordnung der Moleküle: ungeordnet aneinandergelagert im Kalk, legen sie sich im Kalzit nach den Gesetzen des Kalzit-Kristallgitters in exakter Ausrichtung aneinander an. In der Mineralogensprache heißt das: Kalzit kristallisiert im rhomboedrischen System. Das bedeutet, daß alle Kalzitkristalle eine Anhäufung gleich großer Grundelemente in Form eines Rhomboeders sind. Dieses schwierige Wort bezeichnet eine nicht minder komplizierte geometrische Form, das Parallelepiped, zu deutsch einen von drei Paaren paralleler Ebenen begrenzten Körper.

Neben Kalzit findet man gelegentlich Aragonit: Hier ist dasselbe Kalziumkarbonat in einem anderen Raumgitter geordnet, dessen Grundkörper ein gerades Prisma ist, das auf einer Raute (Rhombus) basiert. Diese Kristallform, die häufig feine Nadeln ausbildet, wird als orthorhombisches System bezeichnet. Die beiden mineralogischen Formen sorgen für den weitaus größten Teil des prachtvollen unterirdischen Dekors. Alles andere sind lediglich spezielle Ausbildungsformen: hier die Stalagmiten (stehende oder Säulentropfsteine), dort die Stalaktiten (hängende Tropfsteine oder Deckenzapfen), anderswo Säulen oder Sinterfahnen, Wandsinter, Sinterkaskaden und Sinterbecken, in deren Wasser man Höhlenperlen (konzentrisch aufgebaute Sinterkügelchen) findet. Daneben gibt es beispielsweise die Exzentriker (wild verzweigte Gebilde, die sich nicht an die Gesetze der Schwerkraft halten) oder die Mondmilch (ein weißes Gemisch aus mikroskopisch kleinen Karbonatkristallen und 35 bis 70 Prozent Wasser).

Alles beginnt mit einem millimetergroßen Kalzitring, der an der Decke ausgefällt wird, wenn ein Wassertropfen an der Mündung eines Haarrisses austritt. Dann baut das Wasser, das Tropfen um Tropfen aus diesem Ring austritt, ein monokristallines

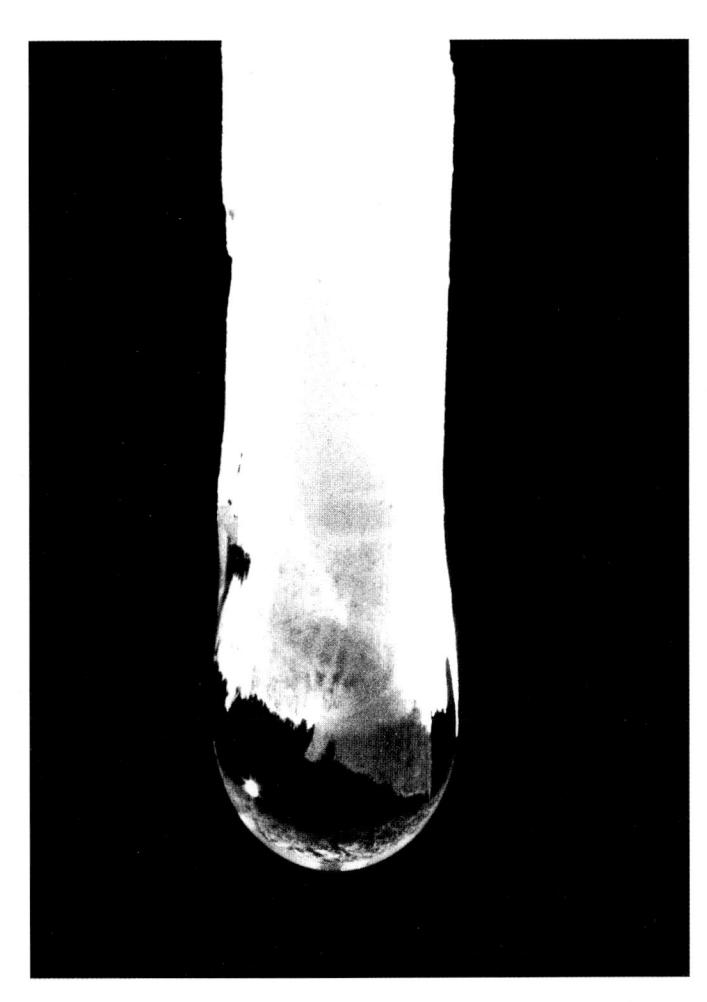

Die Bildung eines Stalaktiten oder hängenden Tropfsteins beginnt mit der Ablagerung eines Rings aus Kalzitkristallen an der Höhlendecke. Das Wasser tropft in diesem Ring ab und verlängert ihn durch Ansetzen von Kalzitkristallen allmählich zum Röhrchen- oder Makkaronistalaktiten.

Kalzitröhrchen auf, indem sich gleichförmige und immer in derselben Richtung orientierte Ringe aneinanderlagern. So entstehen sogenannte Sinterröhrchen oder «Makkaronistalaktiten», die bei einem relativ konstanten Durchmesser von 4 bis 10 mm bis 6 m lang werden können. Verstopft der Kanal oder fließt mehr Wasser, so daß es an der Oberfläche des Röhrchens abfließt und verdunstet, entsteht ein Stalaktit, der an seiner Wurzel mehr oder weniger dick ist und sich nach unten verjüngt. Der Querschnitt durch einen Stalaktiten zeigt jeweils den zentralen Kanal mit seinen Kalzitringen, die den Jahrringen eines Baumstamms vergleichbar sind: Das macht begreiflich, warum man früher darin einen Beweis für die Zugehörigkeit der Sinterbildungen zur pflanzlichen Welt sah.

Dem Stalaktiten gegenüber findet man am Höhlenboden im allgemeinen einen Stalagmiten mit demselben kreisförmigen Aufbau, aber ohne zentralen Kanal und meist von massigerer Form. Beim Aufbau des Stalaktiten sondert der Wassertropfen nicht alles gelöste Kalzit ab. Die Erwärmung während seines Falls und die Freisetzung von gelöstem Kohlendioxyd beim Aufprall führen zu erneuten kristallinen Ablagerungen: ein Stalagmit wächst in die Höhe. Wenn ein hängender und ein stehender Tropfstein einander begegnen und miteinander verwachsen, entsteht eine Säule. In sehr hohen Höhlen schlagen die Tropfen nicht ganz genau am selben Punkt auf und zerspritzen derart, daß sogenannte Tellerstalagmiten mit abenteuerlich gegeneinander verschobenen «Teller»-Stapeln entstehen, wie sie kein Kellner zu balancieren wagte! Bisweilen findet man derartige monumentale Stalagmiten in Form von regelrechten Palmstämmen, deren «Blätter» dank der zusätzlichen Sinterablagerung durch das oberflächlich abrinnende Wasser bis zu einem Meter in die Breite wachsen können.

Rinnt das Wasser einer Deckenschräge oder überhängenden Wandabschnitten entlang, entstehen elegant geschwungene Sinterfahnen und Sintervorhänge. Sie sind fein, durchscheinend und zeigen meist eine Bänderung, die den verschiedenen Wachstumsphasen entspricht. Klopft man mit dem Finger an diese zarten Gebilde, klingen sie oft wie Gläser beim Anstoßen. Rieselt kalkreiches Wasser über abfallenden Boden, lagert es an Schwellen wegen des höheren Kohlendioxydverlusts mehr Kalk ab, so daß diese Dämme allmählich höher werden. Dadurch entstehen Sinterbecken, deren Größe wenige Millimeter, aber auch mehrere Meter erreichen kann. Auf der Wasseroberfläche dieser oft blendendweißen und treppenartig angeordneten Becken bilden sich manchmal dünne Kalzithäutchen, die wegen der Oberflächenspannung schwimmen und bei der kleinsten Wasserbewegung zerbrechen. Tropfenweise auftreffendes Wasser drückt diese Häutchen jedoch nicht auf den Grund, sondern bildet zart schwimmende Kalzitblasen.

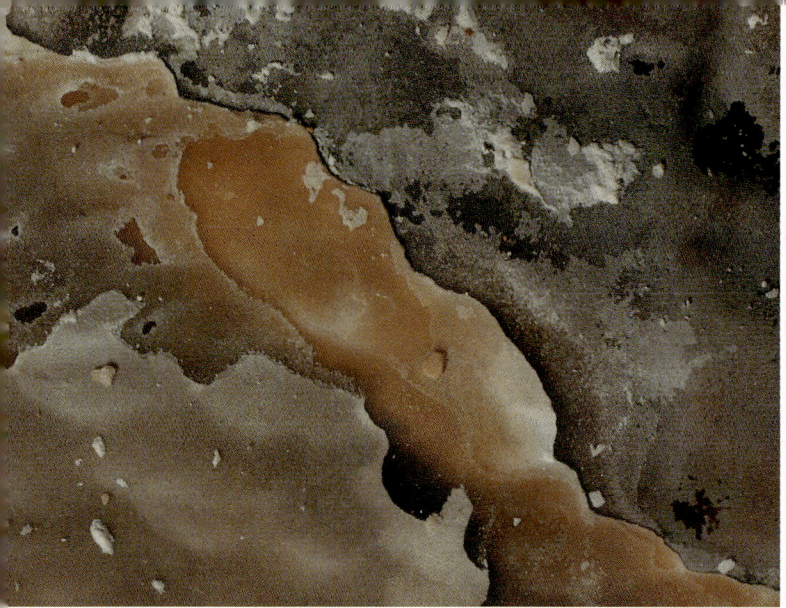
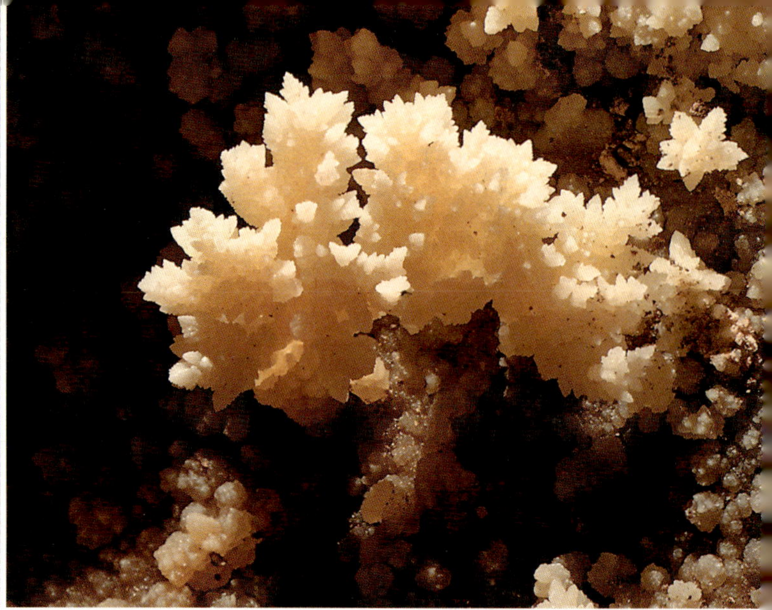
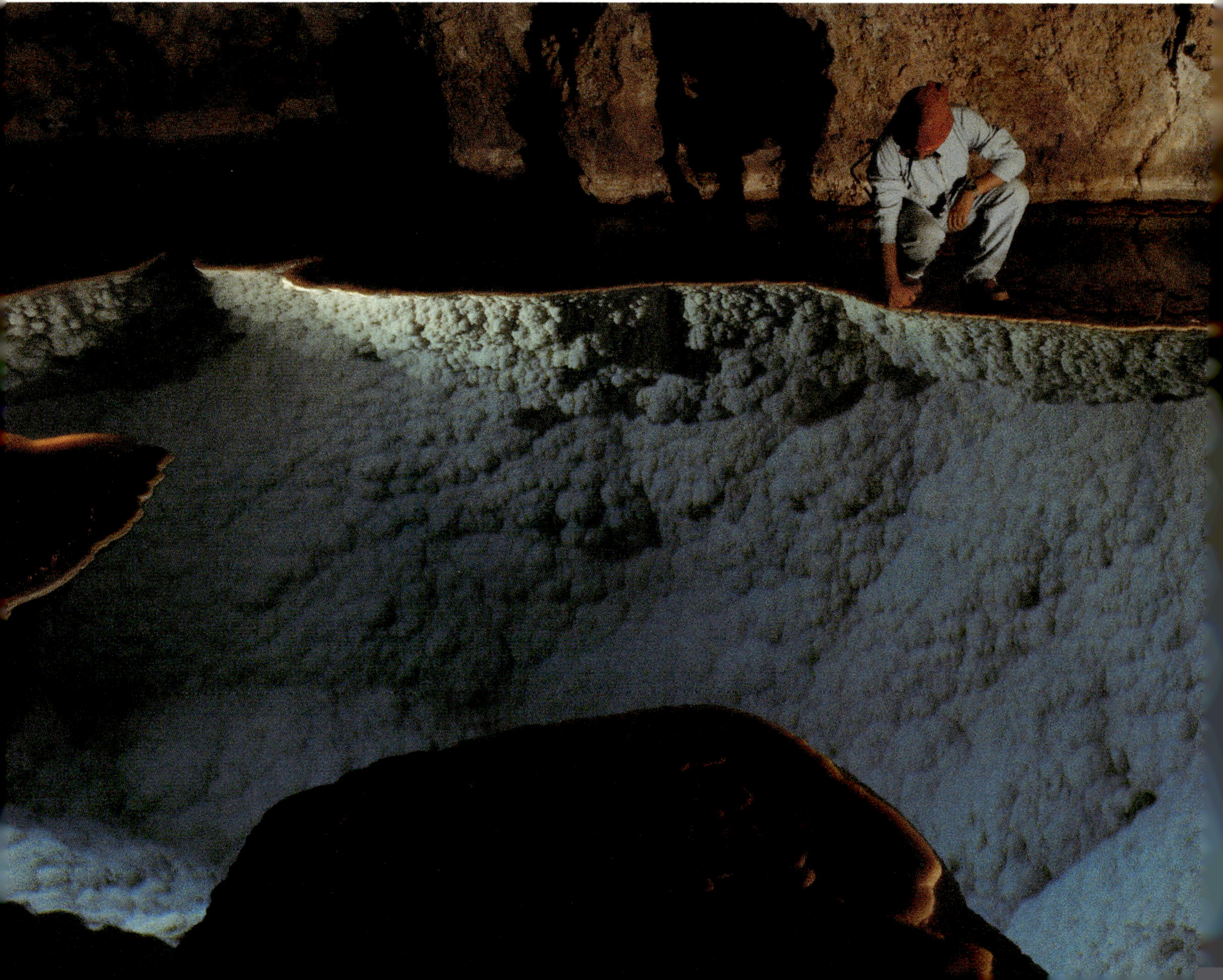

Lechuguilla Cave ist eine außergewöhnliche Höhle in den Guadalupe Mountains, dem südlichen Ausläufer der Rocky Mountains in New Mexico und Texas (USA), unweit der berühmten, für Besucher erschlossenen Carlsbad Cavern. In wenigen Expeditionen, die sich innerhalb von Monaten folgten, «wuchs» das Schlußlicht unter den großen amerikanischen Höhlensystemen zu einem Komplex, dessen Gänge über 50 km lang sind und in 530 m Tiefe führen. Damit ist sie die tiefste Höhle in den Vereinigten Staaten. Eine andere Eigenheit ist die unglaubliche Fülle ausgefallenster Versinterungen, sowohl von der Formenvielfalt wie ihren Dimensionen her. Eine Erklärung für diese Mineralienblüte liefern die nahen Erdöllagerstätten des Delaware Basin: Zu den Gasen, die von dort durch Fugen und Risse des Gesteins wandern, gehört auch Schwefelwasserstoff, der sich beim Kontakt mit Kalk zu Schwefelsäure umwandelt. Diese aggressive Säure ist die Ursache für die starke Aushöhlung und die Bildung von Gips (Kalziumsulfat), der in Höhlen im allgemeinen selten ist.

In ruhigem Wasser bilden sich blumenkohlartige Ablagerungskrusten, aber auch gut ausgebildete, durchsichtige und spitze Kalzitkristalle. In stark bewegten, kalkgesättigten Wasserbecken lagern sich dünne Kalzithäute konzentrisch um Ursprungssteine: Mit der Zeit verschwindet die Form des Kernmaterials, und eine perfekte Kalzitkugel entsteht: die Höhlenperle.

Manchmal sorgt auch der hydrostatische Druck im Gestein für die Ausbildung von Sinterschmuck. So erklärt man die Entstehung schräg aufwärts wachsender, halbkreisförmiger Sinterblätter, der Disques oder Paletten, die über einen Meter Durchmesser bei einer Dicke von nur ein bis zwei Zentimetern erreichen können. Es handelt sich dabei um zwei durch eine absolut plane, einige Zehntelsmillimeter starke Fuge getrennte Sinterplatten, zwischen denen die «Nährlösung» vom Ansatzpunkt an der Wand bis zur Außenkante fließt, wo sich der Kalzit ablagert. Die Sinterplatten entsprechen der Ober- und Unterseite der Nährspalte. Der Vorgang wird durch kaum wahrnehmbare, periodische Verformungen der Erdkruste gewährleistet, welche auch für die absolut plane Innenseite sorgen.

Die Exzentriker – die ihren Namen dem völligen Fehlen symmetrischer Formen verdanken – gehören zu den schönsten Sinterbildungen an Höhlenwänden. Die Theorien über ihre Entstehung sind zahlreich und teilweise widersprüchlich: Manche glauben, daß dafür kaum wahrnehmbare Luftbewegungen verantwortlich sind, andere schließen dies aus. Fest steht, daß hier die Schwerkraft im Vergleich zu den Kristallkräften eine bescheidene Rolle spielt, daß alle Exzentriker von einem fast mikroskopisch feinen Kanal durchzogen sind, in dem das Nährwasser kapillar nachgezogen wird, und daß sie extrem langsam wachsen. Diese drei Faktoren deuten darauf hin, daß sich das Wasser kapillar bewegt, also keine Tropfen bildet, die der Erdanziehungskraft unterworfen wären. Einzig die Kräfte der Kristallisation gelten, beeinflußt vom schöpferischen Zufall, der diese Gebilde zu Fäden, Spiralen, Gabeln, Harpunen, Ringen und Glöckchen formt, die der Auslage eines Juweliers entstammen könnten.

Unter bestimmten Bedingungen kristallisiert Kalziumkarbonat nicht zu Kalzit, sondern zu Aragonit. Intensive Verdunstung, häufig im Verbund mit starkem Luftzug, führt zu einer Übersättigung des Wassers an gelösten Stoffen, was wiederum die Aragonitkristallisation begünstigt. Dieses Mineral ist 16 Prozent leichter löslich als Kalzit. Der Einfluß des Luftzugs zeigt sich besonders deutlich bei der Anordnung der feinen Aragonitnadeln: Sie wachsen dem Wind entgegen, da dort die Verdunstung am stärksten ist. Auf nacktem Fels bildet Aragonit weiße Gebilde aus kurzen, verzweigten Nadeln, auf fixen oder heruntergestürzten Sinterformationen seidig schimmernde feine Büschel.

Ein anderes seltenes Mineral in Höhlen ist Gips, der aus Kalziumsulfat besteht. Mit Kalziumsulfat-Ionen reichert sich Sickerwasser an, wenn es durch entsprechende Gesteinsformationen fließt oder wenn sich die Ionen durch eine chemische Reaktion zwischen Kalziumkarbonat und Pyrit bildet. Pyrit oder Eisenkies (Eisendisulfid) ist ein in Kalkstein häufiges, schwefelgelbes Einschlußmineral. Gips bildet auf Höhlenwänden zweidimensionale, strahlige Rosetten, nadelige oder wurstförmige, gebogene Einkristalle, Krusten mit kristallzuckerartiger, pulveriger Ausblühung und spektakuläre Gipsblüten. Da diese Kristallblumen von der Basis her wachsen, scheinen sie den alten Theorien vom lebenden Reich der Mineralien rechtzugeben.

An den Wänden oder auf dem Boden von Höhlen begegnet man recht häufig einem mineralischen weißen Überzug, der Mondmilch (der Name ist vom Mondloch am Pilatus abgeleitet, das 1455 von Gesner als *lac lunae* erwähnt wird), auch Mont- oder Bergmilch genannt; daneben sind in den verschiedenen Sprachen rund siebzig Synonyme bekannt. Je nach Wassergehalt ist Mondmilch trocken und pulverig bis plastisch, zäh- und dünnflüssig. Die Zusammensetzung ändert sich je nach Umgebungsgestein, doch der Hauptanteil sind mikroskopisch kleine Kalzitkristalle. Bei geringem Wasseranteil wirkt Mondmilch solid, doch dieser Zustand ist trügerisch: Ein Höhlenforscher, der eine solche Mondmilchkaskade erklettern wollte, wäre schlecht beraten! Lange glaubte man, Mondmilch helfe bei Augenkrankheiten oder erhöhe die Milchbildung bei stillenden Frauen. Plausibel ist allein, daß diese «Kalkmilch» bei Magenbrennen beruhigend wirken kann.

Ton oder Lehm, der sich in Höhlen als Rückstand bei der Auflösung von Kalkstein ablagert, kann manchmal die seltsamsten Formen annehmen, ganz abgesehen von den Flachreliefs, die durch hoch herabfallende Wassertropfen geschaffen werden,

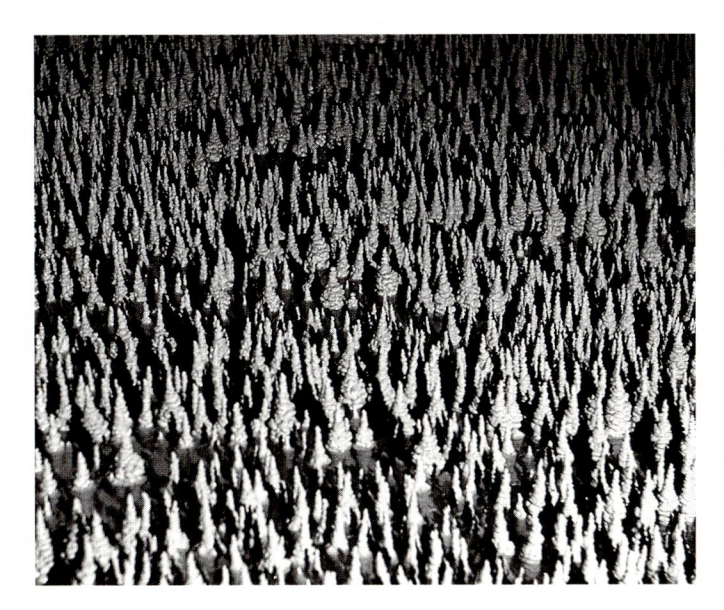

Wo diese seltenen Lehmbäumchen vorkommen, bilden sie eigentliche Miniaturwälder. Es sind kleine, vermutlich in ruhigen Wasserbecken entstandene, kalzitgesättigte Tonablagerungen.

WERTVOLLE ZEUGEN

Ähnlich der Ausstattung eines berühmten Theaters, die gefeierte Schauspieler kommen und gehen sah und ihre Erinnerungen erzählen könnte, zeugt das unterirdische Kristallreich vom Verrinnen der Zeit und von einschneidenden Ereignissen. Es ist nicht einfach, die durchschnittliche Wachstumsgeschwindigkeit der Formen abzuschätzen, zumal der Aufbau solcher «Monumente» in äußerst unterschiedlichem Rhythmus erfolgt und die größten Konkretionen nicht unbedingt die ältesten sind.

Trotzdem ist die Datierung von Stalagmiten möglich, und zwar mit zuverlässigeren Methoden als der Berechnung von Umfang und Aufbaugeschwindigkeit. Wie wir gesehen haben, ist Kohlenstoff an der chemischen Zusammensetzung von Kalziumkarbonat beteiligt, aus dem praktisch alle Sinterformen bestehen. Dank eines radioaktiven Isotops dieses Elements, dem Radiokarbon 14 oder C-14, das mit einer Halbwertszeit von 5730 Jahren zerfällt, kann das Alter von Stoffen, in denen es enthalten ist, bis auf 50 000 Jahre zurück bestimmt werden: Je weniger C-14, desto älter ist das Objekt. Für die Bestimmung älterer Stalagmiten hält man sich an radioaktive Atome, deren Zerfallszeit länger ist.

Das Studium der unterirdischen Ablagerungen gibt aber auch Aufschluß über das klimatische Geschehen. In dieser Hinsicht liefern stabile Atome wie Sauerstoff-18 wertvolle Angaben zur Bildungstemperatur. Da der Sauerstoff, der beim Aufbau von Kalzit beteiligt ist, teilweise jenem der Außenatmosphäre entspricht, können auf diese Weise die Klimaveränderungen im Verlauf der letzten Jahrzehntausende bestimmt werden.

So begnügen sich die Speläologen nicht damit, neue Höhlen ausfindig zu machen und sich an ihrem pracht- und geheimnisvollen Schmuck zu erfreuen; sie studieren den «Staub» dieses Dekors, der dem Staub von Jahrhunderten und Jahrtausenden entspricht, und tragen so dazu bei, die Geschichte unseres Planeten besser kennenzulernen.

Höhlen sind nicht nur Paläste mineralischer Wunderwelten, sondern auch Museen der geologischen Entwicklung. Wir haben sie mit dem Schritt des Menschen durchmessen, sie entsprechen dem Maß der Erde und sind das Maß der Zeit...

jedoch keine Ablagerungsstrukturen, sondern sozusagen Skulpturen sind. Dagegen findet man häufig richtiggehend versteinerte Miniaturwälder, Lehmbäumchen genannt, vor allem in ausgetrockneten, zeitweilig überfluteten Sinterbecken, wo kein Tropfwasser die Kalkanreicherung dieser Lehmbäumchen stört. Ihre Entstehung ist noch nicht überzeugend erklärt, doch wird der Einfluß von Bakterien nicht ausgeschlossen. Als Georges Vaucher, der Entdecker der Trabuc-Höhle im französischen Departement Gard, diese märchenhaften Gebilde auf einer Fläche von Dutzenden von Quadratmetern fand, verglich er sie mit Kriegern in Achtungstellung und nannte sie «die hunderttausend Soldaten», womit er bei weitem untertrieb.

Es kommt vor, daß Sinter durch Naturkräfte verschoben werden, insbesondere durch Erdbeben. So sind im Aven d'Orgnac im französischen Departement Ardèche riesige Stalagmitenmassive umgestürzt, die eine würdige Szenerie für das «Vaisseau Fantôme» bilden, die Geisterschiff-Halle. Andernorts kann man feststellen, daß auf lehmigem Grund gewachsene Stalagmiten unter ihrem eigenen Gewicht abrutschten und damit ein Schicksal erlitten wie der biblische Koloß auf tönernen Füßen.

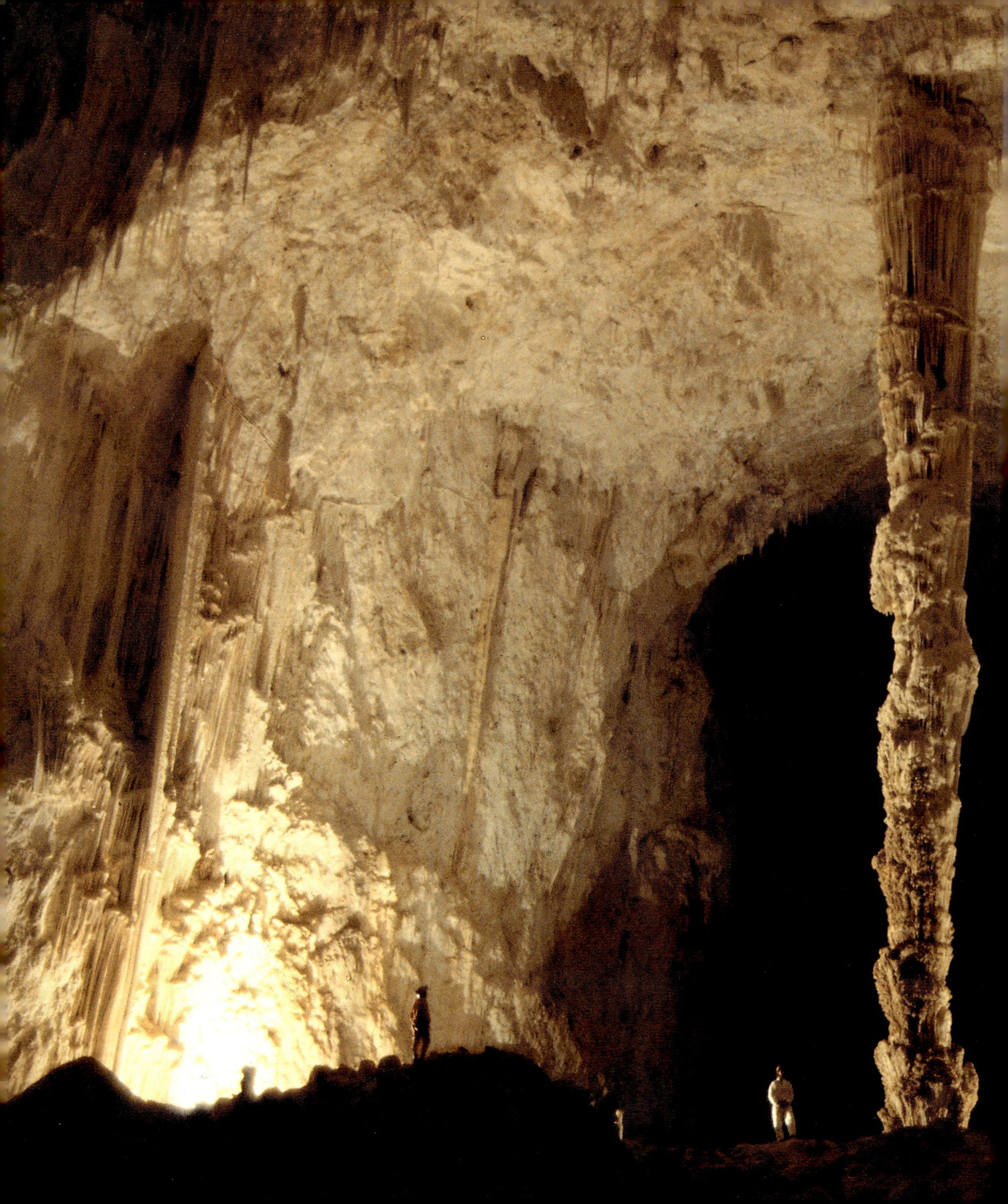

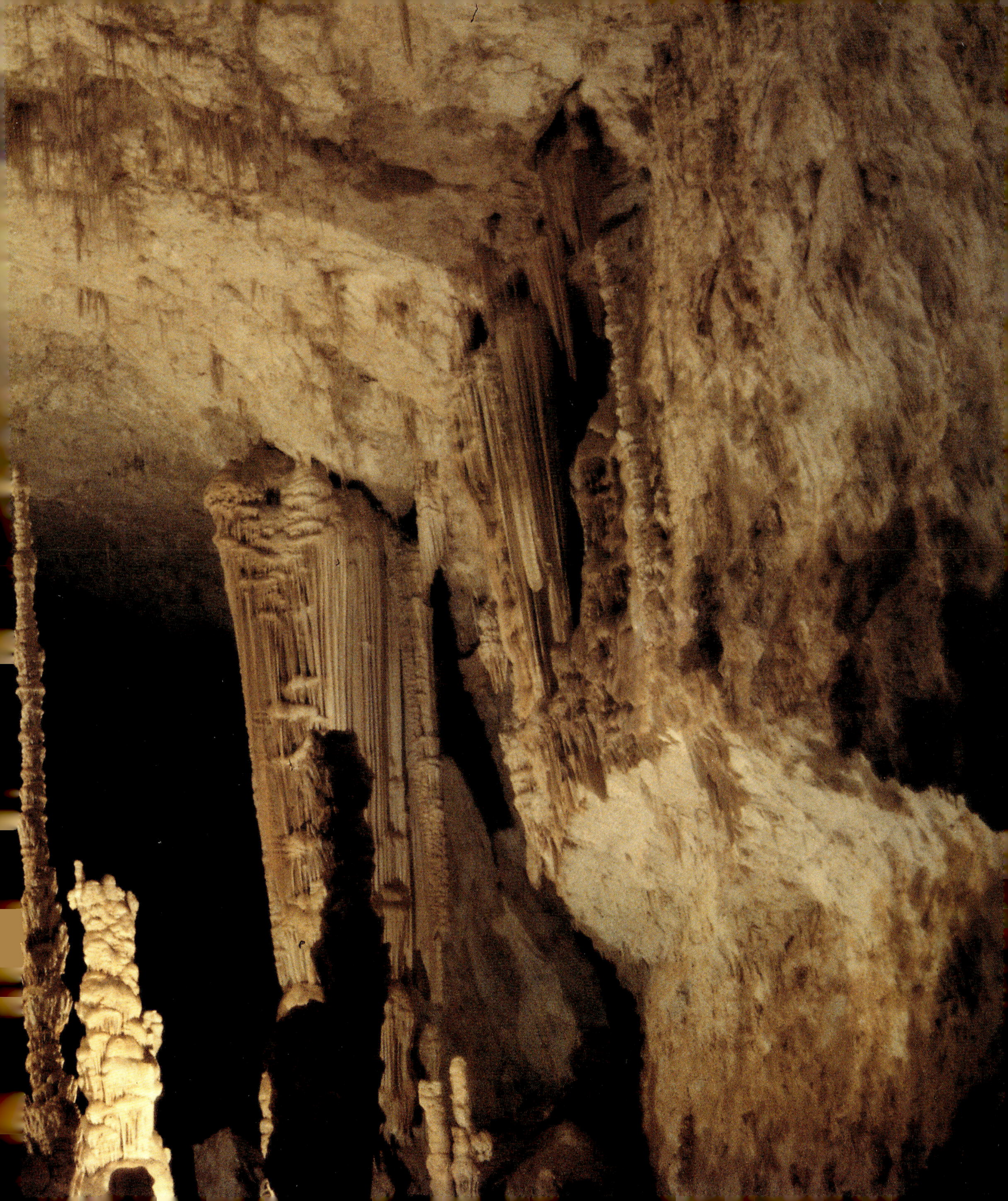

Glossar

Abri, fr. «Obdach», hier für Felsdach oder Überhang, oft als steinzeitliche Siedlungsstelle benutzt; Synonym: Balm.

Aragonit, rhombisch kristallisierendes Mineral, Kalziumkarbonat, farblos, gelb, grünlich, rötlich oder violett. Verzweigte, verknäuelte Bildungen heißen Eisenblüte, krusten- oder schalenförmige Ablagerungen Erbsen- oder Sprudelstein.

Ariadnefaden, von Höhlentauchern ausgerollte Leine, um den Rückweg zu finden, nach dem Faden von Minos' Tochter Ariadne, dank dem Theseus aus dem Labyrinth herausfand, nachdem er den Minotaurus besiegt hatte.

Aurignacien, Kulturstufe der Altsteinzeit (ca. 40 000–20 000 v. Chr.); der Brünn- und Aurignac-Mensch (nach Fundstelle Aurignac, Haute-Garonne, Frankreich, benannt) verdrängten den ebenfalls → Neandertaler.

Balm → Abri.

Biospeläologie, Wissenschaft von den ständig oder gelegentlich Höhlen bewohnenden Lebewesen (→ Kapitel 6).

Cro-Magnon-Rasse, Menschenrasse aus dem Ende der Altsteinzeit, nach Knochenfunden benannt, die zusammen mit Steingeräten des → Aurignacien in der gleichnamigen Höhle im Vézèretal in Südwestfrankreich gefunden worden waren.

Doline, mehr oder weniger trichterförmige Mulde, die durch Auslaugung des Kalkgesteins entsteht; Dolinen bilden sich vor allem an Sammelstellen von Niederschlagswasser.

Dolomit, Bitterkalk, kalzium- und magnesiumhaltiges Mineral, äußerlich dem → Kalzit ähnlich; als Gestein höhlenreich.

Erosion, lat. «Ausnagung», die ausfurchende und abtragende Tätigkeit fließenden Wassers durch Stoßkraft und schleifend wirkende Geschiebeführung; bei schwachem Gefälle überwiegt die Seiten-, bei starkem die Tiefenerosion.

Exzenter, in alle Richtungen, nicht nur in der Senkrechten, wachsende Sinterformation.

Feuerstein, Flint, äußerst hartes Kieselgestein aus feinstkörnigem Quarz, leicht zersprengbar zu scharfkantigen Stücken; bildete zusammen mit einigen eng verwandten Gesteinen den ältesten Rohstoff, den der Mensch zur Herstellung von Geräten verwandte (Faustkeile, Schaber, Pfeilspitzen usw.). Quarz kommt in → Sedimentgesteinen in schwarzen oder gelblichen Knollen vor.

Gips, Mineral, wasserhaltiges Kalziumsulfat, farblos, häufig durch Ton oder Eisenoxyd gelblich oder rötlich gefärbt, kann in sogenannten Gipsblüten kristallisieren.

Hydrogeologie, Sparte der Geologie, die sich mit den unterirdischen Wässern, ihrem physikalischen Verhalten und ihrem Chemismus beschäftigt.

Kalk, Kalziumverbindungen in einfachem Zusammenhang mit Kalziumoxyd (CaO), kommt vor allem als → Kalziumkarbonat ($CaCO_3$) vor.

Kalkspat → Kalzit.

Kalkstein, Sedimentgestein, das vorwiegend aus → Kalzit besteht und in dichten oder gemeinen K., Kalkoolith → Kalktuff und kristallinen Kalk (Marmor) unterschieden wird.

Kalktuff, zerreibbar-poröser Süßwasserkalk, der sich in der Regel unter Mitwirkung assimilierender Pflanzen, meist Moose oder Algen, bildet.

Kalzit, rhomboedrisch kristallisierendes Mineral aus regelmäßig geordneten Kalziumkarbonatmolekülen, mit chemisch gleicher Zusammensetzung wie → Kalk; Synonym: Kalkspat.

Kalziumkarbonat, kohlensaurer Kalk, $CaCO_3$, chemische Zusammensetzung, die in der Natur als → Kalk, → Kreide, Marmor, → Kalzit, → Aragonit und als Hauptbestandteil von Eierschalen und Knochen vorkommt. → Karbonate.

Kapillarität, die Erscheinungen, welche infolge der Oberflächenspannung von Flüssigkeiten in engen Hohlräumen auftreten; hier insbesondere die Fähigkeit des Wassers, in solchen Kapillaren spontan in jeder beliebigen Richtung zu wandern.

Karbonate, Mineralgruppe, deren Anion (negativ geladenes Ion) aus CO_3 besteht. Dazu gehören → Kalzit und → Aragonit ($CaCO_3$), welche den Kalk aufbauen, sowie der → Dolomit ($CaMg(Co_3)_2$), der zu gleichen Teilen aus Kalzium und Magnesium besteht. Beide sind verkarstungsfähig.

Karren, Karrenfelder, mehr oder weniger spitze, rillig-zerrissene Auslaugungsformen an der Oberfläche des freiliegenden Kalkgesteins oder runde, tiefe Rillen unter einer Vegetationsdecke.

Karst, it. Carso, slaw. Kras, Name der Kalkhochflächen im

Nordwesten Jugoslawiens (Slowenien), im weiteren Sinn das ganze Kalkgebirge der nordwestlichen Balkanhalbinsel und übertragen alle vergleichbaren Oberflächenformationen, die durch Einwirkung von Niederschlagswasser auf leicht lösliche Gesteine (→ Kalkstein, → Dolomit, Marmor, → Gips) entstehen. Bezeichnend sind Rillen (→ Karren), Trichter (→ Doline), große, flache Becken (→ Polje), Schlundlöcher (→ Katavothre) sowie Höhlen.

Katavothre → Schluckloch.

Korrosion, die chemische Auflösung fester Körper, im Unterschied zur mechanischen Abtragung (→ Erosion); in der → Speläologie ist damit die kalkaggressive Wirkung des Wassers gemeint.

Kreide, erdiger weißer Kalkstein aus kohlensaurem Kalk und Schalen von Foraminiferen (einzelligen Meeresbewohnern mit Kalkgehäuse); Höhlenbildungen in Kreidemassiven sind in geologischen Zeiträumen gesehen «Eintagsfliegen».

Magdalénien, Stufe der Altsteinzeit, die vor rund 19 000 Jahren begann und in der Nachkommen des → Cro-Magnon-Typs in Höhlen lebten; benannt nach dem Madeleine-Balm in der Dordogne.

Mäander, im Altertum Name des vielgeschwungenen Flusses Menderes in Westanatolien, steht für gewundenes Ornament, Flußwindungen und in der Speläologie für vielfach gekrümmte Gänge, in denen die Fortbewegung langsam und beschwerlich ist.

Neandertaler, Neandertalgruppe, altsteinzeitliche Menschenrasse, die als Nebenlinie der Entwicklung zum Homo sapiens gilt und von etwa 120 000 bis 30 000 v. Chr. von Westeuropa bis Asien verbreitet war; benannt nach dem Neandertal, Deutschland, wo 1856 ein bruchstückhaftes Skelett gefunden wurde.

Polje, serbokroat. Ebene, Becken, eingetieft in und allseits begrenzt von einer Karsthochfläche. Charakteristisch ist der fehlende oberflächliche Abfluß.

Quartär, die jüngste der geologischen Formationen, die vor rund 1,8 Millionen Jahren einsetzte und bis in die Gegenwart andauert; unterteilt in Pleistozän (Diluvium) und Holozän (Alluvium), die erdgeschichtliche Gegenwart.

Quarzit, äußerst hartes Gestein aus reinem Quarz. Im Gegensatz zu Kalk ist es unter atmosphärischen Bedingungen nur schwer löslich.

Schluckloch, Katavothre; Stelle, wo ein Bach oder ein ganzer Fluß in den Untergrund verschwindet.

Schluf, Engstelle in Höhlen, die kriechend bewältigt werden muß.

Schüttung, Ergiebigkeit einer Quelle.

Sedimentgesteine, Schichtgesteine, durch Ablagerung von Zerstörungserzeugnissen anderer Gesteine gebildete, geschichtete Gesteine. Geröll-, Sand- oder Schlammablagerungen verfestigen sich zu Trümmersedimenten (Tuffe, Kiesel-, Ton-, Karbonatgesteine). Sondert das Wasser gelöste Stoffe ab, entstehen Ausscheidungssedimente wie Steinsalz und → Gips. Organogene, durch Lebewesen gebildete Sedimente sind z. B. → Kreide, Korallenkalk und Steinkohle.

Silex → Feuerstein.

Sinterformation, jede Gesteinsform, die sich durch Ablagerung der im Wasser gelösten chemischen Substanzen gebildet hat. Die Ausbildungsformen können sehr unterschiedlich sein: Stalagmiten und Interbecken am Boden, Stalaktiten an der Decke, Sinterfahnen an den Wänden usw.

Siphon, U-förmiges, senkrecht stehendes wassergefülltes Rohrstück in Abflußleitungen als Geruchs- oder Gasverschluß; in der Speläologie jeder vollständig mit Wasser gefüllte Gang, der nur durch Tauchen passiert werden kann.

Speläologie, griech. Kunstwort, Höhlenkunde, Erforschung von Höhlen.

Stalagmit, stehender Tropfstein, durch tropfenweise aufprallendes Wasser aufgebaute → Sinterformation.

Stalaktit, hängender Tropfstein, durch Wassertropfen, die aus Höhlendecken austreten, aufgebaute → Sinterformation.

Vaucluse-Quelle, Stromquelle, Quelltopf, in welchem das Wasser aus großer Tiefe und mit oft bedeutender Schüttung aufsteigt, wie beispielsweise in der Fontaine de Vaucluse, wo dieser südfranzösische Fluß aus einer der größten Karstquellen der Erde austritt.

Wasserfärbung, Markierung eines unterirdischen Gewässers, um dessen Austrittsorte kennenzulernen. Als Markierungsstoffe (Tracer) werden Farbstoffe, Salze, Isotope, Sporen und Bakterien eingesetzt.

ANHANG

Für Philippe...

Dieses Buch ist Philippe Rouiller gewidmet, Höhlenforscher, Freund und Helfer bei der Vorbereitung dieses Werks; 1990 ist er ein Opfer seiner Leidenschaft für die Welt der Höhlen geworden.

Dank

Der Fotograf dankt allen Freunden, die ihm beim Fotografieren der hier veröffentlichten Höhlenaufnahmen geholfen haben; ohne ihre Unterstützung wären sie nicht zustande gekommen:
Ursi Sommer, Patrick Deriaz, Philippe Rouiller, Viviane Jeannin, Denis Blant, Jean-Jacques Bolanz, Eric Vogel, Franz Lindenmayr, Suzanne Wenger, Olivier Moeschler, Peter Keller, Maurice Chiron, Jon Bjorguinsson, Gérald Favre, Claude-Alain Jeanrichard, François Bourret, Pascal Siegfried, Eric Taillard, Thierry (Téton) Cattin, François Giambérini, Gérard Brocard, Louis Prenez, Jean-Louis Cochard, Frédéric Juge, Didier Pasiant, Pierre-Alain Steffen, Michel Cottet, Guy Bernard, Miguel Borreguero, Claude-François Robert, Yvan Grossenbacher, Pierre-Yves Jeannin, Eric Kartachoff, Sébastien Grosjean, Jean-François Montandon, Jean-Jacques Mottas.

Unser Dank gilt außerdem Thomas Bitterli für die fachliche Bearbeitung der deutschen Übersetzung sowie Claude Chabert, Pascal Moeschlin und Philippe Morel für ihre wertvollen Ratschläge und Auskünfte.

Fototechnische Hinweise

Für die Höhlenaufnahmen arbeitete Rémy Wenger mit einer 35-mm-Spiegelreflexkamera und Objektiven mit Brennweiten von 24 bis 90 mm. Bei praktisch allen Aufnahmen wurde ein Stativ verwendet, die Belichtungszeiten wurden durch die manuelle Fernauslösung der Blitzgeräte vorgegeben. Bis auf einige wenige Ausnahmen – so die Fotos der Seiten 115 und 130, wo ein Elektronenblitz verwendet wurde – sind sämtliche Aufnahmen mit Magnesiumblitzbirnen (Magi-cube, AG3B usw.) ausgeleuchtet worden, welche dank einer selbstgebastelten Anlage gleichzeitig ausgelöst werden können. So wurden beispielsweise für die Aufnahme der Seiten 150–151 dreißig Blitzbirnen auf drei verschiedenen Ständern eingesetzt; dieses Lichtvolumen übertrifft dasjenige portabler Elektronenblitze bei weitem. Im allgemeinen benutzte der Fotograf Filme mit einer Lichtempfindlichkeit von 24 DIN (200 ASA), für Makroaufnahmen von 19 DIN (64 ASA).

Folgende Bilddokumente wurden uns freundlicherweise zur Verfügung gestellt durch:

Seite 2: U. Widmer und R. Wenger. 24: G. Marry. 42–43: N. Aujoulat, CNP. 66: J. Champrenaud. 99: R. Lavoignat. 101: C. Arnaud. 118–119 oben: C. Juberthie, CNRS, Laboratoire souterrain de Moulis. 122 oben und unten: S. Van Poucke. 126 links unten: B. Kellenberger. 149: Ph. Buclin.

Dokumentationsquellen

M. Siffre, *Des merveilles sous la terre*, Hachette, Paris 1976, und T. Waltham & J. Middleton, *The Underground Atlas*, Hale 1986: 20–21. Archives du Musée de Porrentruy: 25, 40, 105. C. Barrière, *L'art pariétal de Rouffignac*, Picard 1982: 37. Archives du Spéléo-Club Jura, Moutier: 48. Stich des 16. Jh.: 81. E. A. Martel, *Les Cévennes*, Delagrave 1891: 85. Bernat Martorell, katalanischer Maler der Gotik (1438): 89. E. A. Martel, *Les Abîmes*, Delagrave 1894: 96, 97. R. Ginet und V. Decou, *Initiation à la biologie et à l'écologie souterraines*, Delarge 1977: 113, 116, 117, 120, 121, 124. Fédération française de spéléologie, *Protégeons nos cavernes*: 129. Club alpin italien, *Surface karst shapes and landscapes* (1980): 136.

Weiterführende Literatur

1. Kapitel: T. Waltham & J. Middleton, *The Underground Atlas*, Hale, Cheshire, England 1986.

2. Kapitel: G. Bataille, *Lascaux ou la naissance de l'art*, Skira, Genf 1955, 1980; P. Minvielle, *A la découverte du 6e continent*, Denoël, Paris 1979; *L'Art des cavernes*, Imprimerie nationale, Paris 1984.

3. Kapitel: B. Collignon, *Spéléologie, approches scientifiques*, Edisud 1988; P. Renault, *La formation des cavernes*, Que sais-je? Nr. 1400, Presses universitaires françaises (PUF), Paris 1970.

4. Kapitel: M. Siffre, *Dans les abîmes de la Terre*, Flammarion, Paris 1975.

5. Kapitel: P. Minvielle, *La conquête souterraine*, Arthaud, Paris 1967; J. L. Albouy, *Initiation à la spéléologie*, Bornemann 1975; G. Marbach und J.-L. Rocourt, *Techniques de la spéléologie alpine*, Techniques sportives appliquées, 1980.

6. Kapitel: G. Thinès und R. Tercafs, *Atlas de la vie souterraine*, Vischer 1972; R. Ginet und V. Decou, *Initiation à la biologie et à l'écologie souterraines*, Delarge 1977.

7. Kapitel: A. Bögli, *Karsthydrographie und physische Speläologie*, Springer, Berlin 1978; F. Trombe, *Les eaux souterraines*, Que sais-je?, Nr. 455, PUF, Paris 1951; B. Gèze, *La spéléologie scientifique*, Le Rayon de la Science Nr. 22, Seuil, Paris 1965.

Nützliche Adressen

Schweizerische Gesellschaft für Höhlenforschung (SGH)
(Société suisse de spéléologie; SSS)
Postfach 37, 1020 Renens VD

Bibliothek der SGH; c/o Bibliothèque de la Ville, 2300 La Chaux-de-Fonds

Spéléo-Secours Schweiz (Schweizerischer Höhlenrettungsdienst):
Tel. 01/383 11 11 (REGA) für alle Unfälle unter Tage.

Inhalt

1. Kapitel
12 Die Entdeckung eines sechsten Kontinents
Eine kleine Weltreise bietet einen Überblick über den gegenwärtigen Stand der Höhlenforschung verglichen mit den für die Höhlenbildung geeigneten Gesteinsformationen.
Afrika, Amerika, Asien, Europa, Ozeanien: die längsten und tiefsten Höhlen.

20 Karte der längsten und tiefsten Höhlen

2. Kapitel
32 Vom Schutzraum zur Kunstgalerie
Die Höhle bot dem vorgeschichtlichen Menschen Schutz, sie wurde in allen Krisenzeiten als Zufluchtsraum aufgesucht und war zugleich die Wiege von Kunst und Architektur.
Prähistorische Kunst. Höhlensiedlungen. Touristisch erschlossene Grotten. Architektur unter dem Boden.

3. Kapitel
52 Auch Höhlen sind vergänglich
Höhlen entstehen, wenn Wasser den Kalk auslaugt und immer tiefer ins Gestein vordringt.
Entstehung und Wachstum. Höhlenklima. Das Alter von Höhlensystemen. Gletscher- und Lavahöhlen.

4. Kapitel
72 Die geheimnisvolle Faszination der unterirdischen Welt
Die finstere und zugleich gastliche Höhle ist ein vom Menschen erschaffenes Bild; er projiziert seine Ängste und geheimen Wünsche ins Dunkel und besiedelt es mit seinen Göttern und Dämonen.
Wieso geht der Mensch in die Tiefe? Erfahrungen außerhalb des Zeitempfindens. Sagen und Labyrinthe. Ängste und Alpträume.

5. Kapitel
92 Auf den Spuren der unterirdischen Eroberung
Die Geschichte der modernen Höhlenforschung ist eine Kette, die den ganzen Erdball umfaßt und in der jeder Speläologe ein unersetzliches Glied bildet.
Große Erforschungen. Dramen und Rekorde. Technischer Fortschritt. Höhlenforschung heute.

6. Kapitel
112 Ein höchst verletzliches Ökosystem
Unter unseren Füßen und uns ausgeliefert bewohnt eine verletzliche Fauna die Höhlen und unterirdischen Gewässer; ihr Wohlergehen hängt von unserem Verhalten an der Oberfläche ab.
Fledermäuse und andere Höhlenbewohner. Lebende Fossilien. Gefährdete Karstgewässer.

7. Kapitel
132 Lebendiges Wasser und Kristalle der Nacht
Der Boden ist unser wichtigster Süßwasserspeicher; diese kostbare, dem Wasserkreislauf unterworfene Flüssigkeit baut in den Höhlen einen prachtvollen mineralischen Schmuck auf.
Höhlenflüsse. Trinkwasserspeicher. Stalaktiten, Stalagmiten und andere Mineralien.

152 Glossar
Erklärung einiger speläologischer Begriffe.

154 Anhang
Dank, Bildnachweis, fototechnische Hinweise, nützliche Adressen, weiterführende Literatur.

«IN DEN HÖHLEN DER WELT»
IDEE UND KONZEPTION FÜR DIESES BUCH WURDEN VOM
MONDO-VERLAG ENTWICKELT

Direktion: Arslan Alamir – Grafische und technische Realisation: Horst Pitzl
Maquette: Pierre Neumann und Rémy Wenger – Zeichnungen: Rémy Wenger

Übersetzung aus dem Französischen: Robert Schnieper

MONDO

© 1991 by Mondo-Verlag AG, Lausanne – Alle Verlagsrechte vorbehalten – Gedruckt in der Schweiz
ISBN 2-88168-213-8
Adresse: Mondo-Verlag AG, Avenue de Corsier 20, 1800 Vevey, Telefon 021 922 80 21

Filmsatz und Druck: Buri Druck AG, Bern – Fotolithos: Ast+Jakob, Köniz
Bucheinband: Mayer & Soutter SA, Renens – Papier: Biber Papier AG, Biberist